普通高等教育"十二五"规划教材

大学文科数学

刘早清　王湘君　主编

科学出版社

北　京

版权所有，侵权必究

举报电话：010-64030229；010-64034315；13501151303

内 容 简 介

本书由一元微积分、多元微积分、微分方程及其应用、应用统计四部分组成. 一元微积分、微分方程及其应用、应用统计可适用于建筑、园林、规划、社会、社工、新闻、广电、广告、法学、哲学、外语、翻译（以下简称纯文科）等专业的大学文科数学课程教学，参考学时为 56~72 课时. 一元微积分、多元微积分、微分方程及其应用等适用于国商、英商、工管、行政等专业 80 左右课时的课程教学. 本书讲解详尽、简明实用、例题丰富、兼容性强，每章节后配有适量的习题并附有参考答案.

本书可供高等学校纯文科专业、经济管理各专业选用，也可供其他相关专业选用或供报考相关专业的硕士研究生的读者参考.

图书在版编目（CIP）数据

大学文科数学/刘早清,王湘君主编. 一北京:科学出版社,2015.7
普通高等教育"十二五"规划教材
ISBN 978-7-03-045277-1

I.大… Ⅱ.①刘…②王… Ⅲ.①高等数学－高等学校－教材
Ⅳ.①O13

中国版本图书馆 CIP 数据核字(2015)第 176477 号

责任编辑：吉正霞　肖　婷/责任校对：董艳辉　孙寓明
责任印制：高　嵘/封面设计：蓝　正

科 学 出 版 社 出版
北京东黄城根北街 16 号
邮政编码：100717
http://www.sciencep.com

武汉市首壹印务有限公司印刷
科学出版社发行　各地新华书店经销

*

开本：B5(720×1000)
2015 年 8 月第 一 版　印张：15
2015 年 8 月第一次印刷　字数：286 000
定价：32.00 元
（如有印装质量问题，我社负责调换）

普通高等教育"十二五"规划教材

《大学文科数学》编委会

主　编　刘早清　王湘君

编　委（以姓氏笔画为序）

　　　　王湘君　刘早清　岑利群

　　　　周少波　胡　勇　胡杨子

　　　　徐浩渊

前　　言

本书是高等学校文科类大学数学教材,全书由一元微积分、多元微积分、微分方程及其应用、应用统计四部分组成.为了加强微积分及其应用与应用统计的教学内容,强化数学文化的熏陶,构建适合我校要求的大学文科数学体系,结合多年的教学实践经验,我们编写了这本大学文科数学教材.

全书共11章:第1章 函数、极限与连续;第2章 导数与微分;第3章 导数的应用;第4章 不定积分;第5章 定积分及其应用;第6章 空间曲面与曲线;第7章 多元函数及其微分法;第8章 二重积分;第9章 微分方程及其应用;第10章 数据的搜集与描述;第11章 概率论与统计推断初步.第1至第5章以及第10章、第11章可适用于建筑、园林、规划、社会、社工、新闻、广电、广告、法学、哲学、外语、翻译(以下简称纯文科)等专业的大学文科数学56~72课时的教学,而第1至第9章适用于国商、英商、工管、行政等专业80课时的教学.因国商、英商、工管、行政等专业后续数学与专业课程的学习需要,我们将必备的多元微积分(第6章、第7章、第8章)纳入大学文科数学教材体系,还加强了一元微积分基本理论和训练,扩充了微分方程的理论和应用.这些知识也是纯文科生在以后的学习和实际工作中需要扩充的大学数学知识的首选内容.对于纯文科专业,我们重组了教学内容.舍弃传统教材中的线性代数初步,优化了一元微积分,增加了应用统计学,目的是为了提高学生学习的积极性以及将来实际工作的需要.

大家知道,数学的应用在这几十年里发生了根本性的变化,数学已深入到几乎所有的领域.微积分的诞生加速了工业革命的进程,以现代数学理论为基础的经济学渗透到了社会的方方面面,除了这些传统的自然科学、工程学、经济学与管理学外,数学的思想和方法对其他的社会科学发展也已产生巨大的影响,比如在语言、历史学科中,产生了"数理语言学"、"计量史学"等以数学为工具研究语言、历史的新学科,数学在社会科学研究与发展中的作用越来越重要.因此,大学文科数学知识是文科生必备的基本素质,这些素质的核心内容就是培养文科学生的理性思维(抽象思维、逻辑论证思维等)以及定量解决实际问题的能力.本书将典型应用实例和部分经典数学建模方法融入教学内容,达到重点培养学生分析问题、解决问题的能力,提高学生的定量分析水平,激发他们的学习热情.

本书的内容是在经历了我校师生多次上下讨论和论证后确定下来的,在继承我校大学文科数学传统的教学内容基础上,增加了多元微积分与应用统计.为了更好地吸收讨论和论证阶段关于教材内容的组织与编写的有益的意见和建议,我们精心地组织和成立了编委会.编委中既有长期从事不同层次、不同专业的高等数学和概率论与数理统计以及数学专业课的教学骨干,也有教学、科研均很优秀的中青年教师,还有两位教师在国外大学学习和工作了十多年.编委多次获得各类教学成果与教学质量奖,主持或参加国家自然科学基金与省部级教改课题多项,发表教学论文(CSSCI)与学术论文(SCI)数十篇.

参编教师为岑利群(第 1 章)、徐浩渊(第 2 章)、周少波(第 3 章)、胡杨子(第 4 章)、刘早清(第 5 章、第 7 章、第 9 章)、胡勇(第 6 章、第 8 章)、王湘君、万婷(第 10 章、第 11 章).初稿由刘早清、王湘君统稿,修改稿由刘早清定稿.

本书的编写得到了华中科技大学教学研究基金与教材建设基金的资助,还得到了很多同事、同行的帮助与科学出版社大力支持,在此对他们表示衷心的感谢.

限于作者的水平,书中难免有不妥与疏漏之处.敬请广大专家、同行与读者指正.

编　者

2015 年 6 月于华中科技大学

目　　录

第 1 章　函数、极限与连续 ………………………………………………… 1
  1.1　函数 …………………………………………………………………… 1
    1.1.1　集合及其运算 ……………………………………………… 1
    1.1.2　常量与变量 ………………………………………………… 2
    1.1.3　函数的概念 ………………………………………………… 2
    1.1.4　函数的简单性质 …………………………………………… 3
    1.1.5　反函数 ……………………………………………………… 5
    1.1.6　基本初等函数及其图像 …………………………………… 5
    1.1.7　复合函数 …………………………………………………… 8
    1.1.8　初等函数 …………………………………………………… 9
    1.1.9　函数关系的建立举例 ……………………………………… 10
  习题 1.1 …………………………………………………………………… 11
  1.2　极限的概念 …………………………………………………………… 12
    1.2.1　数列的极限 ………………………………………………… 12
    1.2.2　函数的极限 ………………………………………………… 16
  习题 1.2 …………………………………………………………………… 19
  1.3　极限的运算 …………………………………………………………… 20
    1.3.1　极限的四则运算法则 ……………………………………… 20
    1.3.2　两个重要极限 ……………………………………………… 22
  习题 1.3 …………………………………………………………………… 25
  1.4　无穷小与无穷大 ……………………………………………………… 26
    1.4.1　无穷小 ……………………………………………………… 26
    1.4.2　无穷大 ……………………………………………………… 26
    1.4.3　无穷小的比较 ……………………………………………… 28
  习题 1.4 …………………………………………………………………… 29
  1.5　函数的连续性 ………………………………………………………… 29
    1.5.1　函数连续和间断的概念 …………………………………… 29
    1.5.2　初等函数的连续性 ………………………………………… 31
    1.5.3　函数的间断点 ……………………………………………… 32

1.5.4　闭区间上连续函数的性质 …………………………………… 34
　习题 1.5 ……………………………………………………………………… 35
第 2 章　导数与微分 …………………………………………………………… 36
　2.1　导数概念 ………………………………………………………………… 36
　　2.1.1　平面曲线的切线 ……………………………………………… 36
　　2.1.2　瞬时速度 ……………………………………………………… 37
　　2.1.3　导数的定义 …………………………………………………… 38
　　2.1.4　导数的几何意义 ……………………………………………… 39
　　2.1.5　函数的可导性与连续性 ……………………………………… 40
　习题 2.1 ……………………………………………………………………… 40
　2.2　函数的求导法则 ………………………………………………………… 41
　　2.2.1　基本初等函数的导数 ………………………………………… 41
　　2.2.2　导数的运算法则 ……………………………………………… 41
　　2.2.3　隐函数和参变量函数的导数 ………………………………… 44
　　2.2.4　高阶导数 ……………………………………………………… 46
　习题 2.2 ……………………………………………………………………… 47
　2.3　函数的微分 ……………………………………………………………… 48
　　2.3.1　微分的定义 …………………………………………………… 48
　　2.3.2　函数可微的条件 ……………………………………………… 49
　　2.3.3　微分的计算 …………………………………………………… 50
　　2.3.4　微分与近似计算 ……………………………………………… 51
　习题 2.3 ……………………………………………………………………… 52
第 3 章　导数的应用 …………………………………………………………… 53
　3.1　中值定理 ………………………………………………………………… 53
　　3.1.1　罗尔中值定理 ………………………………………………… 53
　　3.1.2　拉格朗日中值定理 …………………………………………… 54
　　3.1.3　柯西中值定理 ………………………………………………… 56
　习题 3.1 ……………………………………………………………………… 57
　3.2　洛必达法则 ……………………………………………………………… 57
　　3.2.1　$\frac{0}{0}$ 型与 $\frac{\infty}{\infty}$ 型 ……………………………………………… 57
　　3.2.2　其他类型的未定型 ($0 \cdot \infty, \infty - \infty, 0^0, 1^\infty, \infty^0$) ………… 59
　习题 3.2 ……………………………………………………………………… 60
　3.3　函数的单调性、极值与最大最小值 …………………………………… 61
　　3.3.1　函数的单调性 ………………………………………………… 61
　　3.3.2　函数的极值 …………………………………………………… 62

3.3.3　函数的最大值与最小值 ·················· 65
　习题　3.3 ································· 66
第4章　不定积分 ································ 68
　4.1　不定积分的概念与性质 ·························· 68
　　　4.1.1　原函数与不定积分的概念 ················ 68
　　　4.1.2　不定积分的性质 ······················ 70
　　　4.1.3　基本积分公式 ························ 71
　　　4.1.4　直接积分法 ·························· 72
　习题　4.1 ································· 73
　4.2　换元积分法 ································ 74
　　　4.2.1　凑微分法 ···························· 74
　　　4.2.2　变量代换法 ·························· 78
　习题　4.2 ································· 81
　4.3　分部积分法 ································ 82
　习题　4.3 ································· 84
第5章　定积分及其应用 ··························· 86
　5.1　定积分的概念与性质 ··························· 86
　　　5.1.1　定积分问题举例 ······················ 86
　　　5.1.2　定积分的定义 ························ 88
　　　5.1.3　定积分的性质 ························ 90
　习题　5.1 ································· 92
　5.2　牛顿-莱布尼茨公式 ···························· 92
　　　5.2.1　积分上限的函数及其导数 ················ 92
　　　5.2.2　牛顿-莱布尼茨公式 ···················· 94
　习题　5.2 ································· 95
　5.3　定积分的积分法 ····························· 96
　　　5.3.1　定积分的换元积分法 ···················· 96
　　　5.3.2　定积分的分部积分法 ···················· 98
　习题　5.3 ································· 98
　5.4　广义积分 ··································· 99
　　　5.4.1　无穷区间上的广义积分 ·················· 99
　　　5.4.2　被积函数有无穷型间断点的广义积分 ········ 100
　　　5.4.3　Γ 函数 ·························· 102
　习题　5.4 ································· 102
　5.5　定积分在几何上的应用 ························· 103
　　　5.5.1　平面图形的面积 ······················ 103
　　　5.5.2　旋转体的体积 ························ 104

  5.5.3 函数的平均值 ………………………………………………………… 105
 习题 5.5 …………………………………………………………………………… 106

第6章 空间曲面与曲线 …………………………………………………… 107
 6.1 空间直角坐标系 ………………………………………………………… 107
  6.1.1 空间直角坐标系 …………………………………………………… 107
  6.1.2 空间中两点间的距离 ……………………………………………… 108
 习题 6.1 …………………………………………………………………………… 109
 6.2 空间曲面与曲线 ………………………………………………………… 109
  6.2.1 空间曲面 …………………………………………………………… 109
  6.2.2 空间曲线 …………………………………………………………… 112
 习题 6.2 …………………………………………………………………………… 113
 6.3 常见的二次曲面 ………………………………………………………… 114
 习题 6.3 …………………………………………………………………………… 116

第7章 多元函数及其微分法 ………………………………………………… 117
 7.1 多元函数的极限与连续 ………………………………………………… 117
  7.1.1 多元函数的概念 …………………………………………………… 117
  7.1.2 二元函数的极限 …………………………………………………… 119
  7.1.3 二元函数的连续性 ………………………………………………… 120
 习题 7.1 …………………………………………………………………………… 121
 7.2 偏导数 …………………………………………………………………… 122
  7.2.1 偏导数的定义与计算 ……………………………………………… 122
  7.2.2 高阶偏导数 ………………………………………………………… 125
 习题 7.2 …………………………………………………………………………… 126
 7.3 全微分及其应用 ………………………………………………………… 126
  7.3.1 全微分 ……………………………………………………………… 126
  7.3.2 全微分在近似计算中的应用 ……………………………………… 128
 习题 7.3 …………………………………………………………………………… 129
 7.4 多元复合函数与隐函数的求导法则 …………………………………… 129
  7.4.1 多元复合函数的求导法则 ………………………………………… 129
  7.4.2 隐函数的求导公式 ………………………………………………… 132
 习题 7.4 …………………………………………………………………………… 133
 7.5 多元函数的极值 ………………………………………………………… 133
  7.5.1 二元函数的极值 …………………………………………………… 133
  7.5.2 二元函数的最大(小)值 …………………………………………… 135
  7.5.3 拉格朗日乘数法 …………………………………………………… 136
 习题 7.5 …………………………………………………………………………… 138

第8章 二重积分 ... 139
8.1 二重积分概念与性质 ... 139
8.1.1 二重积分的概念 ... 139
8.1.2 二重积分的性质 ... 141
8.2 二重积分的计算 ... 143
8.2.1 在直角坐标系下二重积分的计算 ... 143
8.2.2 极坐标系下的二重积分的计算 ... 147
习题 8.2 ... 149
8.3 广义二重积分 ... 151
8.3.1 无界区域上的广义二重积分 ... 151
8.3.2 无界函数的广义二重积分 ... 152
习题 8.3 ... 153

第9章 常微分方程及其应用 ... 154
9.1 微分方程的基本概念 ... 154
9.1.1 微分方程的引入 ... 154
9.1.2 微分方程的基本概念 ... 155
习题 9.1 ... 156
9.2 一阶微分方程 ... 156
9.2.1 可分离变量的微分方程 ... 157
9.2.2 一阶线性微分方程 ... 159
习题 9.2 ... 161
9.3 可降阶的二阶微分方程 ... 161
习题 9.3 ... 162
9.4 二阶线性微分方程 ... 163
9.4.1 二阶线性微分方程解的结构 ... 163
9.4.2 二阶常系数线性齐次微分方程 ... 164
9.4.3 二阶常系数线性非齐次微分方程 ... 166
习题 9.4 ... 167
9.5 微分方程的应用 ... 167
9.5.1 人口模型与商品的销售量模型 ... 167
9.5.2 投资与劳动力增长的经济增长模型 ... 169

第10章 数据的搜集与描述 ... 172
10.1 数据 ... 172
10.2 数据搜集简介 ... 173
10.2.1 数据的来源 ... 173
10.2.2 数据的误差 ... 175

10.3 数据的直观显示 ································· 176
10.3.1 统计分组 ································· 176
10.3.2 分布数列 ································· 177
10.3.3 统计表 ··································· 177
10.3.4 统计图 ··································· 178

10.4 数据的概括性度量 ··························· 182
10.4.1 数据集中趋势的度量 ···················· 182
10.4.2 数据离散程度的度量 ···················· 185

习题 10.4 ·· 187

第 11 章 概率论与统计推断初步 ················· 189

11.1 概率论基础 ··································· 189
11.1.1 概率论的基本概念 ······················· 189
11.1.2 随机变量及其分布函数 ················· 193
11.1.3 随机变量的数字特征 ···················· 196
11.1.4 大数定律和中心极限定理 ··············· 197
11.1.5 由正态分布导出的两个重要分布及相关结论 ··· 198

习题 11.1 ·· 199

11.2 参数估计 ······································ 200
11.2.1 参数估计 ································· 200
11.2.2 点估计 ···································· 201
11.2.3 评价估计量的标准 ······················· 203
11.2.4 区间估计 ································· 204

习题 11.2 ·· 206

11.3 假设检验 ······································ 206
11.3.1 假设检验 ································· 206
11.3.2 参数假设检验 ···························· 207

习题 11.3 ·· 208

参考答案 ·· 209

参考文献 ·· 221

附表一 ··· 222

附表二 ··· 224

附表三 ··· 225

附表四 ··· 226

附表五 ··· 227

第1章 函数、极限与连续

初等数学研究的主要是常量及其运算,而高等数学所研究的主要是变量及变量之间的依赖关系,函数正是这种依赖关系的体现.极限是研究变量之间依赖关系的基本方法之一.本章将在复习高中所学过的函数与极限概念的基础上,进一步介绍两个重要极限,无穷小与无穷大以及函数的连续性.

1.1 函 数

在我们的日常生活和工作中,会遇到许多不同类型的量.例如,当天的气温、湿度,到商场购买商品的人数、某种商品的价格等.人们发现,这些量往往是变动的,即所谓的变量,并且有些是互相关联的.函数是变量之间关系的一种体现,是微积分学的主要研究对象.

1.1.1 集合及其运算

为了说明变动的量的变化范围,我们回顾一下中学数学中的集合概念.一定性质事物的总体叫做集合,组成这个集合的事物称为该集合的元素.一般用大写字母 A、B、C、$\cdots$ 表示集合,用小写字母 a、b、c、$\cdots$ 表示集合中的元素.

元素与集合之间的关系:$a \in A$ 或 $a \notin A$.

集合与集合的关系:$A \subset B, A \subseteq B, A = B, A \not\subset B$.

集合分为有限集、无限集、空集,空集用 $\emptyset$ 表示.

集合的运算主要有:

集合的并 $A \cup B = \{x \mid x \in A \text{ 或 } x \in B\}$

集合的交 $A \cap B = \{x \mid x \in A \text{ 或 } x \in B\}$

集合运算满足交换律、结合律、分配律等一系列性质.

元素都是实数的集合称为实数集,简称数集.常见的数集有:全体自然数的集合记为 $\mathbf{N}$;全体整数的集合记为 $\mathbf{Z}$;全体有理数的集合记为 $\mathbf{Q}$;全体实数的集合记为 $\mathbf{R}$.

区间是微积分中常用的实数集,它包括有限区间和无限(穷)区间.

有限区间 设 a,b 为两个实数,且 $a<b$,数集 $\{x \mid a<x<b\}$ 称为开区间,记为 (a,b),即 $(a,b) = \{x \mid a<x<b\}$.类似地,有闭区间 $[a,b]$,半开半闭区间

$(a,b]$,$[a,b)$.

后面常用到下面两个特殊的有限区间.

以 x_0 点为中心,半径为 δ 的开区间称为点 x_0 的邻域,记为
$$N(x_0,\delta)=\{x\mid x_0-\delta<x<x_0+\delta\}$$

其去心邻域,记为
$$\mathring{N}(x_0,\delta)=\{x\mid x_0-\delta<x<x_0\quad 或 \quad x_0<x<x_0+\delta\}$$

无限(穷)区间 引入记号 $+\infty$(读作"正无穷大")及 $-\infty$(读作"负无穷大"),则可类似地表示无限(穷)区间.例如,
$$[a,+\infty)=\{x\mid a\leqslant x\},\quad (-\infty,b)=\{x<b\}$$

特别地,全体实数的集合 **R** 也可表示为无限(穷)区间 $(-\infty,+\infty)$.

1.1.2 常量与变量

在生产、科学实验过程中,常常会遇到各种不同的量,其中有些量在过程中不起变化,也就是保持一定数值的量,这种量叫做常量;还有一些量在过程中是变化着的,也就是可以取不同数值的量,这种量叫做变量.

一个量是否为变量与观察的过程有关.例如,重力加速度在同一地点是常量,在不同地点观测,则它是变量.又如,某商场内某种商品的价格在短期内是常量,而在较长时间内它会变化,是变量.因此常量和变量是相对的,它们在一定条件下可以相互转化.

1.1.3 函数的概念

定义 1.1.1 设 x 和 y 是两个变量,D 为一个非空实数集,如果对属于 D 中的每个 x,依照某个对应法则 f,变量 y 都有确定的数值与之对应,称 y 为 x 的**函数**.记为
$$y=f(x),x\in D \quad 或 \quad f:x\to y,x\in D$$
并称 x 为函数的**自变量**,y 称为**因变量**,数集 D 称为函数的**定义域**,函数 y 的取值范围 $W=\{y\mid y=f(x),x\in D\}$ 称为函数的**值域**.

注 1.1.1 如果对于每一个 $x\in D$,都有且仅有一个 $y\in W$ 与之对应,则称这种函数为单值函数.如果对于给定 $x\in D$,有多个 $y\in W$ 与之对应,则称这种函数为多值函数.一个多值函数通常可看成是由一些单值函数组成的.本书中,若无特别的说明,所研究的函数都是指单值函数.

注 1.1.2 函数的定义域和对应法则称为函数的两个要素,而函数的值域一般称为派生要素,函数由定义域和对应法则确定.两个函数相同只要定义域相同和对应法则相同即可,与自变量、因变量的记号无关.

在函数 $y=f(x)$ 中,当 x 取定 $x_0(x_0\in D)$ 时,则称 $f(x_0)$ 为 $y=f(x)$ 在 x_0 处的函数值,有时记为 $f(x)\mid_{x=x_0}$.

在中学里我们已经学过,常用的函数表示法有解析法(又称公式法)、表格法和图像法.本书所讨论的函数一般用解析法表示,有时还同时画出其图像,以便对函数进行分析研究.

下面我们来介绍一个常用的函数,在定义域的不同范围内,具有不同的解析表达式的函数称为**分段函数**.

例 1.1.1 符号函数

$$y = \text{sgn}\, x = \begin{cases} -1, & x < 0 \\ 0, & x = 0 \\ 1, & x > 0 \end{cases}$$

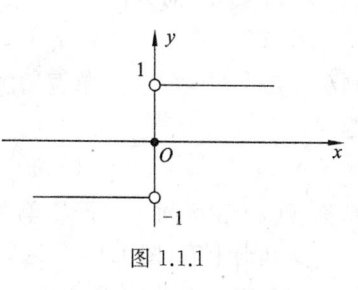

图 1.1.1

为分段函数.它恰好表示自变量 x 的符号,定义域为 $(-\infty, +\infty)$,如图 1.1.1 所示.

例 1.1.2 取整函数 $y = [x]$ 表示不超过 x 的最大整数,如图 1.1.2 所示.

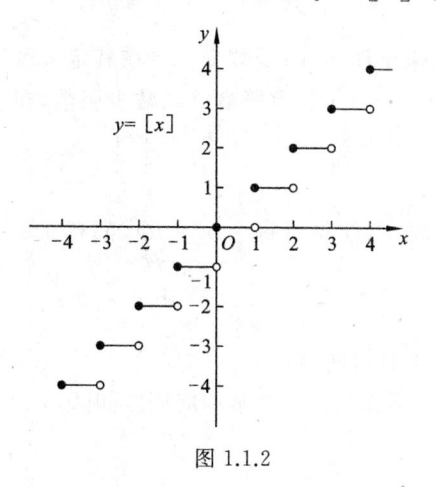

图 1.1.2

1.1.4 函数的简单性质

由于变量所在的实数域具有大小、正负对应和运算关系,通过对应的函数法则后这些关系可能保持或改变,依情况进行分类,从而得到下面几种具有特殊属性的函数类型.

1. 函数的奇偶性

设函数 $f(x)$ 的定义域 D 关于原点对称(即 $x \in D$ 的充要条件是 $-x \in D$),且对每个 $x \in D$,有

$$f(-x) = f(x) \ (f(-x) = -f(x))$$

则称 $f(x)$ 是**偶函数**(**奇函数**).

容易验证 $y = x^\alpha$,当 $\alpha = 1, 3$ 时为奇函数;当 $\alpha = 2$ 时为偶函数.它们的图形(图 1.1.3)也不一样.从几何上看,奇函数的图形关于原点对称,偶函数的图形关于 y 轴对称.

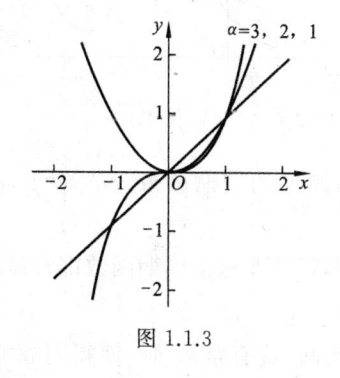

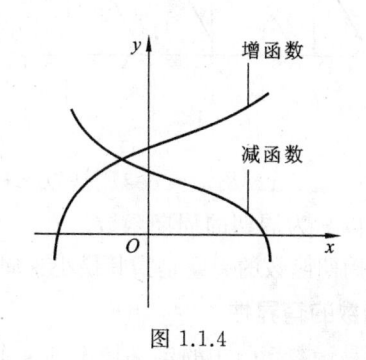

图 1.1.3

图 1.1.4

2. 函数的单调性

设 I 是函数 $f(x)$ 的定义域中的一个区间,若对该区间中的任意两个数 x_1, x_2,当 $x_1 < x_2$ 时,有

$$f(x_1) \leqslant f(x_2) \quad (f(x_1) \geqslant f(x_2))$$

则称 $f(x)$ 在区间 I 上**单调增加**(**单调减少**);若函数值的不等式是如下的严格不等式:

$$f(x_1) < f(x_2) \quad (f(x_1) > f(x_2))$$

则称 $f(x)$ 在区间 I 上**严格单调增加**(**严格单调减少**).

从几何上看(图 1.1.4),区间 I 上单调增加(单调减少)的函数的曲线是沿着 x 轴的正向逐渐上升(下降)的.

区间 I 上严格单调增加,严格单调减少,单调增加或单调减少的函数统称为单调函数,而相应的区间 I 称为**单调区间**.

例如,函数 $y=x$ 在区间 $(-\infty,+\infty)$ 上严格单调增加;函数 $y=x^2$ 在其定义区间 $(-\infty,+\infty)$ 上不是单调函数,但它在区间 $(-\infty,0)$ 上是严格单调减少函数,在区间 $(0,+\infty)$ 上是严格单调增加函数.

3. 函数的周期性

设函数 $f(x)$ 的定义域为 D.若存在正常数 T,使得对每个 $x \in D$,都有 $x \pm T \in D$,且

$$f(x+T) = f(x)$$

则称 $f(x)$ 为**周期函数**,称常数 T 为函数 $f(x)$ 的周期.

从几何上看(图 1.1.5),周期函数的图形可以看作是由一个基本周期区间 $[0, T_0]$ 上的图形经复制平移而来的.

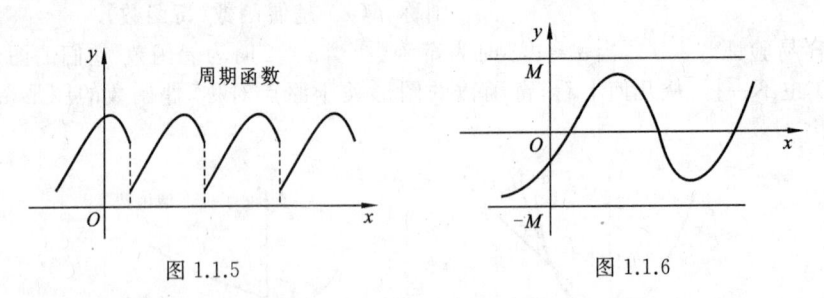

图 1.1.5

图 1.1.6

例如,$y = \sin x$ 及 $y = \cos x$ 是以 2π 为周期的周期函数,而 $y = |\sin x|$,$y = \cos^2 x$,是以 π 为周期的周期函数.

通常周期函数的周期是指其最小正周期,但并非每个周期函数都有最小正周期.

4. 函数的有界性

设 I 是函数 $f(x)$ 的定义域中的一个区间.若有常数 M,使得对每个 $x \in I$,

恒有
$$f(x) \leqslant M \text{ (或 } M \leqslant f(x))$$
则说 M 是 $f(x)$ 在 I 上的一个**上界**(**下界**),或者说在 I 上 $f(x)$ 有上界(有下界).当 $f(x)$ 在 I 上既有上界又有下界时,说 $f(x)$ 是 I 上的**有界函数**,否则为**无界函数**.

从几何上看(图 1.1.6),有界函数的曲线 $y=f(x)$ 位于两条水平直线 $y=A$ 及 $y=B$ 之间.

例如,函数 $y=\sin x$ 及 $y=\cos x$ 均是其定义域上的有界函数,因为对所有的 x,都有 $|\sin x| \leqslant 1, |\cos x| \leqslant 1$ 成立.函数 $f(x)=\dfrac{1}{x}$ 在区间 $(0,2)$ 上是无界的,但是在区间 $(1,2)$ 上是有界的.

例 1.1.3 闭区间 $[a,b]$ 上的单调函数 $f(x)$ 是有界函数.

解 不妨设函数单调增加,对任意 $x \in [a,b]$,由于 $a \leqslant x \leqslant b$,故有 $f(a) \leqslant f(x) \leqslant f(b)$,这说明 $f(x)$ 是有界函数.

注 1.1.3 在学习函数特性的代数描述时,要注意相应的几何图形特征.

1.1.5 反函数

在研究变量之间的函数关系时,有时函数和自变量的地位会相互转换,于是就出现了反函数的概念.

定义 1.1.2 设函数 $y=f(x)$,定义域为 D,值域为 W.若对于 W 中的每一个 y 值,都可由 $y=f(x)$ 确定唯一的 x 值与之对应,则得到一个定义在 W 上的以 y 为自变量,x 为因变量的新函数,称为 $y=f(x)$ 的**反函数**,记为 $x=f^{-1}(y)$,并称 $y=f(x)$ 为直接函数.为了表述方便,通常将 $x=f^{-1}(y)$ 改写为 $y=f^{-1}(x)$.函数 $y=f(x)$ 与其反函数 $y=f^{-1}(x)$ 的图像关于直线 $y=x$ 对称.

例 1.1.4 求 $y=x^3+4$ 的反函数.

解 由 $y=x^3+4$ 得 $x=\sqrt[3]{y-4}$.然后交换 x 和 y,得 $y=\sqrt[3]{x-4}$,即 $y=x^3+4$ 的反函数为 $y=\sqrt[3]{x-4}$.

1.1.6 基本初等函数及其图像

1. 幂函数

形如
$$y=x^\alpha \quad (\alpha \text{ 为实数})$$
的函数叫做幂函数.

幂函数的定义域与性质随 α 的不同而不同,但在 $(0,+\infty)$ 内总有定义,它的图像过点 $(1,1)$.若 $\alpha>0$,函数在 $(0,+\infty)$ 内单调增加;若 $\alpha<0$,函数在 $(0,+\infty)$ 内单调减少(图 1.1.7).

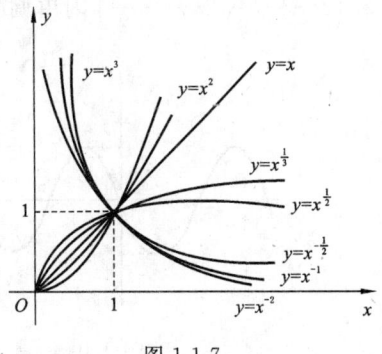

图 1.1.7

2. 指数函数

形如
$$y = a^x \quad (a > 0, a \neq 1)$$
的函数叫做指数函数.

函数的定义域为 $(-\infty, +\infty)$, 图像在 x 轴上方, 且都过点 $(0,1)$. 当 $a > 1$ 时, 函数单调增加; 当 $0 < a < 1$ 时, 函数单调减少(图 1.1.8).

3. 对数函数

形如
$$y = \log_a x \quad (a > 0, a \neq 1)$$
的函数叫做对数函数.

定义域为 $(0, +\infty)$, 图像在 y 轴右侧, 且都过点 $(1,0)$. 当 $a > 1$ 时, 函数单调增加; 当 $0 < a < 1$ 时, 函数单调减少(图 1.1.9).

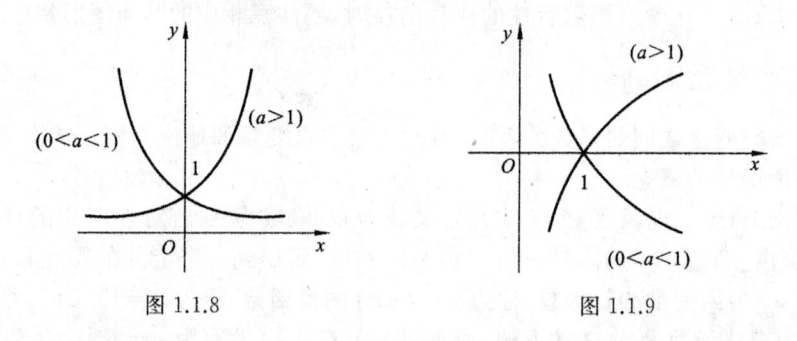

图 1.1.8

图 1.1.9

4. 三角函数

(1) 正弦函数 $y = \sin x$.

定义域为 $(-\infty, +\infty)$, 值域为 $[-1, 1]$. 在 $\left(2k\pi - \dfrac{\pi}{2}, 2k\pi + \dfrac{\pi}{2}\right)$ 内单调增加; 在 $\left(2k\pi + \dfrac{\pi}{2}, 2k\pi + \dfrac{3\pi}{2}\right)$ 内单调减少 $(k \in \mathbf{Z})$(图 1.1.10).

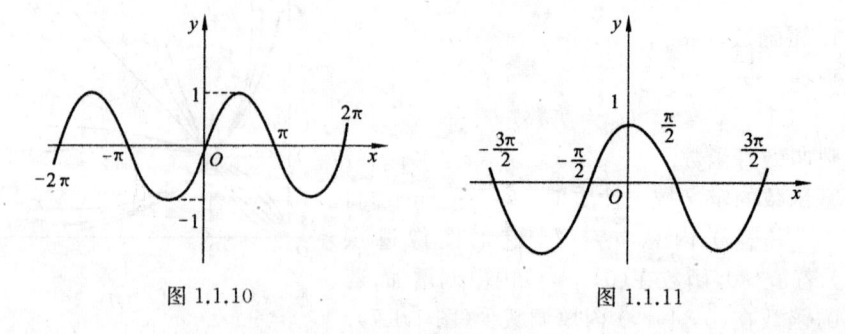

图 1.1.10

图 1.1.11

(2) 余弦函数 $y = \cos x$.

定义域为 $(-\infty, +\infty)$,值域为 $[-1, 1]$.在 $((2k-1)\pi, 2k\pi)$ 内单调增加;在 $(2k\pi, (2k+1)\pi)$ 内单调减少 $(k \in \mathbf{Z})$(图 1.1.11).

(3) 正切函数 $y = \tan x$.

定义域为 $\left\{x \mid x \neq k\pi + \dfrac{\pi}{2}, k \in \mathbf{Z}\right\}$,值域为 $(-\infty, +\infty)$.在 $\left(k\pi - \dfrac{\pi}{2}, k\pi + \dfrac{\pi}{2}\right)$ 内单调增加 $(k \in \mathbf{Z})$(图 1.1.12).

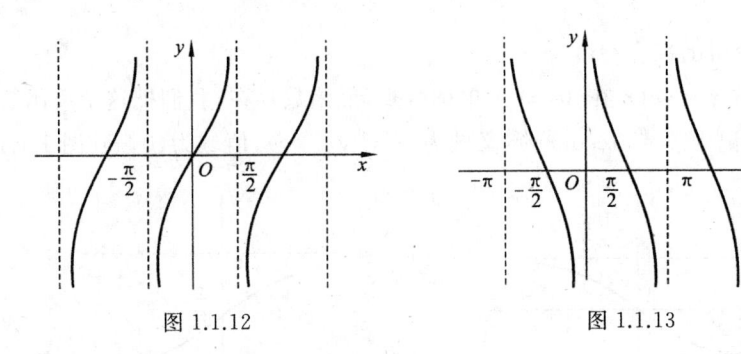

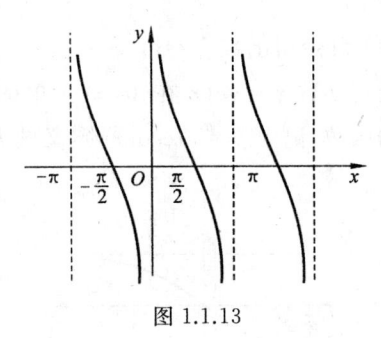

图 1.1.12

图 1.1.13

(4) 余切函数 $y = \cot x$.

定义域为 $\{x \mid x \neq k\pi, k \in \mathbf{Z}\}$,值域为 $(-\infty, +\infty)$.在 $(k\pi, k\pi + \pi)$ 内单调减少 $(k \in \mathbf{Z})$(图 1.1.13).

5. 反三角函数

(1) 反正弦函数 $y = \arcsin x$.

容易看出正弦函数 $y = \sin x$ 在 $(-\infty, +\infty)$ 的反函数不存在,但在 $\left[-\dfrac{\pi}{2}, \dfrac{\pi}{2}\right]$ 上单调增加,反函数存在,我们把这个反函数称为反正弦函数,记为 $y = \arcsin x$,定义域为 $[-1, 1]$,值域为 $\left[-\dfrac{\pi}{2}, \dfrac{\pi}{2}\right]$(图 1.1.14).

(2) 反余弦函数 $y = \arccos x$.

余弦函数 $y = \cos x$ 在 $[0, \pi]$ 上单调减少,反函数存在,我们把这个反函数称为反余弦函数,记为 $y = \arccos x$,定义域为 $[-1, 1]$,值域为 $[0, \pi]$(图 1.1.15).

(3) 反正切函数 $y = \arctan x$.

正切函数 $y = \tan x$ 在 $\left(-\dfrac{\pi}{2}, \dfrac{\pi}{2}\right)$ 上单调增加,反函数存在,我们把这个反函数称为反正切函数,记为 $y = \arctan x$,定义域为 $(-\infty, +\infty)$,值域为 $\left(-\dfrac{\pi}{2}, \dfrac{\pi}{2}\right)$(图 1.1.16).

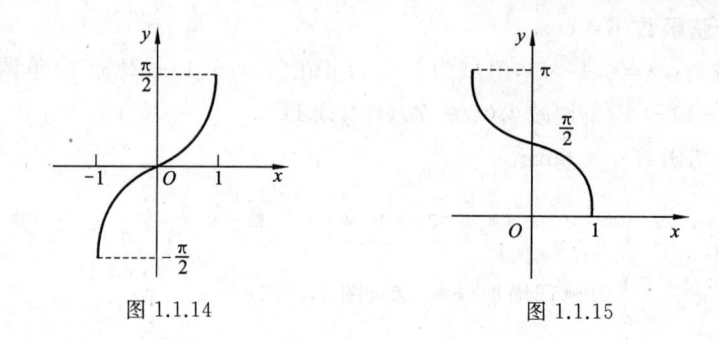

图 1.1.14   图 1.1.15

(4) 反余切函数 $y=\operatorname{arccot}x$.

余切函数 $y=\cot x$ 在 $(0,\pi)$ 上单调减少,反函数存在,我们把这个反函数称为反余切函数,记为 $y=\operatorname{arccot}x$,定义域为 $(-\infty,+\infty)$,值域为 $(0,\pi)$(图 1.1.17).

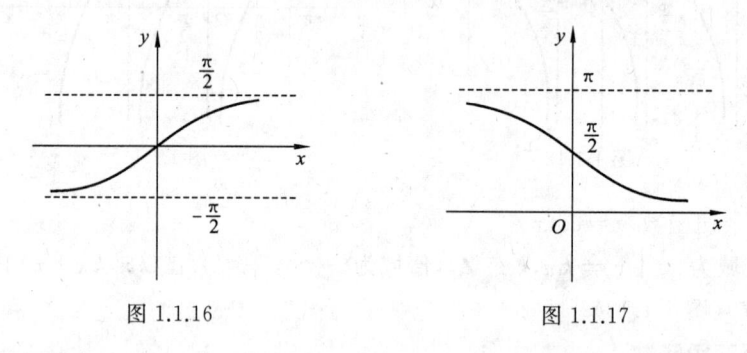

图 1.1.16   图 1.1.17

通常把以上的幂函数、指数函数、对数函数、三角函数与反三角函数等五类函数称为**基本初等函数**.

1.1.7 复合函数

设有函数 $y=f(u)=\sqrt{u}$,$u=\varphi(x)=x^2+1$.若要把 y 表示成 x 的函数,可用代入法来完成:

$$y=f(u)=f[\varphi(x)]=f(x^2+1)=\sqrt{x^2+1}$$

这个处理过程就是函数的复合过程.

定义 1.1.3 设 y 是变量 u 的函数 $y=f(u)$,而 u 又是变量 x 的函数 $u=\varphi(x)$,且 $\varphi(x)$ 的函数值全部或部分落在 $f(u)$ 的定义域内,那么 y 通过 u 的联系而成为 x 的函数,叫做由 $y=f(u)$ 和 $u=\varphi(x)$ 复合而成的函数,简称 x 的**复合函数**,记为 $y=f[\varphi(x)]$,其中 u 叫做**中间变量**.

例 1.1.5 试将下列各函数 y 表示成 x 的复合函数.

(1) $y = \sqrt[3]{u}, u = x^4 + x^2 + 1$;   (2) $y = \ln u, u = 3 + v^2, v = \sec x$.

解 (1) $y = \sqrt[3]{u} = \sqrt[3]{x^4 + x^2 + 1}$,即 $y = \sqrt[3]{x^4 + x^2 + 1}$.

(2) $y = \ln u = \ln(3 + v^2) = \ln(3 + \sec^2 x)$,即 $y = \ln(3 + \sec^2 x)$.

例 1.1.6 指出下列各函数的复合过程,并求其定义域.

(1) $y = \sqrt{x^2 - 3x + 2}$;   (2) $y = e^{\cos 3x}$;   (3) $y = \ln(2 + \tan^2 x)$.

解 (1) $y = \sqrt{x^2 - 3x + 2}$ 是由 $y = \sqrt{u}, u = x^2 - 3x + 2$ 这两个函数复合而成的,要使函数 $y = \sqrt{x^2 - 3x + 2}$ 有意义,需 $x^2 - 3x + 2 \geqslant 0$,解此不等式得 $y = \sqrt{x^2 - 3x + 2}$ 的定义域为 $(-\infty, 1] \cup [2, +\infty)$.

(2) $y = e^{\cos 3x}$ 是由 $y = e^u, u = \cos v, v = 3x$ 这三个函数复合而成的,因此 $y = e^{\cos 3x}$ 的定义域为 $(-\infty, +\infty)$.

(3) $y = \ln(2 + \tan^2 x)$ 是由 $y = \ln u, u = 2 + v, v = \tan^2 x$ 这三个函数复合而成的,当 $x = k\pi + \dfrac{\pi}{2} (k \in \mathbf{Z})$ 时 $\tan x$ 不存在,因此 $y = \ln(2 + \tan^2 x)$ 的定义域为

$$\{x \mid x \neq k\pi + \frac{\pi}{2}, k \in \mathbf{Z}\} \quad \text{或} \quad \left(k\pi - \frac{\pi}{2}, k\pi + \frac{\pi}{2}\right)(k \in \mathbf{Z})$$

注 1.1.4 在复合过程中,中间变量可多于一个,如 $y = f(u), u = \varphi(v), v = \psi(x)$,复合后为 $y = f[\varphi(\psi(x))]$. 但并不是任何两个函数 $y = f(u), u = \varphi(x)$ 都可复合成一个函数,只有当内层函数 $u = \varphi(x)$ 的值域没有超过外层函数 $y = f(u)$ 的定义域时,两个函数就可以复合成一个新函数,否则便不能复合,例如,$y = \sqrt{u^2 - 2}, u = \sin x$ 就不能复合.

注 1.1.5 分析一个复合函数的复合过程时,每个层次都应是基本初等函数或常数与基本初等函数的四则运算式,当分解到常数与自变量的基本初等函数的四则运算式(我们称之为简单函数)时就不再分解了,如例 1.1.6.

1.1.8 初等函数

定义 1.1.4 由常数函数及基本初等函数经过有限次四则运算与有限次复合步骤所构成的,并用一个解析式表达的函数称为**初等函数**.

例如,$y = 2x^2 - 1, y = \sin \dfrac{1}{x}, y = e^{\sin^2(2x+1)}, y = \ln\cos^x$ 等都是初等函数.

许多情况下,分段函数不是初等函数,因为在定义域上不能用一个式子表示. 例如,符号函数

$$y = \mathrm{sgn}\, x = \begin{cases} -1, & x < 0 \\ 0, & x = 0 \\ 1, & x > 0 \end{cases}$$

和取整数函数

$$y = [x], x \in \mathbf{R}$$

它们都不是初等函数. 但是

$$y = |x| = \begin{cases} x, & x \geqslant 0 \\ -x, & x < 0 \end{cases}$$

是初等函数, 因为 $y = |x| = \sqrt{x^2}$. 它亦可看成由 $y = \sqrt{u}, u = x^2$ 复合而成.

微积分学中所涉及的函数绝大多数都是初等函数,因此,掌握初等函数的特性和各种运算是非常重要的. 不是初等函数的函数叫做非初等函数.

1.1.9 函数关系的建立举例

运用数学工具解决实际问题时,往往需要先把变量之间的函数关系表示出来,以方便计算和分析.

例 1.1.7 造一个容积为 V 的无盖长方体水池,它的底为正方形. 若池底的单位面积造价为侧面积造价的 3 倍,试建立总造价与底面边长之间的函数关系.

解 设底面边长为 x,总造价为 y,侧面单位面积造价为 a. 由已知可得水池深为 $\dfrac{V}{x^2}$,侧面积为 $4x \dfrac{V}{x^2} = \dfrac{4V}{x}$,从而得出

$$y = 3ax^2 + 4a\frac{V}{x} \quad (0 < x < +\infty)$$

例 1.1.8 某运输公司规定货物的吨公里运价为:在 a 公里以内,每吨公里为 L 元;超过 a 公里时,超过部分为每吨公里 $0.8L$ 元. 求运价 y 和里程 s 之间的函数关系.

解 根据题意可列出函数关系如下:

$$y = \begin{cases} Ls, & 0 < s \leqslant a \\ La + 0.8L(s - a), & s > a \end{cases}$$

注 1.1.6 建立实际问题的函数关系,首先应理解题意,找出问题中的常量与变量,选定自变量,再根据问题所给的几何特性、物理规律或其他知识建立变量间的等量关系,整理化简得函数式. 有时还要根据题意,写出函数的定义域.

习 题 1.1

1. 下各题中 $f(x)$ 与 $g(x)$ 是否表示同一个函数，为什么？

(1) $f(x)=\lg x^2, g(x)=2\lg x$；　　(2) $f(x)=\dfrac{x^2-1}{x-1}, g(x)=x+1$.

2. 设 $f(x)=x^2+1, \varphi(x)=\sin 2x$. 求 $f(0), f\left(\dfrac{1}{a}\right), f(2t), f[\varphi(x)], \varphi[f(x)]$.

3. 求下列函数的定义域：

(1) $y=\sqrt{x^2-4x+3}$；　　(2) $y=\sqrt{4-x^2}+\dfrac{1}{\sqrt{x+1}}$；　　(3) $y=\lg(x+2)+1$；

(4) $y=\lg\sin x$；　　(5) $y=\dfrac{\sqrt{3-x}}{x}+\arcsin\dfrac{3-2x}{5}$.

4. 设 $f(x)=\begin{cases}2+x, & x<0 \\ 0, & x=0 \\ x^2-1, & 0<x\leqslant 4\end{cases}$，求 $f(x)$ 的定义域及 $f(-1), f(2)$ 的值，并作出它的图像.

5. 判断下列函数的奇偶性：

(1) $f(x)=\dfrac{3^x+3^{-x}}{2}$；　　(2) $f(x)=\lg(x+\sqrt{1+x^2})$；　　(3) $f(x)=x\mathrm{e}^x$.

6. 下列函数能否构成复合函数？若能构成，写出 $y=f[\varphi(x)]$，并求其定义域.

(1) $y=u^2, u=3x-1$；　　(2) $y=\lg u, u=1-x^2$；　　(3) $y=\sqrt{u}, u=-1-x^2$.

7. 写出下列复合函数的复合过程：

(1) $y=\sin^3(8x+5)$；　　(2) $y=\tan(\sqrt[3]{x^2+5})$；

(3) $y=2^{1-x^2}$；　　(4) $y=\lg(3-x)$.

8. 作分段函数 $f(x)=\begin{cases}2^x, & -1<x<0 \\ 2, & 0\leqslant x<1 \\ x-1, & 1\leqslant x\leqslant 3\end{cases}$ 的图像，并求出 $f(2), f(0), f(-0.5)$ 的值.

9. 用铁皮制作一个容积为 V 的圆柱形罐头筒，试将其全面积 A 表示成底半径 r 的函数，并确定此函数的定义域.

10. 在一个半径为 r 的球内嵌入一个内接圆柱，试将圆柱的体积 V 表示为圆柱的高 h 的函数，并确定此函数的定义域.

1.2 极限的概念

极限是微积分中最基本的概念之一,是研究变量变化趋势的基本工具.极限的方法是人们从有限中认识无限,从近似中认识精确,从量变中认识质变的一种数学方法,它是微积分的基本思想方法,微积分学中其他的一些重要概念,如导数、定积分等,都是用极限来定义的.本节介绍极限的概念、几何意义及基本性质.为了便于理解,首先介绍数列极限的概念和相关问题,然后学习函数的极限.

1.2.1 数列的极限

1. 数列

数列是一串按照以下形式,可以逐项写出的一列数:

$$x_1, x_2, \cdots, x_n, \cdots$$

记为 $\{x_n\}_{n=1}^{\infty}$ 或 $\{x_n\}$.称 x_1 为该数列的首项,x_n 为通项.

如果通项 x_n 能表示为 n 的函数,则数列便可以逐项写出.例如,

(a) $x_n = \dfrac{1}{n}: 1, \dfrac{1}{2}, \dfrac{1}{3}, \cdots, \dfrac{1}{n}, \cdots$.

(b) $x_n = \dfrac{(-1)^{n-1}}{n}: 1, -\dfrac{1}{2}, \dfrac{1}{3}, -\dfrac{1}{4}, \cdots, \dfrac{(-1)^{n-1}}{n}, \cdots$.

(c) $x_n = (-1)^{n-1}: 1, -1, 1, -1, \cdots, (-1)^{n-1}, \cdots$.

(d) $x_n = a: a, a, a \cdots, a, \cdots$.

数列 $\{x_n\}$ 中各项的取值可以互不相同,例如(a)、(b),也可以有重复,甚至完全相同,例如(c)、(d).

数列 $\{x_n\}$ 亦可以看成是定义在自然数集 $\mathbf{N} = \{1, 2, \cdots, n, \cdots\}$ 上的一个函数,函数值便是 x_n.因此,关于函数的一些概念便可以对数列来表述.例如,

有上(下)界数列 $\{x_n\}$ 若存在常数 M,使得数 $x_n \leqslant M$ ($x_n \geqslant M$) ($n \in \mathbf{N}$).

有界数列 $\{x_n\}$ 既有上界又有下界的数列.

单调增(减)数列 $\{x_n\}$ 若对每个 $n \in \mathbf{N}$,有 $x_n \leqslant x_{n+1}$ ($x_n \geqslant x_{n+1}$).

严格单调增(减)数列 $\{x_n\}$ 若对每个 $n \in \mathbf{N}$,有 $x_n < x_{n+1}$ ($x_n > x_{n+1}$).

不难验证,数列(a)~(d)都是有界数列.其中(a)严格单调减少;(d)既单调增加,又单调减少.

函数的图形表示法自然可以对数列使用.并且,还可以将数值 x_n 与数轴 Ox 上的点 x_n 对应,来表示数列的动态分布.图1.2.1给出了数列(a)~(d)的两种几何表示,当然只描出数列的开始几项.对于规律性很强的数列,这是足够的.

图 1.2.1

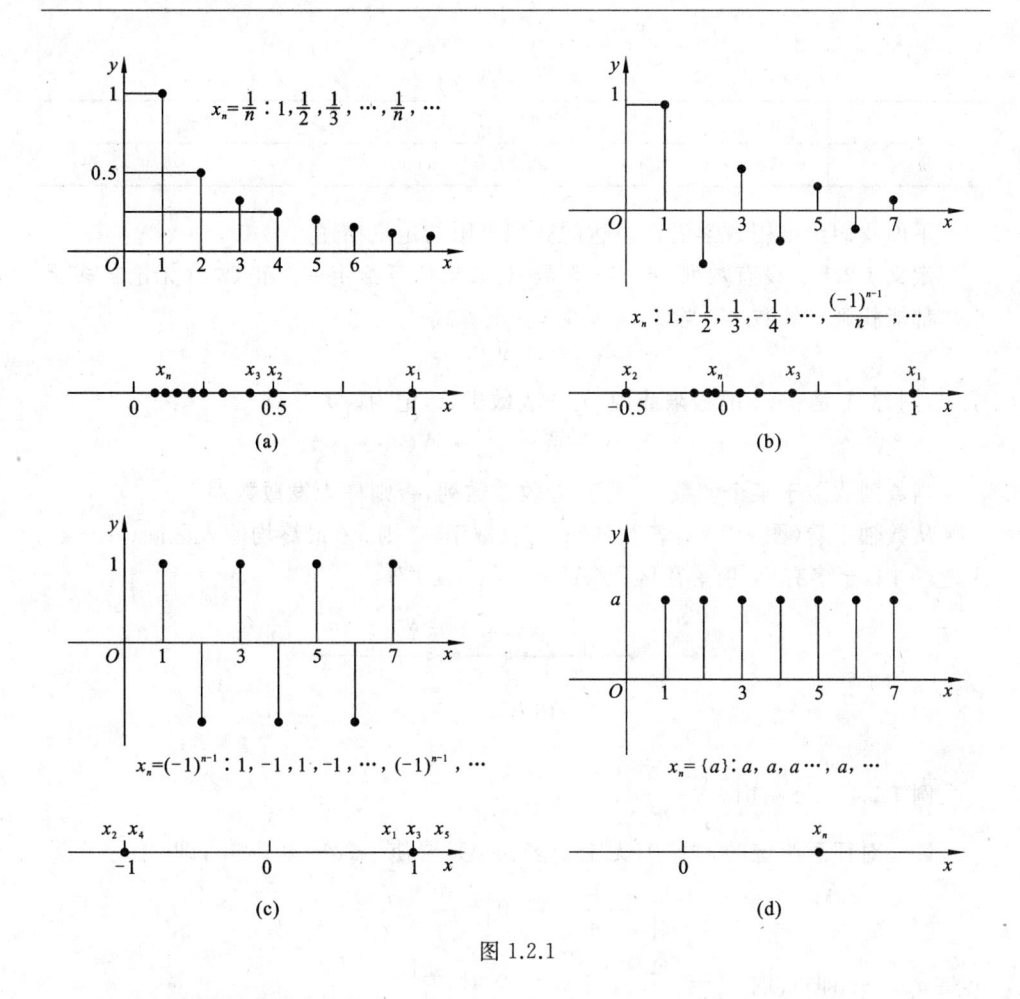

2. 数列的极限

观察数列 $\{x_n\} = \left\{\dfrac{(-1)^{n-1}}{n}\right\}$ 当 n 无限增大时的变化趋势，易见当 n 无限增大时，x_n 无限地趋近 0. 像这样，当 n 无限增大时，x_n 无限地趋近于唯一的确定的数 A，我们把 A 称为数列 $\{x_n\}$ 当 n 无限增大时的**极限**. 即 0 是数列 $\{x_n\} = \left\{\dfrac{(-1)^{n-1}}{n}\right\}$ 当 n 无限增大时的极限.

可以看出，要使 x_n 无限地趋近于 0，即 $|x_n - 0|$ 无限地接近于 0，只要 n 充分大即可. 要使 $|x_n - 0| < 0.1$，只要 $n > 10$ 即可，要使 $|x_n - 0| < 0.01$，只要 $n > 100$ 即可，……，因为最小的正数是不存在的，我们可以引入任意给定的正数 ε 去表示 $|x_n - 0|$ 接近于 0 的程度，如表 1.2.1 所示.

表 1.2.1

$\|x_n-0\|<$	0.1	0.01	0.001	0.000 1	$\cdots$	ε	$\cdots$
$n>$	10	100	1 000	10 000	$\cdots$	ε^{-1}	$\cdots$

下面我们给出用数学语言表达的数列极限的定量描述.

定义 1.2.1 设有数列$\{x_n\}$及常数A.如果任意给定一个正数ε(无论ε多么小),都能找到自然数N,当$n>N$时,有不等式
$$|x_n-A|<\varepsilon$$
成立,则称A是$\{x_n\}$的**极限**或说$\{x_n\}$**收敛于**A,记为
$$\lim_{n\to\infty}x_n=A \quad 或 \quad x_n\to A(n\to\infty)$$
当数列收敛于某个实数时,称其为**收敛数列**,否则称为**发散数列**.

从数轴上看(图1.2.2),若数列$\{x_n\}$收敛于A,则x_n最终均落入区间$(A-\varepsilon,A+\varepsilon)$内,至多有$N$项落在区间$(A-\varepsilon,A+\varepsilon)$外.

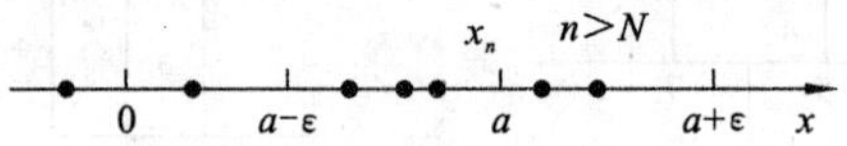

图 1.2.2

例 1.2.1 证明$\lim\limits_{n\to\infty}\dfrac{(-1)^{n-1}}{n}=0$.

证 对任意给定的$\varepsilon>0$(无论ε多么小),要使$|x_n-0|<\varepsilon$,即
$$\left|\frac{(-1)^{n-1}}{n}-0\right|=\frac{1}{n}<\varepsilon$$
只要$n>\dfrac{1}{\varepsilon}$即可.取$N=\left[\dfrac{1}{\varepsilon}\right]$,当$n>N$时,有
$$\left|\frac{(-1)^{n-1}}{n}-0\right|<\varepsilon$$
成立.由数列极限定义有
$$\lim_{n\to\infty}\frac{(-1)^{n-1}}{n}=0$$

例 1.2.2 根据定义,可以验证以下几个常用结果:

(1) $\lim\limits_{n\to\infty}\dfrac{1}{n}=0$.

(2) $\lim\limits_{n\to\infty}a^n=0$,其中$|a|<1$.

(3) $\lim\limits_{n\to\infty}\sqrt[n]{n}=1$.

(4) $\lim\limits_{n\to\infty}\left(1+\dfrac{1}{n}\right)^n=e$,其中$e=2.71828\cdots$是一个无理数.

我们不去推导这些结果，但是建议读者用计算器进行检验.例如(3)、(4)的数值计算如表 1.2.2.

表 1.2.2

n	1	10	100	1 000	10 000	100 000	1 000 000	⋯
$\sqrt[n]{n}$	1	1.258 92	1.047 12	1.006 93	1.000 92	1.000 12	1.000 01	⋯
$\left(1+\dfrac{1}{n}\right)^n$	2	2.593 74	2.704 81	2.716 92	2.718 14	2.718 26	2.718 28	⋯

3. 数列极限的性质

根据数列的极限定义和几何意义，可以推出下列收敛数列的性质.

定理 1.2.1（唯一性） 收敛数列的极限是唯一的.

此结果表明：将求极限看成是对收敛数列的一种运算，则运算结果是唯一确定的.

定理 1.2.2（有界性） 收敛数列必是有界数列.

由此定理推出，无界数列是发散数列.例如，$\{n\}$，$\{\ln n\}$ 均是发散数列.但是这并不意味着有界数列就是收敛数列.例如 $\{(-1)^n\}$，$\{1+\cos n\pi\}$ 均是有界数列，它们都不收敛.

定理 1.2.3（保号性） 设 $\lim\limits_{n\to\infty} x_n = A, A < B$.则存在 N，当 $n > N$ 时：$x_n < B$.

证 取正数 $\varepsilon = B - A$，依定义，存在 N，当 $n > N$ 时
$$-\varepsilon < x_n - A < \varepsilon$$
将 $\varepsilon = B - A$ 代入，得 $x_n < B$.

推论 1.2.1 若自某项之后，**收敛数列** $\{x_n\}$ 和 $\{y_n\}$ 满足 $x_n \leqslant y_n$，则有
$$\lim_{n\to\infty} x_n \leqslant \lim_{n\to\infty} y_n$$

注 1.2.1 此推论说明，极限运算是保持不等号关系"$\leqslant$"的.但是要提醒的是，极限运算不保持严格不等号关系"$<$".例如，由 $\dfrac{1}{n} < \dfrac{2}{n}$，推不出 $\lim\limits_{n\to\infty}\dfrac{1}{n} < \lim\limits_{n\to\infty}\dfrac{2}{n}$.

定理 1.2.4（夹逼原理） 若自某项之后，数列 $\{x_n\}$，$\{z_n\}$ 及 $\{y_n\}$ 满足 $x_n \leqslant y_n \leqslant z_n$，且数列 x_n 与 z_n 均收敛于同一个常数 A，则 y_n 亦收敛于 A.

证 任给正数 ε，由于 $\lim\limits_{n\to\infty} x_n = A$，依定义，存在 N_1，使得 $n > N_1$ 时，有
$$|x_n - A| < \varepsilon$$
即 x_n 落入 $(A-\varepsilon, A+\varepsilon)$；同样，由于 $\lim\limits_{n\to\infty} z_n = A$，也存在 N_2，使得 $n > N_2$ 时，z_n 也落入 $(A-\varepsilon, A+\varepsilon)$.

综合有，当 $n > N_1 + N_2$ 时，x_n 和 z_n 都落入 $(A-\varepsilon, A+\varepsilon)$.考虑到 y_n 位于 x_n 及 z_n 之间，故当 $n > N_1 + N_2$ 时，有

$$|y_n - A| < \varepsilon$$

由 ε 的任意性，依据定义便推得 y_n 也收敛于 A.

例 1.2.3 证明 $\lim\limits_{n\to\infty}\dfrac{\sin n}{n}=0$.

证 因为 $-1 \leqslant \sin n \leqslant 1$，从而

$$-\frac{1}{n} \leqslant \frac{\sin n}{n} \leqslant \frac{1}{n}$$

显然有

$$\lim_{n\to\infty}\frac{1}{n}=0, \quad \lim_{n\to\infty}\frac{-1}{n}=0$$

由夹逼原理得

$$\lim_{n\to\infty}\frac{\sin n}{n}=0$$

1.2.2 函数的极限

在初步理解数列的极限的基础上，我们来学习函数的极限.

与数列的下标 n 的唯一无限变化方式"$n\to+\infty$"不同的是，函数的自变量 x 可以有多种形式的无限变化方式：x 趋向无穷大（指 x 的绝对值无限增大，记为 $x\to\infty$）或无限趋向某个点（记为 $x\to x_0$）. 有时考虑自变量趋向无穷大的两种特殊情形：x 趋向正无穷大是指 x 沿坐标轴 Ox 正向 $|x|$ 无限增大，记为 $x\to+\infty$；x 趋向负无穷大是指 x 沿坐标轴 Ox 负向 $|x|$ 无限增大，记为 $x\to-\infty$.

1. 在无穷远处的极限

首先模仿数列极限的定义方式给出函数 $f(x)$ 当 $x\to\infty$ 时的极限概念.

定义 1.2.2（在无穷远处的极限） 设 $f(x)$ 当 $|x|$ 大于某个正数时有定义，A 是一个常数，若对任给正数 ε，存在数 $X>0$，当 $|x|>X$ 时，有不等式

$$|f(x)-A|<\varepsilon$$

成立，则说当 x 趋向无穷大时，A 是 $f(x)$ 的极限（或说 $f(x)$ 收敛于 A）. 记为

$$\lim_{x\to\infty}f(x)=A$$

类似地可以定义当 x 趋向正无穷大，x 趋向负无穷大时的极限，分别记为

$$\lim_{x\to+\infty}f(x)=A, \quad \lim_{x\to-\infty}f(x)=A$$

显然，$\lim\limits_{x\to\infty}f(x)=A$ 的充要条件是 $\lim\limits_{x\to+\infty}f(x)=\lim\limits_{x\to-\infty}f(x)=A$.

几何意义 如果 $\lim\limits_{x\to\infty}f(x)=A$，则对任意给定的正数 ε，可以找到一个正数 X，当 $|x|>X$ 时，函数 $y=f(x)$ 图像上的点都落在带形区域 $A-\varepsilon<y<A+\varepsilon$ 内（图 1.2.3）.

例 1.2.4 数列极限的几个结果（见例 1.2.2）可以推广到函数情形：

(1) $\lim\limits_{x\to\infty}\dfrac{1}{x}=0$；

(2) $\lim\limits_{x\to+\infty}a^x=0$，其中 $|a|<1$.

2. 在一点处的函数的极限

再来考虑当自变量趋向某个点 x_0 时函数的极限. 初学者往往要问, 与无限变大中的目标 ∞ 相比, 目标点 x_0 现在是一个可以达到的实数, 为什么不直接取 $x=x_0$, 用 $f(x_0)$ 来表现函数 $f(x)$ 的极限, 而非要让自变量 x 无限接近 x_0 (且不等于 x_0) 来推断极限? 为了回答这一疑问, 我们来看一个实例.

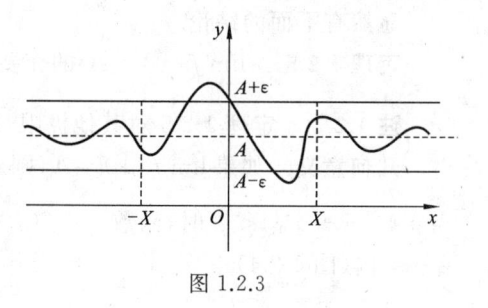

图 1.2.3

例 1.2.5 设一位百米赛运动员的时间 - 路程函数的曲线 $s(t)$, 分析他在 $t=8\,\mathrm{s}$ 时的速度 $v(8)$.

解 平均速度的测定来自于移动的距离 Δs 与花费的时间 Δt 之比 $\dfrac{\Delta s}{\Delta t}$. 如何测定运动员在 $t=8\,\mathrm{s}$ 的瞬时速度? 在一个长度为 0 的时段上没有发生位移, 无法考虑速度. 为此物理学家们用运动员在 $t=8\,\mathrm{s}$ 前后的某个极小时段上的平均速度, 例如, 在时段 $[8,8+\Delta t]$ 上的平均速度

$$v(\Delta t)=\dfrac{s(8+\Delta t)-s(8)}{\Delta t}\quad(\Delta t>0)$$

来近似 $t=8\,\mathrm{s}$ 的瞬时速度 $v(8)$. 自然, 在不为零的前提下, 变量 Δt 越接近于 0, $v(\Delta t)$ 就越接近于瞬时速度 $v(8)$. 现在, 假如我们知道, 当 Δt 无限趋于 0 过程中, $v(\Delta t)$ 的最终目标值是 a, 那就将它作为瞬时速度 $v(8)$ 就是最合理的决策.

由此例我们看到, 在应用问题中, 需要引入函数 $f(x)$ 在其自变量 x 无限接近某个点 x_0 时的变化趋势的概念.

定义 1.2.3 (在一点的极限) 设 $f(x)$ 在点 x_0 附近有定义 (点 x_0 可以没有定义), A 是一个常量, 若对任给正数 ε, 存在 $\delta>0$, 使得当 $0<|x-x_0|<\delta$ 时, 有不等式

$$|f(x)-A|<\varepsilon$$

成立, 则说 A 是 $f(x)$ 在点 x_0 的**极限** (或者说当 $x\to x_0$ 时, $f(x)$ 收敛于 A). 记为

$$\lim\limits_{x\to x_0}f(x)=A$$

类似地, 可以定义 $f(x)$ 在点 x_0 的**左极限**, $f(x)$ 在点 x_0 的**右极限**, 并分别记为

$$\lim\limits_{x\to x_0^-}f(x)=A\quad 或\quad f(x_0-0)=A$$

$$\lim\limits_{x\to x_0^+}f(x)=A\quad 或\quad f(x_0+0)=A$$

显然有下面的结论.

定理 1.2.5 $\lim\limits_{x \to x_0} f(x) = A$ 的充要条件是 $\lim\limits_{x \to x_0^+} f(x) = \lim\limits_{x \to x_0^-} f(x) = A$.

注 1.2.2 定理 1.2.5 对其他极限过程也有类似结果.

几何意义 如果 $\lim\limits_{x \to x_0} f(x) = A$,则对任意给定的正数 ε,可以找到一个正数 δ,当 $0 < |x - x_0| < \delta$ 时,函数 $y = f(x)$ 图像上的点都落在带形区域 $A - \varepsilon < y < A + \varepsilon$ 内(图 1.2.4).

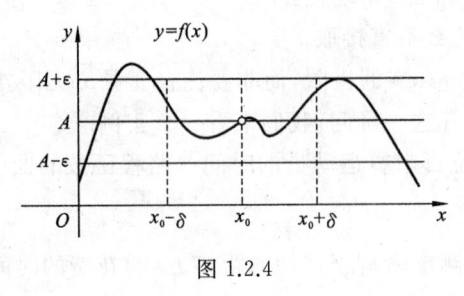

图 1.2.4

例 1.2.6 证明极限 $\lim\limits_{x \to 1} \dfrac{x^2 - 1}{x - 1} = 2$.

证 对任意给定的正数 ε,要使
$$\left| \frac{x^2 - 1}{x - 1} - 2 \right| < \varepsilon$$
只要
$$\left| \frac{x^2 - 1}{x - 1} - 2 \right| = |x - 1| < \varepsilon$$
取 $\delta = \varepsilon$,则当 $0 < |x - 1| < \delta$ 时,有
$$\left| \frac{x^2 - 1}{x - 1} - 2 \right| < \varepsilon$$
由极限定义,知
$$\lim_{x \to 1} \frac{x^2 - 1}{x - 1} = 2$$

例 1.2.7 证明:极限 $\lim\limits_{x \to 0} \dfrac{|x|}{x}$ 不存在.

证 当 $x > 0$ 时,$\dfrac{|x|}{x} = \dfrac{x}{x} \equiv 1$,故
$$\lim_{x \to 0^+} \frac{|x|}{x} = 1$$
当 $x < 0$ 时,$\dfrac{|x|}{x} = -\dfrac{x}{x} \equiv -1$,故

$$\lim_{x \to 0^-} \frac{|x|}{x} = -1$$

虽然函数在 $x=0$ 的左极限和右极限都存在,但是由于不相等,故在 $x=0$ 的极限不存在.

关于函数极限,也有以下类似于数列极限的重要结果.

定理 1.2.6(唯一性与有界性) 收敛函数的极限是唯一的;在一点收敛的函数必在该点附近有界.

定理 1.2.7(夹逼原理) 设 $a(x) \leqslant f(x) \leqslant b(x), x_0 < x < b$,且 $\lim\limits_{x \to x_0^+} a(x) = \lim\limits_{x \to x_0^+} b(x) = A$,则

$$\lim_{x \to x_0^+} f(x) = A$$

注 1.2.3 定理 1.2.7 对其他极限过程也有类似结果.

习 题 1.2

1. 写出下列数列的一般项,并求其极限.

(1) $1, \dfrac{1}{4}, \dfrac{1}{9}, \dfrac{1}{16}, \cdots$;   (2) $2, 1, \dfrac{2}{3}, \dfrac{1}{2}, \dfrac{2}{5}, \dfrac{1}{3}, \dfrac{2}{7}, \cdots$;

(3) $1, \dfrac{4}{3}, \dfrac{3}{2}, \dfrac{8}{5}, \dfrac{5}{3}, \cdots$;   (4) $1, 1, 1, 1, 1, \cdots$;

(5) $\dfrac{1}{3}, \dfrac{1}{5}, \dfrac{1}{7}, \dfrac{1}{9}, \cdots$.

2. 观察一般项 x_n 如下的数列 $\{x_n\}$ 的变化趋势,写出它们的极限.

(1) $x_n = \dfrac{1}{3^n}$;   (2) $x_n = (-1)^n \dfrac{1}{n}$;   (3) $x_n = 2 + \dfrac{1}{n^3}$;

(4) $x_n = \dfrac{n-2}{n+2}$;   (5) $x_n = (-1)^n n$.

3. 应用极限定义证明.

(1) $\lim\limits_{n \to \infty} \dfrac{1}{n^2} = 0$;   (2) $\lim\limits_{n \to \infty} \dfrac{2n+1}{3n-1} = \dfrac{2}{3}$;

(3) $\lim\limits_{x \to 0} \cos x = 1$;   (4) $\lim\limits_{x \to 1}(3x-1)$;

(5) $\lim\limits_{n \to \infty} \dfrac{6x+5}{5x} = \dfrac{6}{5}$;   (6) $\lim\limits_{x \to \infty} \dfrac{1+x^3}{2x^3} = \dfrac{1}{2}$;

(7) $\lim\limits_{x \to 3} \dfrac{x^2 - 5x + 6}{x - 3} = 1$.

1.3 极限的运算

1.3.1 极限的四则运算法则

为了寻求比较复杂的函数极限,往往要用到下面的极限的运算法则:

定理 1.3.1 设 $\lim f(x)=A$, $\lim g(x)=B$,则

(1) $\lim[f(x)\pm g(x)]=\lim f(x)\pm \lim g(x)=A\pm B$;

(2) $\lim[f(x)g(x)]=\lim f(x)\lim g(x)=AB$,特别有 $\lim Cf(x)=C\lim f(x)=CA$;

(3) $\lim\dfrac{f(x)}{g(x)}=\dfrac{\lim f(x)}{\lim g(x)}=\dfrac{A}{B}$ ($B\neq 0$).

注 1.3.1 (1)、(2) 可以推广到有限个函数的情形. 这些法则通常叫做极限的四则运算法则.

注 1.3.2 在极限的运算中还经常用到下面的换元法则:设当 $x\to x_0$ 时 $f(x)\to A$. 而在 $t\to t_0$ 时 $h(t)\neq x_0$,并且 $h(t)\to x_0$,则在 $t\to t_0$ 时,便有 $f(h(t))\to A$. 令 $x=h(t)$,亦即 $\lim\limits_{t\to t_0}f(h(t))=\lim\limits_{x\to x_0}f(x)=A$. 上述换元法则中的自变量的极限过程换作其他形式时依然成立.

例 1.3.1 求 $\lim\limits_{x\to 2}(4x^2+3)$.

解 $\lim\limits_{x\to 2}(4x^2+3)=\lim\limits_{x\to 2}4x^2+\lim\limits_{x\to 2}3=4(\lim\limits_{x\to 2}x)^2+3=4\times 2^2+3=19$

一般地,如果函数 $f(x)$ 为多项式,则 $\lim\limits_{x\to x_0}f(x)=f(x_0)$.

例 1.3.2 求 $\lim\limits_{x\to 0}\dfrac{2x^2+3}{4-x}$.

解 由于

$$\lim\limits_{x\to 0}(4-x)=\lim\limits_{x\to 0}4-\lim\limits_{x\to 0}x=4-0=4\neq 0$$

$$\lim\limits_{x\to 0}(2x^2+3)=2(\lim\limits_{x\to 0}x)^2+\lim\limits_{x\to 0}3=3$$

故

$$\lim\limits_{x\to 0}\dfrac{2x^2+3}{4-x}=\dfrac{3}{4}$$

注 1.3.3 如果 $\dfrac{f(x)}{g(x)}$ 为有理分式函数,且 $g(x_0)\neq 0$ 时,则有

$$\lim\limits_{x\to x_0}\dfrac{f(x)}{g(x)}=\dfrac{f(x_0)}{g(x_0)}$$

例 1.3.3 求 $\lim\limits_{x\to 3}\dfrac{x-3}{x^2-9}$.

解 由于 $\lim\limits_{x\to 3}(x^2-9)=0$,因此不能直接用定理 1.3.1(3),又 $\lim\limits_{x\to 3}(x-3)=0$,在 $x\to 3$ 的过程中,$x\neq 3$.因此求此分式极限时,应首先约去非零因子 $x-3$,于是

$$\lim_{x\to 3}\frac{x-3}{x^2-9}=\lim_{x\to 3}\frac{1}{x+3}=\frac{1}{6}$$

注 1.3.4 上面的变形只能是在求极限的过程中进行,不要误认为函数 $\dfrac{x-3}{x^2-9}$ 与函数 $\dfrac{1}{x+3}$ 是同一函数.

例 1.3.4 求 $\lim\limits_{x\to\infty}\dfrac{3x^3-5x^2+1}{8x^3+4x-3}$.

解 因分子、分母的极限都不存在,所以不能用定理 1.3.1(3).此时可以用分子、分母中 x 的最高次幂 x^3 同除分子、分母,然后再求极限.

$$\lim_{x\to\infty}\frac{3x^3-5x^2+1}{8x^3+4x-3}=\lim_{x\to\infty}\frac{3-\dfrac{5}{x}+\dfrac{1}{x^3}}{8+\dfrac{4}{x^2}-\dfrac{3}{x^3}}=\frac{3}{8}.$$

例 1.3.5 求 $\lim\limits_{x\to 0}\dfrac{x}{2-\sqrt{4+x}}$.

解 由于分母的极限为零,不能直接用定理 1.3.1(3),用初等代数方法使分母有理化.

$$\lim_{x\to 0}\frac{x}{2-\sqrt{4+x}}=\lim_{x\to 0}\frac{x(2+\sqrt{4+x})}{(2-\sqrt{4+x})(2+\sqrt{4+x})}=\lim_{x\to 0}\frac{x(2+\sqrt{4+x})}{-x}$$
$$=\lim_{x\to 0}(-2-\sqrt{4+x})=-4$$

例 1.3.6 求极限 $\lim\limits_{x\to 1}\left(\dfrac{2}{x^2-1}-\dfrac{1}{x-1}\right)$.

解 由于不能直接用定理 1.3.1(3),所以应先通分.

$$\lim_{x\to 1}\left(\frac{2}{x^2-1}-\frac{1}{x-1}\right)=\lim_{x\to 1}\frac{2-(x+1)}{x^2-1}=\lim_{x\to 1}\frac{-(x-1)}{(x-1)(x+1)}=\lim_{x\to 1}\frac{-1}{x+1}=-\frac{1}{2}$$

例 1.3.7 证明 $\lim\limits_{x\to 0}\sin x=0$,$\lim\limits_{x\to 0}\cos x=1$.

证 由直角三角形直角边长小于斜边长以及图 1.3.1 知,当 $0<x<\dfrac{\pi}{2}$ 时,有

$$0<\overline{AB}<\overline{AQ}<\widehat{AQ},\quad 0<\overline{BQ}=1-OB<\overline{AQ}<\widehat{AQ}$$

亦即

$$0<\sin x<x,\quad 0<1-\cos x<x$$

由夹逼原理得,当 $x\to 0^+$ 时,$\sin x\to 0$,$1-\cos x\to 0$.从而

$$\lim_{x\to 0^+}\sin x=0,\quad \lim_{x\to 0^+}\cos x=1$$

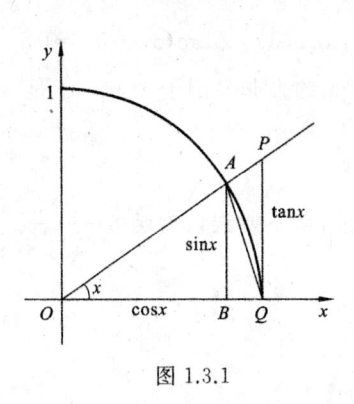

由于 $\sin x$ 是奇函数,$1-\cos x$ 是偶函数.结合其图形的对称性知,当 $x \to 0^-$ 时,以上极限结论也成立,由定理 1.2.5 得

$$\lim_{x \to 0}\sin x = 0, \quad \lim_{x \to 0}\cos x = 1$$

注 1.3.5 由此例的结果可以推测:$\lim\limits_{x \to a}\sin x = \sin a$,$\lim\limits_{x \to a}\cos x = \cos a$.证明留给读者.

1.3.2 两个重要极限

在求函数极限时,经常要用到两个重要极限.

1. $\lim\limits_{x \to 0}\dfrac{\sin x}{x}=1$($x$ 取弧度单位)

我们取 $|x|$ 的一系列趋于零的数值时,得到 $\dfrac{\sin x}{x}$ 的一系列对应值(表 1.3.1).

图 1.3.1

表 1.3.1

x	$\pm\dfrac{\pi}{9}$	$\pm\dfrac{\pi}{18}$	$\pm\dfrac{\pi}{36}$	$\pm\dfrac{\pi}{72}$	$\pm\dfrac{\pi}{144}$	$\pm\dfrac{\pi}{288}$	...
$\dfrac{\sin x}{x}$	0.979 82	0.994 93	0.998 73	0.999 68	0.999 92	0.999 98	...

从表中可见,当 $|x|$ 愈来愈接近于零时,$\dfrac{\sin x}{x}$ 的值愈来愈接近于 1,可以证明:

$$\lim_{x \to 0}\frac{\sin x}{x}=1$$

证 由于 $\dfrac{\sin x}{x}$ 是偶函数,故只用考虑右极限.又因为函数在 $x=0$ 的极限属性只取决于函数在 $x=0$ 附近的状态,故可限定 $0 < x < \dfrac{\pi}{2}$.

结合图 1.3.1 可知,三角形 OAB,扇形 OAQ 及三角形 OPQ 的面积依次变大.将这些面积关系用三角函数表示出来便是

$$\frac{1}{2}\cos x \sin x < \frac{1}{2}x < \frac{1}{2}\tan x, \quad 0 < x < \frac{\pi}{2}$$

化简,得

$$\cos x < \frac{\sin x}{x} < \frac{1}{\cos x}$$

由于

$$\lim_{x \to 0} \cos x = 1, \quad \lim_{x \to 0} \frac{1}{\cos x} = \frac{1}{\lim_{x \to 0} \cos x} = 1$$

由夹逼原理知

$$\lim_{x \to 0^+} \frac{\sin x}{x} = 1$$

又由对称性得

$$\lim_{x \to 0^-} \frac{\sin x}{x} = 1$$

综合得

$$\lim_{x \to 0} \frac{\sin x}{x} = 1$$

例 1.3.8 求 $\lim\limits_{x \to 0} \dfrac{\sin 3x}{2x}$.

解
$$\lim_{x \to 0} \frac{\sin 3x}{2x} = \lim_{x \to 0} \frac{\sin 3x}{3x} \cdot \frac{3}{2} = \frac{3}{2} \lim_{3x \to 0} \frac{\sin 3x}{3x} = \frac{3}{2}$$

例 1.3.9 $\lim\limits_{x \to 0} \dfrac{\tan x}{x}$.

解
$$\lim_{x \to 0} \frac{\tan x}{x} = \lim_{x \to 0} \left(\frac{\sin x}{x} \cdot \frac{1}{\cos x} \right) = \lim_{x \to 0} \frac{\sin x}{x} \lim_{x \to 0} \frac{1}{\cos x} = 1$$

例 1.3.10 $\lim\limits_{x \to 0} \dfrac{1 - \cos x}{x^2}$.

解
$$\lim_{x \to 0} \frac{1 - \cos x}{x^2} = \lim_{x \to 0} \frac{2 \sin^2 0.5x}{4(0.5x)^2} = \frac{1}{2} \lim_{x \to 0} \left(\frac{\sin 0.5x}{0.5x} \right)^2$$
$$= \frac{1}{2} \left(\lim_{0.5x \to 0} \frac{\sin 0.5x}{0.5x} \right)^2 = \frac{1}{2}$$

例 1.3.11 $\lim\limits_{x \to \pi} \dfrac{\sin x}{\pi - x}$.

解 令 $\pi - x = t$, 则 $x = \pi - t$, 当 $x \to \pi$ 时, $t \to 0$, 于是
$$\lim_{x \to \pi} \frac{\sin x}{\pi - x} = \lim_{t \to 0} \frac{\sin(\pi - t)}{t} = \lim_{t \to 0} \frac{\sin t}{t} = 1$$

2. $\lim\limits_{x \to \infty} \left(1 + \dfrac{1}{x}\right)^x = e$ ($e = 2.718\,281\,8\cdots$ 是无理数)

我们先列表观察 $\left(1 + \dfrac{1}{x}\right)^x$ 的变化趋势(表 1.3.2).

表 1.3.2

x	10	10^2	10^3	10^4	10^5	10^6	$\cdots \to +\infty$
$\left(1+\dfrac{1}{x}\right)^x$	2.593 74	2.704 81	2.716 92	2.718 15	2.718 27	2.718 28	$\cdots \to e$
x	-10	-10^2	-10^3	-10^4	-10^5	-10^6	$\cdots \to -\infty$
$\left(1+\dfrac{1}{x}\right)^x$	2.867 92	2.732 00	2.719 64	2.718 41	2.718 30	2.718 28	$\cdots \to e$

由上表可以看出,当 $|x| \to \infty$ 时,函数 $\left(1+\dfrac{1}{x}\right)^x$ 的值无限地接近于常数 2.718 28$\cdots$,记这个常数为 e,即

$$\lim_{x \to \infty} \left(1+\frac{1}{x}\right)^x = e$$

上式的证明略去.

令 $\dfrac{1}{x}=t$,则当 $x \to \infty$ 时,$t \to 0$,于是上面极限又可写成另一种等价形式

$$\lim_{t \to 0}(1+t)^{\frac{1}{t}} = e$$

即
$$\lim_{x \to 0}(1+x)^{\frac{1}{x}} = e$$

例 1.3.12 求 $\lim\limits_{x \to \infty}\left(1+\dfrac{3}{x}\right)^x$.

解
$$\lim_{x \to \infty}\left(1+\frac{3}{x}\right)^x = \lim_{x \to \infty}\left[\left(1+\frac{1}{\frac{x}{3}}\right)^{\frac{x}{3}}\right]^3$$

令 $\dfrac{x}{3}=t$,则当 $x \to \infty$ 时,$t \to \infty$,故

$$\lim_{x \to \infty}\left(1+\frac{3}{x}\right)^x = \lim_{t \to \infty}\left[\left(1+\frac{1}{t}\right)^t\right]^3 = e^3$$

例 1.3.13 求 $\lim\limits_{x \to \infty}\left(\dfrac{x+3}{x-1}\right)^{x+3}$.

解
$$\lim_{x \to \infty}\left(\frac{x+3}{x-1}\right)^{x+3} = \lim_{x \to \infty}\left(1+\frac{4}{x-1}\right)^{x+3}$$

令 $t=\dfrac{4}{x-1}$,则

$$x = \frac{4}{t}+1, \quad x+3 = \frac{4}{t}+4$$

由于当 $x \to \infty$ 时,$t \to 0$,所以

$$\lim_{x \to \infty}\left(\frac{x+3}{x-1}\right)^{x+3} = \lim_{t \to 0}(1+t)^{\frac{4}{t}+4} = \lim_{t \to 0}(1+t)^{\frac{4}{t}} \cdot (1+t)^4$$
$$= \left[\lim_{t \to 0}(1+t)^{\frac{1}{t}}\right]^4 \left[\lim_{t \to 0}(1+t)\right]^4 = e^4$$

习 题 1.3

1. 求下列极限.

(1) $\lim\limits_{x \to -2}(2x^2 - 5x + 3)$;

(2) $\lim\limits_{x \to 0}(2 - \dfrac{3}{x-1})$;

(3) $\lim\limits_{x \to 2}\dfrac{x-2}{x^2-x-2}$;

(4) $\lim\limits_{x \to 0}\dfrac{5x^3 - 2x^2 + x}{4x^2 + 2x}$;

(5) $\lim\limits_{x \to \infty}\dfrac{3x^2 + 5x + 1}{4x^2 - 2x + 5}$;

(6) $\lim\limits_{x \to \infty}\dfrac{3x^2 + x + 6}{x^4 - 3x^2 + 3}$;

(7) $\lim\limits_{n \to \infty}\dfrac{1 + 2 + \cdots + n}{n^2}$;

(8) $\lim\limits_{x \to 0}\dfrac{x^2}{1 - \sqrt{1 + x^2}}$;

(9) $\lim\limits_{x \to 4}\dfrac{\sqrt{2x+1} - 3}{\sqrt{x-2} - \sqrt{2}}$;

(10) $\lim\limits_{x \to 1}\left(\dfrac{2}{x^2 - 1} - \dfrac{1}{x-1}\right)$;

(11) $\lim\limits_{x \to \infty}\dfrac{\sin 2x}{x}$;

(12) $\lim\limits_{x \to \infty}\dfrac{(x^2 + x)\arctan x}{x^3 - x + 3}$.

2. 若 $\lim\limits_{x \to 3}\dfrac{x^2 - 2x + k}{x - 3} = 4$, 求 k 的值.

3. 若 $\lim\limits_{x \to \infty}\left(\dfrac{x^2 + 1}{x + 1} - ax - b\right) = 0$, 求 a, b 的值.

4. 求下列极限.

(1) $\lim\limits_{x \to 0}\dfrac{\sin 4x}{\tan 5x}$;

(2) $\lim\limits_{x \to 0}\dfrac{\sin mx}{\sin nx}$;

(3) $\lim\limits_{x \to 0}\dfrac{a^x - 1}{x}$;

(4) $\lim\limits_{x \to 0}\dfrac{2(1 - \cos x)}{x \sin x}$;

(5) $\lim\limits_{x \to 0^+}\dfrac{x}{\sqrt{1 - \cos x}}$;

(6) $\lim\limits_{x \to \frac{\pi}{2}}(1 + 2\cos x)^{-\sec x}$;

(7) $\lim\limits_{x \to \infty} x^2 \sin^2 \dfrac{1}{x}$;

(8) $\lim\limits_{x \to \infty}\left(1 - \dfrac{3}{x}\right)^x$;

(9) $\lim\limits_{x \to 0}\sqrt[x]{1 + 3x}$;

(10) $\lim\limits_{x \to 0}\dfrac{\arcsin x}{x}$;

(11) $\lim\limits_{x \to 0}\dfrac{\sin x^2}{(\sin x)^3}$;

(12) $\lim\limits_{x \to \infty}\left(\dfrac{2x - 1}{2x + 1}\right)^x$.

5. 用极限收敛的两个准则证明下列极限存在, 并求出极限.

(1) $x_1 = \sqrt{2}, x_{n+1} = \sqrt{2 + x_n}$ $(n = 1, 2, \cdots)$, 求 $\lim\limits_{n \to \infty} x_n$;

(2) $\lim\limits_{n \to \infty}\left(\sin\dfrac{\pi}{\sqrt{n^2 + 1}} + \sin\dfrac{\pi}{\sqrt{n^2 + 2}} + \cdots + \sin\dfrac{\pi}{\sqrt{n^2 + n}}\right)$.

1.4 无穷小与无穷大

两个实数是否相等可以归结为它们的差是否等于零.同样,变量 u 是否收敛到实数 A 的问题也可以转化为它们的差 $u-A$ 是否趋于零的问题.虽然这一转化过程十分平凡,但由此引出的无穷小和对应的无穷大却给极限的理论分析带来了极大的方便.

1.4.1 无穷小

1. 无穷小

定义 1..4.1 若在某个无限变化过程中,变量(数列或函数)的极限为 0,则称此变量为该过程中的**无穷小**.

例如,当 $n\to\infty$ 时,$\dfrac{1}{n}$,$\dfrac{(-1)^n}{n}$ 等都趋于 0,因而它们是无穷小.又当 $x\to 0$ 时,$\sin x$,$1-\cos x$,$\dfrac{\sin x}{x}-1$ 等也都趋于 0,它们也是无穷小.

由于变量 u 趋于常数 A 等价于 $\alpha = u - A$ 趋于零,从而可以用无穷小量来描写变量的极限.

定理1.4.1 $u\to A$ 的充要条件是 $u = A + \alpha$,其中 α 是无穷小量(均指同一变化过程).

2. 无穷小的运算性质

(1) 有限个无穷小之和仍是无穷小;

(2) 有限个无穷小之积仍是无穷小;

(3) 有界量与无穷小之积是无穷小.

例如,当 $x\to\infty$ 时,无穷小量 $\dfrac{1}{x}$ 与有界量 $\sin x$ 的乘积仍是无穷小量.故有

$$\lim_{x\to\infty}\frac{1}{x}\sin x = 0$$

1.4.2 无穷大

1. 无穷大

与无穷小有着某种对称关系的一种变量是无穷大.如果将无穷小看成是一个其绝对值最终变得比任何正数还要小的变量,那么无穷大则是一个其绝对值最终变得比任何正数还要大的变量.以数列为例,其确切定义如下.

定义 1.4.2 若对任给正数 M,存在 N,当 $n > N$ 时,成立 $|x_n| > M$,则称变量 $\{x_n\}$ 是一个**无穷大量**,记为 $\lim\limits_{n \to \infty} x_n = \infty$.

例如,当 $n \to \infty$ 时,数列 $\{n\}$,$\{(-1)^n n\}$ 都是无穷大.

类似地可以定义函数为无穷大.

注 1.4.1 无穷大与无界变量是有区别的. 以下数列

$$1, 0, 2, 0, 3, 0, 4, 0, \cdots$$

是无界数列,因为其中的奇数项无限地增大. 但由于其中的偶数项为零,并非某项之后可以任意大,从而它不是无穷大.

2. 无穷大与无穷小的关系

无穷大量与无穷小量有一个如下的简单的切换关系.

定理 1.4.2 如果变量 u 不取零,则 u 为无穷小量的充要条件为 $\dfrac{1}{u}$ 是无穷大量.

例 1.4.1 求 $\lim\limits_{x \to 1} \dfrac{2x - 5}{x^2 + 3x - 4}$.

解 因 $\lim\limits_{x \to 1}(x^2 + 3x - 4) = 0$,又 $\lim\limits_{x \to 1}(2x - 5) = -3 \neq 0$,故

$$\lim_{x \to 1} \frac{x^2 + 3x - 4}{2x - 5} = \frac{0}{-3} = 0$$

由无穷小与无穷大的关系得

$$\lim_{x \to 1} \frac{2x - 5}{x^2 + 3x - 4} = \infty$$

例 1.4.2 求 $\lim\limits_{x \to \infty} \dfrac{2x^2 - 1}{3x^2 + 2x - 5}$.

解 当 $x \to \infty$ 时,分子和分母的极限都是无穷大,但 $\dfrac{1}{x} \to 0$,以分母中的自变量的最高次幂除以分子与分母,所求极限变成分母极限存在且不等于 0 的极限问题.

$$\lim_{x \to \infty} \frac{2x^2 - 1}{3x^2 + 2x - 5} = \lim_{x \to \infty} \frac{2 - \dfrac{1}{x^2}}{3 + \dfrac{2}{x} - \dfrac{5}{x^2}} = \frac{2}{3}$$

一般地,设 $a_0 \neq 0, b_0 \neq 0, m, n$ 为正整数,不难得到

$$\lim_{x \to \infty} \frac{a_0 x^n + a_1 x^{n-1} + \cdots + a_n}{b_0 x^m + b_1 x^{m-1} + \cdots + b_m} = \begin{cases} 0, & n < m \\ \dfrac{a_0}{b_0}, & n = m \\ \infty, & n > m \end{cases}$$

1.4.3 无穷小的比较

1. 无穷小比较的概念

当 $x \to \infty$ 时,$\frac{1}{x}$ 与 $\frac{1}{x^2}$ 都趋于零,同是无穷小量,但显然 $\frac{1}{x^2}$ 趋于零的速度比 $\frac{1}{x}$ 更快;为了描述不同的无穷小趋于零的"快慢"程度,我们引入下面的无穷小的比较.

定义 1.4.3 设 u, v 均是同一个极限过程的无穷小量.

(1) 若 $\lim \frac{u}{v} = 0$,则说 u 是比 v **高阶**的无穷小,记为 $u = o(v)$.

(2) 若 $\lim \frac{u}{v} = C(C \neq 0)$,则说 u 与 v 是**同阶**的无穷小,记为 $u = o(v)$. 特别,当 $C = 1$ 时,称 u 与 v 为**等价**的无穷小,记为 $u \sim v$.

(3) 若 $\lim \frac{u}{v} = \infty$,则说 u 是比 v **低阶**的无穷小.

例如,当 $n \to \infty$ 时,有 $\frac{1}{n^2}$ 是比 $\frac{1}{n}$ 高阶的无穷小;$\frac{1}{n}$ 是比 $\frac{1}{n^2}$ 低阶的无穷小;$\frac{4n-1}{n^2+1}$ 与 $\frac{1}{n}$ 是同阶的无穷小;$\frac{1}{n+2}$ 与 $\frac{1}{n}$ 是等价无穷小.

注 1.4.2 并不是任何两个无穷小都是可以比较的.例如,当 $n \to \infty$ 时,无穷小 $\frac{1}{n}$ 与无穷小 $\frac{1}{n}\sin n$ 不可以比较.

2. 等价无穷小及其应用

根据等价无穷小的定义,我们可以证明,当 $x \to 0$ 时,有下列的常用等价无穷小关系:

$$x \sim \tan x \sim \sin x \sim \arcsin x \sim \arctan x \sim \ln(1+x) \sim e^x - 1,$$

$$1 - \cos x \sim \frac{1}{2}x^2, \quad \sqrt{1+x} - 1 \sim \frac{x}{2}$$

定理 1.4.3 设 $\alpha, \alpha', \beta, \beta'$ 是同一过程中的无穷小,且 $\alpha \sim \alpha', \beta \sim \beta'$,$\lim \frac{\alpha'}{\beta'}$ 存在,则

$$\lim \frac{\alpha}{\beta} = \lim \frac{\alpha'}{\beta'}$$

证 $\lim \frac{\alpha}{\beta} = \lim \left(\frac{\alpha}{\beta'} \cdot \frac{\beta'}{\alpha'} \cdot \frac{\alpha'}{\beta} \right) = \lim \frac{\beta}{\beta'} \cdot \lim \frac{\beta'}{\alpha} \cdot \lim \frac{\alpha'}{\alpha} = \lim \frac{\alpha'}{\beta'}$

这个定理表明,在求两个无穷小之比的极限时,分子及分母都可以用等价无穷小替换.

例 1.4.3 求 $\lim\limits_{x\to 0}\dfrac{\tan 3x}{\sin 5x}$.

解 当 $x\to 0$ 时，$\tan 3x \sim 3x$，$\sin 5x \sim 5x$，故

$$\lim_{x\to 0}\frac{\tan 3x}{\sin 5x}=\lim_{x\to 0}\frac{3x}{5x}=\frac{3}{5}$$

习 题 1.4

1. 下列函数哪个是无穷小？哪个是无穷大？

(1) $f(x)=\dfrac{x}{x-3}$，当 $x\to 3$； (2) $f(x)=2x+1$，当 $x\to\infty$；

(3) $f(x)=\dfrac{x-1}{x+1}$，当 $x\to 1$； (4) $f(x)=\tan x$，当 $x\to 0$；

(5) $f(x)=\dfrac{a}{x+1}$，当 $x\to\infty$； (6) $f(x)=\dfrac{1-\cos x}{x}$，当 $x\to 0$.

2. 函数 x^2，$\dfrac{x^2-1}{x^3}$ 和 e^{-x} 何时是无穷小？何时是无穷大？

3. 当 $x\to 0$ 时，比较下列无穷小的阶：x^2，$\sin x$，$\sqrt[3]{x}$.

1.5 函数的连续性

自然界中的许多现象，如空气的流动、气温的变化、动植物的生长等，都是随时间连续不断地变化着的，这些现象反映在数学上就是函数的连续性.

1.5.1 函数连续和间断的概念

1. 连续与间断

在研究函数的变化时，人们发现，当自变量连续变动时，因变量会随之变化，但是其变化程度可能截然不同.在某些位置，自变量的变动量较小时，因变量的变动也会较小，但也有可能在某些位置，自变量稍有变化，因变量的变动便十分剧烈.

从几何上看，图 1.5.1 中的曲线 $y=f(x)$ 在点 a、b 两处是不同的：对于点 a，当 x 很接近于 a 时，$f(x)$ 也很接近于 $f(a)$，反映到图像上即为曲线在 a 的某个邻域内是连绵不断的，没有间断；但点 b 则不然，当 x 往 b 的左边有一点点偏移，便会导致 $f(x)$ 与 $f(b)$ 有较大差异，其图像就在该点处间断了.直观上，称点 a 为函

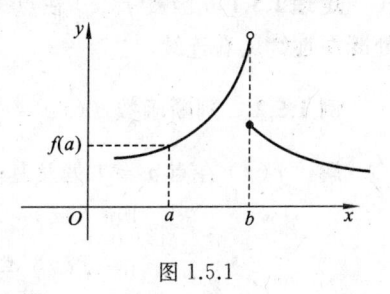

图 1.5.1

数的连续点，b 为函数的间断点.

2. 函数在一点连续的定义

为了从代数上描写连续点的特性，记点 x 与点 x_0 的差为 $\Delta x = x - x_0$，称为自变量的增量. 相应的函数值 $f(x)$ 与 $f(x_0)$ 的差，记为 $\Delta y = f(x) - f(x_0)$，称为函数的增量. 可以看出，在连续的点 x_0 处，给自变量一个增量 Δx，相应地就有函数的增量 Δy，且当 Δx 趋于 0 时，Δy 的绝对值将无限变小. 用极限的语言来表达便是以下定义.

定义 1.5.1 设函数 $y = f(x)$ 在点 x_0 及其附近有定义，若
$$\lim_{\Delta x \to 0} \Delta y = \lim_{\Delta x \to 0} [f(x_0 + \Delta x) - f(x_0)] = 0$$
则称函数 $f(x)$ 在点 x_0 处连续.

令 $x = x_0 + \Delta x$，则当 $\Delta x \to 0$ 时，$x \to x_0$. 同时 $\Delta y = f(x) - f(x_0) \to 0$ 时，$f(x) \to f(x_0)$. 于是有下面连续的等价定义.

定义 1.5.2 设函数 $y = f(x)$ 在点 x_0 及其附近有定义，且有
$$\lim_{x \to x_0} f(x) = f(x_0)$$
则称函数 $y = f(x)$ 在点 x_0 处连续.

例 1.5.1 证明函数 $f(x) = x^3 - 1$ 在点 $x = 1$ 处连续.

证 $\lim_{x \to 1} f(x) = \lim_{x \to 1}(x^3 - 1) = 0$，又 $f(1) = 1^3 - 1 = 0$，即 $\lim_{x \to 1} f(x) = f(1)$. 故函数 $f(x) = x^3 - 1$ 在点 $x = 1$ 处连续.

由定义可知，$f(x)$ 在点 x_0 连续必须同时满足三个条件：

(1) 函数 $f(x)$ 在点 x_0 有定义；

(2) $\lim_{x \to x_0} f(x)$ 存在；

(3) $\lim_{x \to x_0} f(x) = f(x_0)$.

定义 1.5.3 设函数 $y = f(x)$ 在点 $(a, x_0]$ 内有定义，且有 $\lim_{x \to x_0^-} f(x) = f(x_0)$，则称函数 $y = f(x)$ 在点 x_0 处左连续；设函数 $y = f(x)$ 在点 $[x_0, b)$ 内有定义，且有 $\lim_{x \to x_0^+} f(x) = f(x_0)$，则称函数 $y = f(x)$ 在点 x_0 处右连续.

定理 1.5.1 函数 $f(x)$ 在点 x_0 处连续的充分必要条件是函数 $f(x)$ 在点 x_0 处既左连续又右连续.

例 1.5.2 判断函数 $f(x) = \begin{cases} x^2 + 1, & x \geq 1 \\ 3x - 1, & x < 1 \end{cases}$，在点 $x = 1$ 处是否连续.

解 $f(x)$ 在点 $x = 1$ 处及其附近有定义，$f(1) = 1^2 + 1 = 2$，且
$$\lim_{x \to 1^-} f(x) = \lim_{x \to 1^-}(3x - 1) = 2 = f(1)$$
$$\lim_{x \to 1^+} f(x) = \lim_{x \to 1^+}(x^2 + 1) = 2 = f(1)$$

于是
$$\lim_{x \to 1} f(x) = f(1)$$
因此,函数 $f(x)$ 在 $x = 1$ 处连续.

3. 函数 $f(x)$ 在区间 (a, b) 内与 $[a, b]$ 上的连续性

定义 1.5.4 如果函数 $y = f(x)$ 在区间 (a, b) 内每一点连续,则称函数在区间 (a, b) 内连续,区间 (a, b) 称为函数 $y = f(x)$ 的连续区间;如果函数 $f(x)$ 在区间 (a, b) 内连续,并且 $\lim_{x \to a^+} f(x) = f(a)$,$\lim_{x \to b^-} f(x) = f(b)$,则称函数 $f(x)$ 在闭区间 $[a, b]$ 上连续,区间 $[a, b]$ 称为函数 $y = f(x)$ 的连续区间.

在连续区间上,连续函数的图形是一条连绵不断的曲线.

1.5.2 初等函数的连续性

1. 基本初等函数的连续性

根据连续定义可以证明:基本初等函数在其定义域内都是连续的.

2. 连续函数的和、差、积、商的连续性

定理 1.5.2 如果 $f(x), g(x)$ 都在点 x_0 处连续,则 $f(x) \pm g(x)$,$f(x)g(x)$,$\dfrac{f(x)}{g(x)}(g(x) \neq 0)$ 都在点 x_0 处连续.

证明从略.

3. 复合函数的连续性

定理 1.5.3 函数 $y = f(u)$ 在点 u_0 处连续,又函数 $u = \varphi(x)$ 在点 x_0 处连续,且 $u_0 = \varphi(x_0)$,则复合函数 $y = f[\varphi(x)]$ 在点 x_0 处连续.

证明从略.

这个法则说明了连续函数的复合函数仍为连续函数,并可得到如下结论:
$$\lim_{x \to x_0} f[\varphi(x)] = f[\varphi(x_0)] = f[\lim_{x \to x_0} \varphi(x)]$$
特别地,当 $\varphi(x) = x$ 时,$\lim_{x \to x_0} f(x) = f(x_0) = f(\lim_{x \to x_0} x)$,这表示对连续函数极限符号与函数符号可以交换次序.

4. 初等函数的连续性

根据上述法则和结论可以证明:

定理 1.5.4 初等函数在其有定义的区间内是连续的.

因此,在求初等函数在其定义的区间内某点处的极限时,只需求函数在该点的函数值即可.

例 1.5.3 求下列极限.

(1) $\lim\limits_{x \to \frac{\pi}{2}} \ln\sin x$; (2) $\lim\limits_{x \to 2} \dfrac{\sqrt{2+x} - 2}{x - 2}$;

(3) $\lim\limits_{x\to 0} \dfrac{\log_a(1+x)}{x}$ $(a>0, a\neq 1)$; (4) $\lim\limits_{x\to 0} \dfrac{e^x-1}{x}$.

解 （1）因为 $x=\dfrac{\pi}{2}$ 是函数 $y=\ln\sin x$ 定义区间 $(0,\pi)$ 内的一个点，所以

$$\lim\limits_{x\to \frac{\pi}{2}} \ln\sin x = \ln\sin\left(\dfrac{\pi}{2}\right) = 0$$

（2）因为 $x=2$ 不是函数 $y=\dfrac{\sqrt{2+x}-2}{x-2}$ 定义域 $[-2,2)\cup(2,+\infty)$ 内的点，自然不能将 $x=2$ 代入函数计算。当 $x\neq 2$ 时，我们先作变形，再求其极限。

$$\begin{aligned}\lim\limits_{x\to 2}\dfrac{\sqrt{2+x}-2}{x-2} &= \lim\limits_{x\to 2}\dfrac{(\sqrt{2+x}-2)(\sqrt{2+x}+2)}{(x-2)(\sqrt{2+x}+2)}\\ &=\lim\limits_{x\to 2}\dfrac{x-2}{(x-2)(\sqrt{2+x}+2)}\\ &=\lim\limits_{x\to 2}\dfrac{1}{\sqrt{2+x}+2}=\dfrac{1}{\sqrt{2+2}+2}\\ &=\dfrac{1}{4}\end{aligned}$$

（3）$\lim\limits_{x\to 0}\dfrac{\log_a(1+x)}{x} = \lim\limits_{x\to 0}\log_a(1+x)^{\frac{1}{x}} = \log\left[\lim\limits_{x\to 0}(1+x)^{\frac{1}{x}}\right] = \log_a e = \dfrac{1}{\ln a}$

（4）令 $e^x-1=t$，则 $x=\ln(1+t)$，且当 $x\to 0$ 时，$t\to 0$。由上题得

$$\lim\limits_{x\to 0}\dfrac{e^x-1}{x} = \lim\limits_{t\to 0}\dfrac{t}{\ln(1+t)} = \lim\limits_{t\to 0}\dfrac{1}{\dfrac{\ln(1+t)}{t}} = \dfrac{1}{\ln e} = 1$$

1.5.3 函数的间断点

定义 1.5.5 如果函数 $f(x)$ 在点 x_0 处不连续，则称函数 $f(x)$ 在点 x_0 处不连续或间断，点 x_0 叫做函数 $f(x)$ 的不连续点或间断点。

显然，如果函数 $f(x)$ 在点 x_0 处有下列三种情形之一，则点 x_0 为 $f(x)$ 的间断点。

(1) 在点 x_0 处 $f(x)$ 没有定义；

(2) $\lim\limits_{x\to x_0}f(x)$ 不存在；

(3) 虽然 $f(x_0)$ 有定义，且 $\lim\limits_{x\to x_0}f(x)$ 存在，但 $\lim\limits_{x\to x_0}f(x)\neq f(x_0)$。

通常把函数间断点分为两类：函数 $f(x)$ 在点 x_0 处的左右极限都存在的间断点称为第一类间断点；否则称为第二类间断点。在第一类间断点中左右极限相等的称为可去间断点，不相等的称为跳跃间断点。

例 1.5.4 讨论函数 $f(x)=\dfrac{x^2-4}{x-2}$ 的连续性.

解 函数 $f(x)=\dfrac{x^2-4}{x-2}$ 在点 $x=2$ 处没有定义,所以 $x=2$ 是该函数的间断点.

由于
$$\lim_{x\to 2}f(x)=\lim_{x\to 2}\dfrac{x^2-4}{x-2}=\lim_{x\to 2}(x+2)=4$$

即当 $x\to 2$ 时,极限是存在的,所以 $x=2$ 是第一类的可去间断点(图 1.5.2).

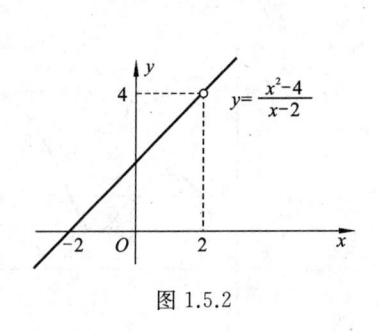

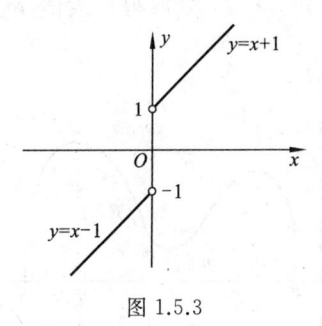

图 1.5.2

图 1.5.3

例 1.5.5 讨论函数 $f(x)=\begin{cases} x-1, & x<0 \\ 0, & x=0 \\ x+1, & x>0 \end{cases}$ 在 $x=0$ 处的连续性.

解 函数 $f(x)$ 虽在 $x=0$ 处有定义,但
$$\lim_{x\to 0^-}f(x)=\lim_{x\to 0^-}(x-1)=-1, \quad \lim_{x\to 0^+}f(x)=\lim_{x\to 0^+}(x+1)=1$$

即在点 $x=0$ 处左右极限不相等,所以 $\lim\limits_{x\to 0}f(x)$ 不存在,因此点 $x=0$ 是函数的第一类的跳跃间断点(图 1.5.3).

例 1.5.6 讨论函数 $y=\dfrac{1}{x}$ 的间断点,并判断其类型.

解 函数 $y=\dfrac{1}{x}$ 在 $x=0$ 处无定义,所以 $x=0$ 是间断点.于是
$$\lim_{x\to 0^+}\dfrac{1}{x}=+\infty, \quad \lim_{x\to 0^-}\dfrac{1}{x}=-\infty$$

即在点 $x=0$ 处左、右极限都不存在.所以 $x=0$ 是函数的第二类间断点,也叫做无穷间断点.

例 1.5.7 对于函数 $y=\sin\dfrac{1}{x}$,当 $x\to 0$ 时,$y=\sin\dfrac{1}{x}$ 的值在 -1 与 1 之间振荡,$\lim\limits_{x\to 0^+}\sin\dfrac{1}{x}$ 和 $\lim\limits_{x\to 0^-}\sin\dfrac{1}{x}$ 都不存在,所以 $x=0$ 是 $y=\sin\dfrac{1}{x}$ 的第二类间断点,也叫做振荡间断点.

1.5.4 闭区间上连续函数的性质

闭区间上的连续函数有一些重要性质,这些性质在直观上比较明显,因此我们在此只做介绍,不予证明.

定理 1.5.5(最大最小值定理) 设函数 $f(x)$ 在闭区间 $[a,b]$ 上连续,则函数 $f(x)$ 在 $[a,b]$ 上一定能取得最大值和最小值.

如图 1.5.4 所示,函数 $y=f(x)$ 在区间 $[a,b]$ 上连续,在 ξ_1 处取得最小值 $f(\xi_1)=m$,在 ξ_2 处取得最大值 $f(\xi_2)=M$.

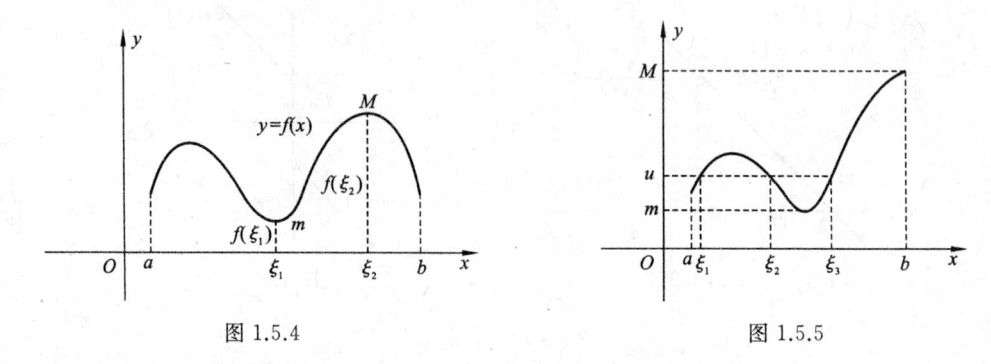

图 1.5.4

图 1.5.5

推论 1.5.1(有界性定理) 闭区间上的连续函数是有界的.

定理 1.5.6(介值定理) 如果 $f(x)$ 在 $[a,b]$ 上连续,μ 是介于 $f(x)$ 在 $[a,b]$ 上的最小值和最大值之间的任一实数,则在点 a 和 b 之间至少可找到一点 ξ,使得 $f(\xi)=\mu$(图 1.5.5).

可以看出水平直线 $y=\mu$ ($m \leqslant \mu \leqslant M$),与 $[a,b]$ 上的连续曲线 $y=f(x)$ 至少相交一次,如果交点的横坐标为 $x=\xi$,则有 $f(\xi)=\mu$.

推论 1.5.2(零点定理) 如果函数 $f(x)$ 在闭区间 $[a,b]$ 上连续,且 $f(a)$ 与 $f(b)$ 异号,则至少存在一点 $\xi \in (a,b)$,使得 $f(\xi)=0$.

如图 1.5.6 所示,$f(a)<0$,$f(b)>0$,连续曲线上的点由 $A(a,f(a))$ 到 $B(b,f(b))$,至少要与 x 轴相交一次.设交点为 ξ,则 $f(\xi)=0$.

例 1.5.8 证明方程 $x^4+x=1$ 至少有一个根介于 0 和 1 之间.

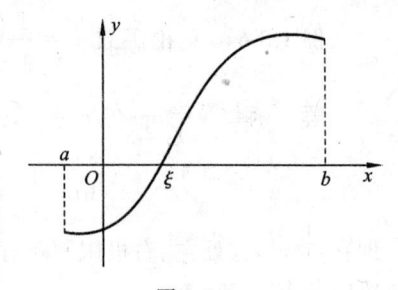

图 1.5.6

证 设 $f(x)=x^4+x-1$,则 $f(x)$ 在 $[0,1]$ 上连续,且
$$f(0)=-1<0, \quad f(1)=1>0$$
根据推论 1.5.2,至少存在一点 $\xi \in (0,1)$,使 $f(\xi)=0$,即方程 $x^4+x=1$ 至少有一个根介于 0 和 1 之间.

习 题 1.5

1. 函数 $y=x^2$，当 x 由 0 变到 0.2 时，自变量增量和函数增量各是多少？

2. 函数 $y=x^2+2x+1$，在点 $x=1$ 有增量 $\Delta x=-0.5$ 时，求 Δy.

3. 函数 $y=\sin x$，在点 $x=\dfrac{\pi}{2}$ 有增量 $\Delta x=\dfrac{\pi}{24}$ 时，求 Δy.

4. 函数 $y=-x^2+2x$，在点 $x=1$ 有增量 $\Delta x=0.5$ 时，求 Δy.

5. 函数 $y=\sqrt{1+x}$，在点 $x=3$ 有增量 $\Delta x=-0.2$ 时，求 Δy.

6. 用增量说明：

(1) 函数 $y=x^2+1$，当自变量 x 越大时，变化越快；

(2) 线性函数 $y=ax+b$ 在各处变化的快慢是一样的.

7. 用连续的定义证明函数 $y=x^2$ 在 $(-\infty,+\infty)$ 内连续.

8. 设函数 $f(x)=\begin{cases} x, & 0<x<1 \\ 2, & x=1 \\ 2-x, & 1<x<2 \end{cases}$，讨论函数 $f(x)$ 在 $x=1$ 处的连续性，并求函数的连续区间.

9. 求下列函数的间断点，并判断其类型.

(1) $f(x)=x\cos\dfrac{1}{x}$；

(2) $f(x)=\dfrac{x^2-1}{x^2-3x+2}$；

(3) $f(x)=\begin{cases} x+1, & 0<x\leqslant 1 \\ 2-x, & 1<x\leqslant 3 \end{cases}$.

10. 在下列函数中，当 K 取何值时，函数 $f(x)$ 在其定义域内连续？

(1) $f(x)=\begin{cases} K\mathrm{e}^x, & x<0 \\ K^2+x, & x\geqslant 0 \end{cases}$；

(2) $f(x)=\begin{cases} \dfrac{\sin 2x}{x}, & x<0 \\ 3x^2-2x+K, & x\geqslant 0 \end{cases}$.

11. 证明方程 $x2^x-1=0$ 至少有一个小于 1 的正根.

第 2 章 导数与微分

微积分理论主要是由微分学和积分学构成的. 本章我们将介绍微分学中的导数与微分的概念. 导数反映了函数相对于自变量变化的快慢程度, 即函数的变化率. 微分是在自变量做微小变化时, 对函数值的微小变化的线性化估计, 在实际应用中, 微分可用于函数值的近似计算以及误差分析等. 在学习过程中, 大家要注意对变化率及微小变化量的理解.

2.1 导数概念

导数概念的产生源于 17 世纪的欧洲, 自然科学的蓬勃发展促进了数学的发展. 在前人工作的基础上, 英国大科学家牛顿从运动学中的瞬时速度问题出发, 德国数学家莱布尼茨则从曲线上一点的切线的求法入手, 分别给出了导数的概念. 到了 19 世纪, 经过法国数学家柯西及德国数学家魏尔斯特拉斯的完善, 才有了现今常见的导数定义的形式. 我们将先从上述两个问题开始, 逐步给出导数的定义.

2.1.1 平面曲线的切线

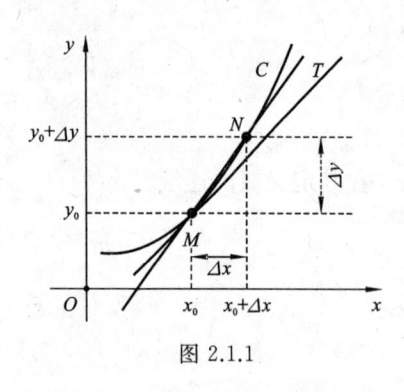

假设连续曲线 C 由函数 $y=f(x)$ 所表示, 求曲线 C 上一点 $M(x_0, y_0)$ 处的切线的斜率.

取曲线 C 上的另外一点 N, 设 N 的坐标为 $(x_0+\Delta x, y_0+\Delta y)$, 其中 $\Delta x \neq 0$. 连接点 M 和点 N 的直线称为曲线 C 的一条割线, 如图 2.1.1 所示. 则割线 MN 的斜率为 $k_{MN} = \dfrac{\Delta y}{\Delta x} = \dfrac{f(x_0+\Delta x)-f(x_0)}{\Delta x}$, 从图中我们可看出, 当点 N 沿着曲线 C 趋于点 M 时, 割线 MN 趋近与曲线 C 在点 M 的切线. 因此, 曲线 C 在点 M 的切线的斜率就可以由以下极限过程给出

$$k_0 = \lim_{N \to M} k_{MN} = \lim_{\Delta x \to 0} \frac{\Delta y}{\Delta x} = \lim_{\Delta x \to 0} \frac{f(x_0+\Delta x)-f(x_0)}{\Delta x}$$

图 2.1.1

通过上述极限方法, 我们可以很容易地求出曲线的切线.

例 2.1.1 求曲线 $y=x^3+2x$ 在 $x=1$ 处的切线斜率 k 与切线方程.

解 由上述极限方法,得

$$k = \lim_{\Delta x \to 0} \frac{f(1+\Delta x) - f(1)}{\Delta x}$$

$$= \lim_{\Delta x \to 0} \frac{(1+\Delta x)^3 + 2(1+\Delta x) - 3}{\Delta x}$$

$$= \lim_{\Delta x \to 0} \frac{5\Delta x + 3(\Delta x)^2 + (\Delta x)^3}{\Delta x}$$

$$= \lim_{\Delta x \to 0} 5 + 3\Delta x + (\Delta x)^2 = 5$$

因切点为 $(1,3)$,故所求切线方程为 $y-3=5(x-1)$. 即 $y=5x-2$.

例 2.1.2 求曲线 $y=x^2$ 的切线斜率 k.

解

$$k = \lim_{\Delta x \to 0} \frac{(x+\Delta x)^2 - x^2}{\Delta x}$$

$$= \lim_{\Delta x \to 0} \frac{x^2 + 2x\Delta x + (\Delta x)^2 - x^2}{\Delta x}$$

$$= \lim_{\Delta x \to 0} (2x + \Delta x) = 2x$$

2.1.2 瞬时速度

在物理学中,我们用速度来表示物体相对参照物移动的快慢程度.当物体做匀速运动时,速度由下式计算

$$速度 = \frac{物体运动的距离}{物体运动的时间}$$

那么当物体做变速运动时,它在每一刻的速度又是如何求得的呢?

假设一个物体做变速直线运动,它的路程函数为 $s=s(t)$,求它在某一时刻 t_0 的速度 $v(t_0)$.

为此,我们可以先考虑物体在时间段 $[t_0, t_0+\Delta t]$($\Delta t > 0$)上的运动.在这一时间间隔,物体经过的路程为

$$\Delta s = s(t_0 + \Delta t) - s(t_0)$$

在这段时间上的**平均速度**为

$$\bar{v} = \frac{\Delta s}{\Delta t} = \frac{s(t_0+\Delta t) - s(t_0)}{\Delta t}$$

直观上容易理解,$\bar{v}$ 是对物体在时间段 $[t_0, t_0+\Delta t]$ 上速度的一个数值上的平均,当时长 Δt 很小时,物体的速度变化也会很小.因而我们可以将 $\bar{v}$ 看成是对 $v(t_0)$ 的一个近似,且 Δt 越小,其近似程度就越好.而当时长 $\Delta t \to 0$ 时,$\bar{v}$ 的极限就是物体在 t_0 时刻的瞬时速度,即

$$v(t_0) = \lim_{\Delta t \to 0} \bar{v} = \lim_{\Delta t \to 0} \frac{\Delta s}{\Delta t} = \lim_{\Delta t \to 0} \frac{s(t_0+\Delta t) - s(t_0)}{\Delta t}$$

循此思路，如果知道物体的速度函数 $v=v(t)$，我们可以进一步定义物在 t 时刻的加速度 $a(t)$ 为如下极限

$$a(t) = \lim_{\Delta t \to 0} \frac{\Delta v}{\Delta t} = \lim_{\Delta t \to 0} \frac{v(t+\Delta t) - v(t)}{\Delta t}$$

例 2.1.3 计算自由落体运动 $s = \frac{1}{2}gt^2$ 的速度．

解
$$v(t) = \lim_{\Delta t \to 0} \frac{s(t+\Delta t) - s(t)}{\Delta t}$$

$$= \lim_{\Delta t \to 0} \frac{\frac{1}{2}g(t^2 + 2t\Delta t + (\Delta t)^2) - \frac{1}{2}gt^2}{\Delta t}$$

$$= \lim_{\Delta t \to 0} \frac{1}{2}g(2t + \Delta t) = gt$$

2.1.3 导数的定义

切线的斜率、瞬时速度虽然是完全不同的概念，但从抽象的数量关系来看，其实质都是函数的改变量与自变量的改变量之比，在当自变量的改变趋于零时的极限．我们把这个极限叫做函数的导数．

定义 2.1.1 设函数 $y=f(x)$ 在点 x_0 的某个邻域内有定义，当自变量 x 在 x_0 处取得一个非零的变化量 $\Delta x(x_0 + \Delta x$ 仍在该邻域中）时，相应地，函数值也产生一个改变量：

$$\Delta y = f(x_0 + \Delta x) - f(x_0)$$

若极限
$$\lim_{\Delta x \to 0} \frac{\Delta y}{\Delta x} = \lim_{\Delta x \to 0} \frac{f(x_0 + \Delta x) - f(x_0)}{\Delta x} \tag{2.1.1}$$

存在，则称此极限值为函数 $y=f(x)$ 在点 x_0 处的**导数**，并称函数 $y=f(x)$ 在点 x_0 处**可导**，记为

$$f'(x_0), \quad y'\bigg|_{x=x_0}, \quad \frac{\mathrm{d}y}{\mathrm{d}x}\bigg|_{x=x_0} \quad \text{或} \quad \frac{\mathrm{d}f(x)}{\mathrm{d}x}\bigg|_{x=x_0}$$

函数 $f(x)$ 在点 x_0 处可导也可称之为函数 $f(x)$ 在点 x_0 处**具有导数**或**导数存在**．导数的定义也可以采用以下的形式．如在式(2.1.1)中，令 $\Delta x = h$，则

$$f'(x_0) = \lim_{h \to 0} \frac{f(x_0 + h) - f(x_0)}{h}$$

令 $x = x_0 + \Delta x$，则 $\Delta x \to 0$ 时，有 $x \to x_0$，故有

$$f'(x_0) = \lim_{x \to x_0} \frac{f(x) - f(x_0)}{x - x_0}$$

若极限式(2.1.1)不存在，则称函数 $f(x)$ 在点 x_0 处**不可导**．
若函数 $y=f(x)$ 在开区间 I 内的每点都可导，则称函数 $f(x)$ 在**开区间 I 内可导**．

若函数 $y=f(x)$ 在开区间 I 内可导,则对 I 内的每一个 x,都有一个导数值 $f'(x)$ 与之对应,故 $f'(x)$ 是 x 的一个函数,我们称其为 $f(x)$ 的导函数,记为

$$y', \quad f'(x), \quad \frac{\mathrm{d}y}{\mathrm{d}x} \quad \text{或} \quad \frac{\mathrm{d}f(x)}{\mathrm{d}x}$$

由导数的定义求导,一般包含以下三个步骤:

(1) 求函数的改变量:$\Delta y = f(x+\Delta x) - f(x)$;

(2) 求出 $\dfrac{\Delta y}{\Delta x} = \dfrac{f(x+\Delta x) - f(x)}{\Delta x}$;

(3) 计算极限 $y' = \lim\limits_{\Delta x \to 0} \dfrac{\Delta y}{\Delta x} = \lim\limits_{\Delta x \to 0} \dfrac{f(x+\Delta x) - f(x)}{\Delta x}$.

例 2.1.4 由定义求函数 $y = \sin x$ 的导数.

解 由三角函数公式

$$\sin(x+h) = \sin x \cos h + \cos x \sin h$$

有

$$\begin{aligned}
f'(x) &= \lim_{h \to 0} \frac{\sin(x+h) - \sin x}{h} \\
&= \lim_{h \to 0} \frac{\sin x (\cos h - 1) + \cos x \sin h}{h} \\
&= \sin x \lim_{h \to 0} \frac{\cos h - 1}{h} + \cos x \lim_{h \to 0} \frac{\sin h}{h} \\
&= \sin x \cdot 0 + \cos x \cdot 1 = \cos x
\end{aligned}$$

所以
$$(\sin x)' = \cos x.$$

例 2.1.5 由定义讨论函数 $y = |x|$ 在点 $x=0$ 的可导性.

解 由于 $\dfrac{f(0+h) - f(0)}{h} = \dfrac{|h|}{h}$ 在 $h = 0$ 的左右极限不相等,故 $y = |x|$ 在 $x = 0$ 不可导(图 2.1.2).上述导数不存在是由于左右极限不一致造成的,人们可以进一步的细化导数的概念,给出**左右导数**的概念.

定义 2.1.2 分别称 $\Delta x \to 0^-$ 及 $\Delta x \to 0^+$ 所对应的极限式(2.1.1)的值为函数 $y = f(x)$ 在点 x_0 处的**左导数**及**右导数**,记为如下形式

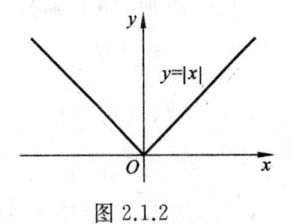

图 2.1.2

$$f'_-(x_0) = \lim_{\Delta x \to 0^-} \frac{\Delta y}{\Delta x} = \lim_{\Delta x \to 0^-} \frac{f(x_0 + \Delta x) - f(x_0)}{\Delta x}$$

$$f'_+(x_0) = \lim_{\Delta x \to 0^+} \frac{\Delta y}{\Delta x} = \lim_{\Delta x \to 0^+} \frac{f(x_0 + \Delta x) - f(x_0)}{\Delta x}$$

因此,导数存在的充分必要条件是左右导数都存在且相等.

2.1.4 导数的几何意义

根据对曲线切线问题的讨论,如果函数 $y = f(x)$ 在点 x_0 处可导,则 $f'(x_0)$ 就

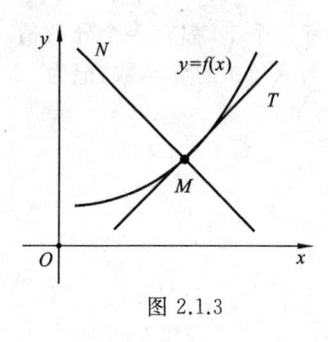

是曲线 $y=f(x)$ 在点 $(x_0,f(x_0))$ 处的切线的斜率. 由此,曲线 $y=f(x)$ 在点 $M(x_0,f(x_0))$ 的切线方程为

$$y-f(x_0)=f'(x_0)(x-x_0).$$

曲线 $y=f(x)$ 在点 $M(x_0,f(x_0))$ 的法线(图 2.1.3)方程为(当 $f'(x_0)\neq 0$ 时)

$$y-f(x_0)=-\frac{1}{f'(x_0)}(x-x_0).$$

图 2.1.3

2.1.5 函数的可导性与连续性

函数的可导性与连续性的关系可由以下的定理给出.

定理 2.1.1 若函数 $y=f(x)$ 在点 x_0 处可导,则它在点 x_0 处连续.

证 我们需要证明 $\lim\limits_{x\to x_0}(f(x)-f(x_0))=0$. 由可导性及极限的四则运算得

$$\begin{aligned}\lim_{x\to x_0}(f(x)-f(x_0))&=\lim_{x\to x_0}\frac{f(x)-f(x_0)}{x-x_0}\cdot(x-x_0)\\&=\lim_{x\to x_0}\frac{f(x)-f(x_0)}{x-x_0}\cdot\lim_{x\to x_0}(x-x_0)\\&=f'(x_0)\cdot 0=0\end{aligned}$$

所以,函数 $y=f(x)$ 在点 x_0 处连续.

这个定理的逆命题不成立.函数在某点连续,但在该点不一定可导,如例 2.1.5 所述.一般地,如果函数 $y=f(x)$ 的图像在点 x_0 处出现"尖点"(图 2.1.2),则它在该点一定不可导.

习 题 2.1

1. 依定义求下列函数的导数.

   (1) $y=x^2+3x-2$;   (2) $y=\cos x$;   (3) $y=\sqrt{x}$.

2. 讨论函数 $y=x^{\frac{1}{3}}$ 在 $x=0$ 处的可导性.

3. 求曲线 $y=x^2-2x+3$ 在 $x=0$ 处的切线和法线.

4. 设 $y=f(x)$ 是偶函数,且 $f'(0)$ 存在,试证明 $f'(0)=0$.

5. 假设分段函数 $f(x)=\begin{cases}x^2+ax-3,&x\geq 0\\ \sin x+b,&x<0\end{cases}$ 在点 $x=0$ 处可导,求常数 a,b 的值.

6. 当物体的温度高于周围的介质温度时,物体就不断冷却,若物体温度 T 与时间 t 的函数关系是 $T=T(t)$,应如何确定该物体在 t 时刻的冷却温度?

2.2 函数的求导法则

我们知道,导数即是函数变量相对于自变量的变化率.在理论和实际应用中,这是我们经常遇到的问题.如果按照定义求导,将是一个烦琐的过程.而求导符号的引入,使得简化求导运算成为可能.在这一节,我们将给出常用函数的求导公式以及求导的法则,使求导运算变得简单易行,而无须使用相对复杂的极限工具.

2.2.1 基本初等函数的导数

根据导数的定义,我们可以求得以下基本初等函数的求导公式

(1) $(x^a)' = ax^{a-1}$ (a 为常数),特别地,$(C)' = 0$ (C 为常数).

(2) $(e^x)' = e^x$;一般地,$(a^x)' = a^x \ln a$ ($a > 0, a \neq 1$).

(3) $(\ln x)' = \dfrac{1}{x}$;一般地,$(\log_a x)' = \dfrac{1}{x \ln a}$.

(4) $(\sin x)' = \cos x$;类似地,$(\cos x)' = -\sin x$.

(5) $(\tan x)' = \sec^2 x$;类似地,$(\cot x)' = -\csc^2 x$.

(6) $(\sec x)' = \sec x \tan x$;类似地,$(\csc x)' = -\csc x \cot x$.

(7) $(\arcsin x)' = \dfrac{1}{\sqrt{1-x^2}}$;类似地,$(\arccos x)' = -\dfrac{1}{\sqrt{1-x^2}}$.

(8) $(\arctan x)' = \dfrac{1}{1+x^2}$;类似地,$(\text{arccot}\, x)' = -\dfrac{1}{1+x^2}$.

利用导数定义及极限公式,上述导数公式的证明并不复杂,有兴趣的同学可以自行加以推导.我们仅以对数的导数为例,说明推导过程.

$x > 0$,令 $t = \dfrac{h}{x}$,有

$$(\ln x)' = \lim_{h \to 0} \frac{\ln(x+h) - \ln x}{h} = \lim_{h \to 0} \frac{\ln\left(1 + \dfrac{h}{x}\right)}{\dfrac{h}{x}} \cdot \dfrac{1}{x}$$

$$= \dfrac{1}{x} \cdot \lim_{t \to 0} \frac{\ln(1+t)}{t} = \dfrac{1}{x}$$

2.2.2 导数的运算法则

初等函数可由基本初等函数经过有限次的四则运算或复合运算构成.那么,是否也有相应的求导法则,使我们可以通过基本初等函数的求导公式,来得出一般初等函数的导数呢? 答案当然是肯定的.这一节,我们将给出求导的运算法则,从而

使我们能够相对容易地计算复杂函数的导数.

1. 导数的四则运算法则

定理 2.2.1 若函数 $f(x), g(x)$ 均在点 x 可导,则有以下运算法则:

(1) $(f(x) \pm g(x))' = f'(x) \pm g'(x)$;

(2) $(f(x)g(x))' = f'(x)g(x) + f(x)g'(x)$;

(3) $\left(\dfrac{f(x)}{g(x)}\right)' = \dfrac{f'(x)g(x) - f(x)g'(x)}{g^2(x)}$, 其中 $g(x) \neq 0$.

证 我们仅以(2)为例推导,证明的关键在于凑出差分的形式 $\dfrac{\Delta f}{\Delta x}$、$\dfrac{\Delta g}{\Delta x}$,从而通过极限运算将之转化为 $f'(x)$ 和 $g'(x)$.

$$(f(x)g(x))'$$
$$= \lim_{\Delta x \to 0} \frac{f(x+\Delta x)g(x+\Delta x) - f(x)g(x)}{\Delta x}$$
$$= \lim_{\Delta x \to 0} \frac{[f(x+\Delta x) - f(x)]g(x+\Delta x) + f(x)[g(x+\Delta x) - g(x)]}{\Delta x}$$
$$= \lim_{\Delta x \to 0} \frac{f(x+\Delta x) - f(x)}{\Delta x} g(x+\Delta x) + f(x) \lim_{\Delta x \to 0} \frac{g(x+\Delta x) - g(x)}{\Delta x}$$
$$= f'(x)g(x) + f(x)g'(x)$$

在(2)中,若 $g(x) = C$(C 为常数),则有
$$(Cf(x))' = Cf'(x)$$

例 2.2.1 求 $y = x^4 + 3\tan x - e^x$ 的导数.

解 $y' = (x^4)' + (3\tan x)' - (e^x)' = 4x^3 + 3\sec^2 x - e^x$

例 2.2.2 求 $y = x^2 \cos x$ 的导数.

解 $y' = (x^2)' \cos x + x^2 (\cos x)' = 2x\cos x - x^2 \sin x$

例 2.2.3 求 $y = \dfrac{x^2 + x - 2}{x}$ 的导数.

解
$$y' = \frac{(x^2 + x - 2)' x - (x^2 + x - 2) \cdot x'}{x^2}$$
$$= \frac{(2x+1)x - x^2 - x + 2}{x^2} = \frac{x^2 + 2}{x^2}$$

这道题也可以先化简,后求导 $y' = \left(x + 1 - \dfrac{2}{x}\right)' = 1 + \dfrac{2}{x^2}$. 因此,求导时,大家要灵活应用技巧和求导法则,尽量使求导运算更加简洁.

2. 复合函数的求导法则

我们先举一个简单的例子,从中发现一些规律. 假设 $y = f(x) = 3x, x = g(t) = 2t$,则 y 也是 t 的函数,$y(t) = f \circ g(t) = f(g(t)) = 6t$. 对三个表达式求导得
$$\frac{dy}{dx} = f'(x) = 3, \quad \frac{dx}{dt} = g'(t) = 2, \quad \frac{dy}{dt} = (f \circ g)'(t) = 6$$

从中我们可以看出($x=g(t)$ 作为中间变量)

$$\frac{\mathrm{d}y}{\mathrm{d}t}=\frac{\mathrm{d}y}{\mathrm{d}x}\cdot\frac{\mathrm{d}x}{\mathrm{d}t}=f'(x)g'(t)=f'(g(t))g'(t),$$

这正是复合函数的求导法则.

定理 2.2.2 若函数 $u=g(x)$ 在点 x 处可导,函数 $y=f(u)$ 在点 $u=g(x)$ 处可导,则复合函数 $y=f(u)=f(g(x))$ 在点 x 处可导,且其导数为

$$\frac{\mathrm{d}y}{\mathrm{d}x}=\frac{\mathrm{d}y}{\mathrm{d}u}\cdot\frac{\mathrm{d}u}{\mathrm{d}x}=f'(u)g'(x)=f'(g(x))g'(x)$$

此定理的证明从略.

注 2.2.1 复合函数的求导法则可叙述为:**复合函数的导数等于函数对中间变量的导数乘以中间变量对自变量的导数.**

注 2.2.2 此法则可推广到多个中间变量的情形.例如,设

$$y=f(u),\quad u=g(v),\quad v=\varphi(x)$$

则复合函数 $y(x)=f[g(\varphi(x))]$ 的导数为

$$\frac{\mathrm{d}y}{\mathrm{d}x}=\frac{\mathrm{d}y}{\mathrm{d}u}\cdot\frac{\mathrm{d}u}{\mathrm{d}v}\cdot\frac{\mathrm{d}v}{\mathrm{d}x}$$

注 2.2.3 在运用复合函数求导法则时,首先要分清函数的复合层次,利用我们熟悉的基本初等函数的导数,由外而内地逐层求导.同时要明确所求的导数是哪个函数对哪个变量的导数.在开始时,可以先设出中间变量,将复杂函数分解成相对简单的函数的复合,然后运用法则求导.熟练之后,要能够做到求导过程一气呵成.

例 2.2.4 求函数 $y=\sin(x^2+\mathrm{e}^x)$ 的导数.

解 设 $u=x^2+\mathrm{e}^x$,$y=\sin u$,则

$$\frac{\mathrm{d}u}{\mathrm{d}x}=2x+\mathrm{e}^x,\quad \frac{\mathrm{d}y}{\mathrm{d}u}=\cos u$$

故

$$\frac{\mathrm{d}y}{\mathrm{d}x}=\frac{\mathrm{d}y}{\mathrm{d}u}\cdot\frac{\mathrm{d}u}{\mathrm{d}x}=\cos u\cdot(2x+\mathrm{e}^x)=(2x+\mathrm{e}^x)\cos(x^2+\mathrm{e}^x)$$

例 2.2.5 求函数 $y=\tan(\ln x)$ 的导数.

解 令 $u=\ln x$,$y=\tan u$,则

$$\frac{\mathrm{d}y}{\mathrm{d}x}=\frac{\mathrm{d}y}{\mathrm{d}u}\cdot\frac{\mathrm{d}u}{\mathrm{d}x}=\sec^2 u\cdot\frac{1}{x}=\frac{\sec^2(\ln x)}{x}$$

例 2.2.6 求函数 $y=\sqrt{\tan \mathrm{e}^{3x}}$ 的导数.

解 令 $u=\mathrm{e}^{3x}$,$v=\tan u$,$y=\sqrt{v}$,故

$$\frac{\mathrm{d}y}{\mathrm{d}x}=\frac{\mathrm{d}y}{\mathrm{d}v}\cdot\frac{\mathrm{d}v}{\mathrm{d}u}\cdot\frac{\mathrm{d}u}{\mathrm{d}x}=\frac{1}{2\sqrt{v}}\cdot\sec^2 u\cdot 3\mathrm{e}^{3x}=\frac{3\mathrm{e}^{3x}\sec^2(\mathrm{e}^{3x})}{2\sqrt{\tan \mathrm{e}^{3x}}}$$

例 2.2.7 求 $y = (x + \sin^2 x)^3$ 的导数.

解
$$y' = 3(x + \sin^2 x)^2 (x + \sin^2 x)'$$
$$= 3(x + \sin^2 x)^2 (1 + 2\sin x \cdot (\sin x)')$$
$$= 3(x + \sin^2 x)^2 (1 + 2\sin x \cos x)$$

2.2.3 隐函数和参变量函数的导数

有时候函数并没有显式的表达式,函数关系是通过所谓的隐函数的形式,即 $F(x,y) = 0$ 来表示的.例如,$e^{xy} + x + y = 0, x^2 + y^2 = 1$.显式的函数 $y = f(x)$ 也可以转化成隐函数的形式: $y - f(x) = 0$.在函数以隐函数的形式给出时,我们要把 y 看成是 x 的函数,这样我们就可以用复合函数的求导法则在等式两边分别对 x 求导(将 y 作为中间变量),从而计算出 $y'(x)$.对等式求导的原则是:**等式左边的导数=等式右边的导数**.例如,$y = f(x)$,等式两边分别对 x 求导,就有 $y' = f'(x)$.下面我们通过例题来介绍这种方法.

例 2.2.8 设方程 $e^{xy} + x + y = 0$ 确定了函数 $y = y(x)$,求其导数.

解 将 y 作为中间变量,等式两边分别对 x 求导得
$$(e^{xy} + x + y)' = (0)' = 0$$
从而有
$$e^{xy} \cdot (xy)' + 1 + y' = 0$$
即
$$e^{xy}(1 \cdot y + xy') + 1 + y' = 0$$
从上式我们可以解得
$$y' = -\frac{1 + y e^{xy}}{1 + x e^{xy}}$$

一般地,隐函数的导数会与 x, y 都有关.

例 2.2.9 求曲线 $(4y + 1)^2 = (x + 2)^3 - 7$ 在 $x = 0$ 处的切线方程.

解 等式两边分别对 x 求导,得
$$2(4y + 1) \cdot 4y' = 3(x + 2)^2$$
解得
$$y' = \frac{3(x + 2)^2}{8(4y + 1)}$$

当 $x = 0$,由曲线方程解得 $y = 0$.代入导数表达式,得 $y'(0) = 1.5$.故切线方程为
$$2y - 3x = 0$$

由隐函数的求导方法,我们可以推导出反函数的导数.设 $y = f^{-1}(x)$ 是函数 $f(x)$ 的反函数,则由函数与反函数的关系,我们可以得出
$$f(y) = f \circ f^{-1}(x) = x \tag{2.2.1}$$

两边分别对 x 求导得 $f'(y)y' = x' = 1$,故

$$\frac{dy}{dx} = y' = (f^{-1})'(x) = \frac{1}{f'(y)} = \frac{1}{f'(f^{-1}(x))} \tag{2.2.2}$$

注 2.2.4 若式(2.2.1)两边分别对 y 求导,$f'(y) = \dfrac{dx}{dy}$,代入式(2.2.2)得

$$\frac{dy}{dx} = \frac{1}{f'(y)} = \frac{1}{\dfrac{dx}{dy}} \tag{2.2.3}$$

例 2.2.10 推导出 $y = \arcsin x$ 的导数.

解 由 $\sin y = x$,等式两边分别对 x 求导得

$$\cos y \cdot y' = 1$$

亦即

$$y' = \frac{1}{\cos y}$$

由于 $\sin^2 y + \cos^2 y = 1$,以及 $y = \arcsin x \in \left[0, \dfrac{\pi}{2}\right]$,解得

$$\cos y = \sqrt{1 - \sin^2 y} = \sqrt{1 - x^2}$$

所以

$$y' = (\arcsin x)' = \frac{1}{\sqrt{1-x^2}}$$

在物理学与几何学中,曲线方程通常是由参变量函数的形式来表示的

$$\begin{cases} x = x(t), \\ y = y(t), \end{cases} \alpha \leqslant t \leqslant \beta$$

x 是 t 的函数,局部地,t 也可以看成是 x 的函数 $t = t(x)$,故有 $y = y(t) = y(t(x))$.利用隐函数及反函数的求导法则式(2.2.3)得

$$\frac{dy}{dx} = \frac{dy}{dt} \cdot \frac{dt}{dx} = \frac{dy}{dt} \cdot \frac{1}{\dfrac{dx}{dt}} = \frac{y'(t)}{x'(t)}$$

例 2.2.11 考虑滚轮线的参变量函数形式 $\begin{cases} x = 2t - 2\sin t \\ y = 2 - 2\cos t \end{cases}$,求 $\dfrac{dy}{dx}$.

解 由参变量函数的求导法则得

$$\frac{dy}{dx} = \frac{y'(t)}{x'(t)} = \frac{2\sin t}{2 - 2\cos t} = \frac{\sin t}{1 - \cos t}$$

接下来,我们给出隐函数求导法则的另一个应用,**对数求导法**.它不仅可以计算乘幂形式的函数 $y = f(x)^{g(x)}$ 的导数,也可以用此方法简化连乘形式的函数的求导.我们以实例来介绍对数求导法.

例 2.2.12 求 $y = (1 + x^2)^{\sin x}$ 的导数.

解 方程两边取对数得

$$\ln y = \ln(1+x^2)^{\sin x} = \sin x \ln(1+x^2)$$

上式两边分别对 x 求导得

$$\frac{1}{y}y' = \cos x \ln(1+x^2) + \sin x \frac{1}{1+x^2} \cdot 2x$$

整理得

$$y' = (1+x^2)^{\sin x}\left[\cos x \ln(1+x^2) + \frac{2x\sin x}{1+x^2}\right]$$

例 2.2.13 求 $y = \sqrt{\dfrac{e^x(1+x)}{1+x^2}}$ 的导数.

解 函数两边同时取对数,并整理得

$$\ln y = \frac{1}{2}[x + \ln(1+x) - \ln(1+x^2)]$$

由隐函数求导法则得

$$\frac{1}{y}y' = \frac{1}{2}\left(1 + \frac{1}{1+x} - \frac{1}{1+x^2} \cdot 2x\right)$$

整理得

$$y' = \frac{1}{2}\sqrt{\frac{e^x(1+x)}{1+x^2}}\left(\frac{2+x}{1+x} - \frac{2x}{1+x^2}\right)$$

注 2.2.5 此问题可以直接利用复合函数的求导规则,但计算将会复杂许多.

2.2.4 高阶导数

一般地,如果函数 $y = f(x)$ 的导函数 $f'(x)$ 仍可导,则称 $f'(x)$ 的导数 $[f'(x)]'$ 为 $y = f(x)$ 的**二阶导数**,记为

$$f''(x), \quad y'', \quad \frac{d^2y}{dx^2} \quad \text{或} \quad \frac{d^2f(x)}{dx^2}$$

类似地,二阶导数的导数称为**三阶导数**,记为

$$f'''(x) = \frac{d[f''(x)]}{dx}, \quad y''', \quad \frac{d^3y}{dx^3} \quad \text{或} \quad \frac{d^3f(x)}{dx^3}$$

一般地,$f(x)$ 的 $n-1$ 阶导数的导数称为 n **阶导数**,记为

$$f^{(n)}(x) = \frac{d[f^{(n-1)}(x)]}{dx}, \quad y^{(n)} = \frac{d[y^{(n-1)}]}{dx}, \quad \frac{d^n y}{dx^n} \quad \text{或} \quad \frac{d^n f(x)}{dx^n}$$

二阶及二阶以上的导数统称为**高阶导数**,相应地,$f(x)$ 称为**零阶导数**,$f'(x)$ 称为**一阶导数**.

例 2.2.14 求 $y = \sin(1+x^2)$ 的二阶导数.

解 $y' = \cos(1+x^2) \cdot 2x$

$$y'' = 2\cos(1+x^2) - 2x\sin(1+x^2) \cdot 2x$$

例 2.2.15 求 $y = \sin x$ 的 n 阶导数.

解
$$y' = \cos x = \sin\left(x + \frac{\pi}{2}\right)$$

$$y'' = \cos\left(x + \frac{\pi}{2}\right) = \sin\left(x + \frac{\pi}{2} + \frac{\pi}{2}\right) = \sin\left(x + 2 \cdot \frac{\pi}{2}\right)$$

一般地,可得

$$(\sin x)^{(n)} = \sin\left(x + n \cdot \frac{\pi}{2}\right)$$

习 题 2.2

1. 求下列函数的导数.

(1) $y = x^2 \ln x$; (2) $y = 2^x(1 + \sin x)$;

(3) $y = \dfrac{e^x + 2x}{x^3 + 3x - 2}$; (4) $y = 4x^3 + \tan x - 2e^x$.

2. 求下列复合函数的导数.

(1) $y = \arctan(e^{2x})$; (2) $y = \sin(x^2 + 2x - 4)$;

(3) $y = \sqrt{\sin 3x + e^{4x}}$; (4) $y = \ln(\sec x + \tan x)$;

(5) $y = \ln(x + \sqrt{1 + x^2})$; (6) $y = \ln\ln x$.

3. 求下列方程所确定的隐函数 y 的导数.

(1) $x y - \sin y^2 = 0$; (2) $\arctan\dfrac{y}{x} = \ln\sqrt{x^2 + y^2}$.

4. 用对数求导法求下列函数的导数.

(1) $y = x^x$; (2) $y = (1 + \sin x)^{\tan x}$.

5. 求下列函数的二阶导数.

(1) $y = e^{2x}$; (2) $y = \cos 3x$;

(3) $y = e^{x^2}$; (4) $y = \sec x$.

6. 求下列函数的 n 阶导数.

(1) $y = e^{-x}$;   (2) $y = \ln x$;   (3) $y = \cos 2x$.

7. 求参数曲线 $\begin{cases} x = 2t^2 + 1 \\ y = 2t^3 \end{cases}$ 在 $t = 1$ 时的导数 $\dfrac{dy}{dx}\bigg|_{t=1}$, $\dfrac{dx}{dy}\bigg|_{t=1}$ 及曲线在 $t = 1$ 时的切线方程.

2.3 函数的微分

上一节,我们介绍了函数可导的概念,导数表示的是函数在某一点的瞬时变化率.在许多的实际问题中,我们有时也要研究在当自变量 x 做微小变化时,函数 $y = f(x)$ 的值的变化量 $\Delta y = f(x + \Delta x) - f(x)$.虽然 Δy 可以通过直接计算得到,然而,在 $f(x)$ 比较复杂时,直接计算可能并不容易.例如,取 $f(x) = \sqrt{x}$,$x = 1$,$\Delta x = 0.01$,我们需要利用计算器才能求出 $\Delta y \approx 0.00499$.那么是否有一个更简洁的方法,使我们能够在一定的精度下来估算 Δy 呢?这就是我们下面要介绍的函数的微分的概念.

2.3.1 微分的定义

早在 17 世纪,英国数学家巴罗、法国数学家帕斯卡就提出了微分三角形 MPQ 的概念,如图 2.3.1 所示.当函数 $y = f(x)$ 在点 $M(x_0, y_0)$ 处连续且可导时,函数所代表的曲线在 M 的切线为

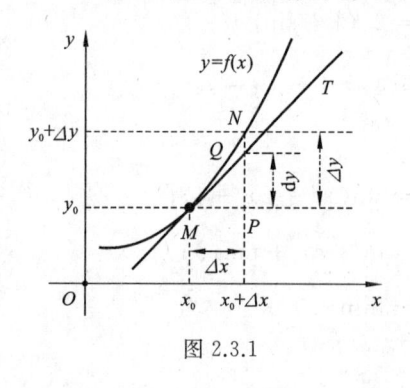

$$y = f'(x_0)(x - x_0) + f(x_0)$$

从图中可以看出,$\Delta y = PN$.当 Δx 很小时,我们就可以用 PQ 很好地估计 PN,亦即 Δy.而通过切线方程,PQ 是很容易计算的:$PQ = f'(x_0)\Delta x$.莱布尼茨引入了一个特殊的符号 $\mathrm{d}y$ 来表示 PQ 的大小,即

$$PQ = \mathrm{d}y = f'(x_0)\Delta x$$

图 2.3.1

这就是我们通常所说的微分.

定义 2.3.1 设函数 $y = f(x)$ 在区间 (a,b) 内有定义,x 及 $x + \Delta x$ 在该区间中,如果函数的改变量 $\Delta y = f(x + \Delta x) - f(x)$ 可表示为如下形式

$$\Delta y = A \cdot \Delta x + o(\Delta x) \qquad (2.3.1)$$

其中 A 是一个与 Δx 无关的常数,则称函数 $y = f(x)$ 在点 x 处**可微**,并记 $A \cdot \Delta x$ 为函数 $y = f(x)$ 在点 x 处的**微分**,记为 $\mathrm{d}y$ 或 $\mathrm{d}f(x)$,即

$$\mathrm{d}y = A \cdot \Delta x \quad \text{或} \quad \mathrm{d}f(x) = A \cdot \Delta x \qquad (2.3.2)$$

注 2.3.1 由微分的定义可见,若函数 $y = f(x)$ 在点 x 处可微,则

(1) 函数的微分 $\mathrm{d}y$ 关于 Δx 是线性的;

(2) 当 $A \neq 0$ 时,Δy,$\mathrm{d}y$ 是等价的无穷小量,Δy 和 Δx 是同阶的无穷小量,即

$$\Delta y \approx \mathrm{d}y = A \cdot \Delta x$$

当 $A=0$ 时,Δy 是比 Δx 高阶的无穷小量.

(3) 对于函数 $y=x$,$\Delta y=(x+\Delta x)-x=\Delta x$.由定义知 $dx=dy=\Delta x$,即对自变量而言,$dx=\Delta x$,因此微分式(2.3.2)通常写成

$$dy = A \cdot dx \tag{2.3.3}$$

例 2.3.1 设边长为 x 的正方形的面积为 $y=x^2$,则此函数对任意的 x 是可微的.

$$\Delta y = (x+\Delta x)^2 - x^2 = 2x\Delta x + (\Delta x)^2$$

因为 $(\Delta x)^2 = o(\Delta x)$,由定义,

$$dy = 2x\Delta x = 2x\, dx$$

如图 2.3.2 所示,dy 表示的是两块阴影长方形的面积.若用 dy 近似代表 Δy 即是阴影小正方形的面积 $(\Delta x)^2$ 被忽略了.

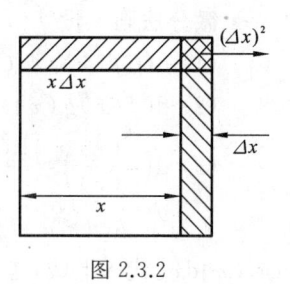

图 2.3.2

2.3.2 函数可微的条件

定理 2.3.1 函数 $y=f(x)$ 在点 x 处可微的充分必要条件是函数 $y=f(x)$ 在点 x 处可导,并且有

$$dy = f'(x)dx \quad \text{或} \quad df(x) = f'(x)dx \tag{2.3.4}$$

证 充分性.假设 $f'(x)$ 存在,则

$$\lim_{\Delta x \to 0} \frac{\Delta y - f'(x)\Delta x}{\Delta x} = \lim_{\Delta x \to 0} \frac{\Delta y}{\Delta x} - f'(x) = f'(x) - f'(x) = 0$$

故

$$\Delta y - f'(x)\Delta x = o(\Delta x)$$

由定义,函数 $y=f(x)$ 在点 x 处可微,且

$$dy = f'(x)\Delta x = f'(x)dx$$

必要性.若 $y=f(x)$ 在点 x 处可微,则存在不依赖于 Δx 的常数 A,使得

$$\Delta y = A \cdot \Delta x + o(\Delta x)$$

于是

$$f'(x) = \lim_{\Delta x \to 0} \frac{\Delta y}{\Delta x} = \lim_{\Delta x \to 0} \frac{A \cdot \Delta x + o(\Delta x)}{\Delta x} = A + \lim_{\Delta x \to 0} \frac{o(\Delta x)}{\Delta x} = A$$

故函数 $y=f(x)$ 在点 x 处可导.

注 2.3.2 从定理 2.3.1 我们可以看出,在函数 $y=f(x)$ 的每一个可微点 x 处,dy、dx 是两个成比例的无穷小量,而它们的比值就是函数在点 x 处的导数.因此,我们可以把导数 $f'(x)$ 看成是微分 dy 和 dx 的商,即

$$f'(x) = \frac{dy}{dx} = \frac{df(x)}{dx}$$

这有助于我们对导数的理解与计算.

2.3.3 微分的计算

我们可以通过定理 2.3.1 中给出的公式 (2.3.4) 来计算函数的微分. 而求导法则也可以转化为求微分的法则. 以下是一些常用的微分公式和法则.

微分法则 设 $f(x), g(x)$ 均可微, C 为常数, 则

(1) $d(Cf(x)) = Cdf(x); d(f(x) \pm g(x)) = df(x) \pm dg(x);$

(2) $d(f(x)g(x)) = f(x)dg(x) + g(x)df(x);$

(3) $d\left(\dfrac{f(x)}{g(x)}\right) = \dfrac{g(x)df(x) - f(x)dg(x)}{g^2(x)}.$

若 $y = f(u), u = g(x)$ 均可微, 则有 $dy = f'(g(x))g'(x)dx$. 由于 $du = g'(x)dx$, 代入上式, 考虑到 $u = g(x)$, 有

$$dy = f'(g(x))du = f'(u)du.$$

由此可见, 无论 u 是自变量还是复合函数的中间变量, 函数 $y = f(u)$ 的微分形式总是 $\mathbf{dy = f'(u)du}$, 这一性质称为**微分形式的不变性**.

基本初等函数的微分公式

(1) $d(C) = 0$ (C 为常数); (2) $d(x^n) = nx^{n-1}dx;$

(3) $d(\sin x) = \cos x \, dx;$ (4) $d(\cos x) = -\sin x \, dx;$

(5) $d(\tan x) = \sec^2 x \, dx;$ (6) $d(\cot x) = -\csc^2 x \, dx;$

(7) $d(\sec x) = \sec x \tan x \, dx;$ (8) $d(\csc x) = -\csc x \cot x \, dx;$

(9) $d(e^x) = e^x dx;$ (10) $d(\ln x) = \dfrac{1}{x}dx;$

(11) $d(\arcsin x) = \dfrac{dx}{\sqrt{1-x^2}};$ (12) $d(\arccos x) = -\dfrac{dx}{\sqrt{1-x^2}};$

(13) $d(\arctan x) = \dfrac{dx}{1+x^2};$ (14) $d(\operatorname{arccot} x) = -\dfrac{dx}{1+x^2}.$

例 2.3.2 求下列函数的微分 dy.

(1) $y = x^2 + e^x;$ (2) $y = e^x \sin x.$

解 (1) $dy = dx^2 + de^x = 2x\,dx + e^x dx = (2x + e^x)dx.$

(2) $dy = e^x d\sin x + \sin x \, de^x = e^x (\cos x + \sin x)dx.$

例 2.3.3 求下列函数的微分 dy.

(1) $y = \ln\cos 2x;$ (2) $y = e^{\sin^2 x}.$

解 (1) 令 $u = \cos 2x, y = \ln u$, 则

$$du = -2\sin 2x \, dx, \quad dy = \dfrac{1}{u}du.$$

故

$$dy = \frac{1}{u}du = \frac{1}{u}\cdot(-2\sin 2x\,dx) = \frac{-2\sin 2x\,dx}{\cos 2x} = -2\tan 2x\,dx.$$

(2)
$$dy = e^{\sin^2 x}d(\sin^2 x) = e^{\sin^2 x}\cdot 2\sin x\,d\sin x$$
$$= e^{\sin^2 x}\cdot 2\sin x\cos x\,dx = e^{\sin^2 x}\sin 2x\,dx$$

例 2.3.4 设函数 $y(x)$ 由隐函数 $e^{x+y} - x + y = 1$ 确定，求 dy.

解 等式两边同时求微分，得
$$d(e^{x+y} - x + y) = 0$$
$$d(e^{x+y}) - dx + dy = 0 \quad (\text{加法法则})$$
$$e^{x+y}d(x+y) - dx + dy = 0 \quad (\text{复合函数求微分})$$

整理得
$$(e^{x+y} + 1)dy = (1 - e^{x+y})dx$$

故有
$$dy = \frac{1 - e^{x+y}}{1 + e^{x+y}}dx$$

2.3.4 微分与近似计算

函数 $y = f(x)$ 在点 x_0 处可微时，微分 dy 是对函数改变量 Δy 的一个合理的估计，Δx 越小，这种估计就越精确. 当 $f'(x_0) \neq 0$ 时，由于 $\Delta y \approx dy$，我们很容易得到
$$f(x_0 + \Delta x) - f(x_0) \approx dy = f'(x_0)\Delta x$$

代入 $\Delta x = x - x_0$，则有
$$f(x) \approx f(x_0) + f'(x_0)(x - x_0) \tag{2.3.5}$$

上式右端恰好是函数在点 x_0 处的切线方程，因此用微分做近似计算就相当于**用函数在点 x_0 处的切线上的函数值（点 Q）来替代相应的 $f(x)$ 的值（点 N）**，点 x 距离 x_0 越近，这种近似就越精确（图 2.3.1）.

例 2.3.5 计算 $\sqrt{1.01}$ 的近似值.

解 取 $f(x) = \sqrt{x}$，$x_0 = 1$（x_0 的取法要保证 Δx 相对小，且在点 x_0 处的函数值与导数的值容易计算）. 我们有
$$f(1) = 1, \quad f'(1) = \frac{1}{2\sqrt{x}}\bigg|_{x=1} = \frac{1}{2}$$

取 $x = 1.01$，由近似公式 (2.3.5) 得
$$f(1.01) \approx f(1) + f'(1)(1.01 - 1) = 1 + 0.5 \times 0.01 = 1.005.$$

即 $\sqrt{1.01} \approx 1.005$，这个值与使用计算器得到的值 1.004 987 6 相比，精度足够高了.

习 题 2.3

1. 求下列函数的微分.

(1) $y = x \ln^2 x$; (2) $y = \tan(x^2 + 3x - 2)$;

(3) $y = (1+x^2)^{\ln x}$; (4) $y = \arcsin\sqrt{x^2-1}$.

2. 计算下列微分 dy 的值.

(1) 函数 $y = \ln x + 2\sqrt{x}$,在 $x_0 = 1, \Delta x = -0.02$;

(2) 函数 $y = \ln\sqrt{1-x}$, $x: 0 \to 0.1$.

3. 在括号中填入适当的函数,使得等式成立.

(1) $d(\quad) = x^3 dx$; (2) $d(\quad) = \sec^2 2x\, dx$;

(3) $d(\quad) = \cos 2x\, dx$; (4) $d(\quad) = \dfrac{1}{1+x^2} dx$.

4. 当 $|x|$ 较小时,证明下列近似公式.

(1) $e^x \approx 1 + x$; (2) $\sqrt[n]{1+2x} \approx 1 + \dfrac{2x}{n}$.

5. 当 $|x|$ 较小时,有如下近似公式: $\cos x \approx 1 - \dfrac{1}{2}x^2$,此近似公式是否可由函数 $y = \cos x$ 在 $x = 0$ 的微分近似公式得到? 给出原因.

6. 计算下列各式的近似值.

(1) $\ln 1.03$; (2) $\arctan 0.98$.

第 3 章 导数的应用

导数和微分分别从可微函数的变化率和局部线性近似,微观地揭示了函数的动态特性,我们在上一章已给出了其定义及其运算方法,本章将讨论微分学的重要理论基础——微分中值定理,导数在求极限、研究函数以及曲线的某些性态、求函数最大(小)值等问题中的应用.

3.1 中值定理

下面我们先介绍一个基本引理——费马(Fermat)引理.

引理 3.1.1 设函数 $f(x)$ 在点 x_0 的某邻域 $N(x_0)$ 内有定义,且在 x_0 处可导,如果对于任意 $x \in N(x_0)$,有
$$f(x) \leqslant f(x_0) \quad 或 \quad f(x) \geqslant f(x_0)$$
那么 $f'(x_0)=0$.

证 不妨设对于任意 $x \in N(x_0)$,$f(x) \leqslant f(x_0)$,则对于 $x_0+\Delta x \in N(x_0)$,有 $f(x_0+\Delta x) \leqslant f(x_0)$,利用极限的保号性得

$$f'(x_0) = f'_+(x_0) = \lim_{\Delta x \to 0} \frac{f(x_0+\Delta x)-f(x_0)}{\Delta x} \leqslant 0$$

$$f'(x_0) = f'_-(x_0) = \lim_{\Delta x \to 0} \frac{f(x_0+\Delta x)-f(x_0)}{\Delta x} \geqslant 0$$

由于函数 $f(x)$ 在 x_0 可导,则 $f'(x_0)=0$.当 $f(x) \geqslant f(x_0)$ 时,类似可证.

3.1.1 罗尔中值定理

如图 3.1.1 所示,设函数 $y=f(x)$ 在 $[a,b]$ 上连续,曲线在区间 (a,b) 内每一点都存在不垂直于 x 轴的切线,且函数在区间的两个端点的纵坐标相等,即 $f(a)=f(b)$,曲线上的最高点或最低点(函数在 $[a,b]$ 上不恒等于常数)有平行于弦 AB 的水平切线,即 $f'(\xi)=0$.

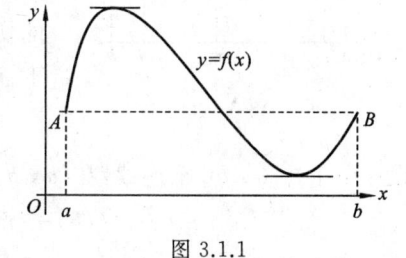

图 3.1.1

定理 3.1.1 (罗尔(Rolle)中值定理) 设 $f(x)$ 在 $[a,b]$ 上连续,在 (a,b) 上内可导且 $f(a)=f(b)$,则存在 $\xi \in (a,b)$,使得

$f'(\xi)=0$.

证 由于函数在闭区间上$[a,b]$连续,根据闭区间上连续函数最值定理可知,$f(x)$在闭区间上$[a,b]$必有最大值M和最小值m.下面分两种情况考虑.

(1) $M=m$. 函数$f(x)$在闭区间$[a,b]$上必定恒等于常数,即$f(x)=M$,因此,对于任意$x\in(a,b)$,有$f'(x)=0$.

(2) $M>m$. 由于$f(a)=f(b)=c$,则c不可能同时为M和m,即M或m至少有一个在开区间(a,b)内取得,不妨设在开区间(a,b)内存在一点ξ使得$f(\xi)=m$,由引理3.1.1可知,$f'(\xi)=0$.

注3.1.1 罗尔中值定理是有关"微分中值定理"最基本的结论,它表明在一定条件下,存在"中值"$\xi\in(a,b)$,使得含ξ的等式$f'(\xi)=0$成立,这便是所谓的微分中值问题.

例3.1.1 设$f(x)=(x-4)(x^2-5x+6)$.证明:方程$f'(x)=0$在区间$(2,3)$和$(3,4)$内有根.

证 容易验证$f(2)=f(3)=f(4)=0$,应用罗尔定理,则存在$\xi\in(2,3)$,$\eta\in(3,4)$,使得$f'(\xi)=f'(\eta)=0$.

例3.1.2 在区间$[0,\pi]$上,对函数$f(x)=\sin^2 x$求罗尔中值定理中的ξ.

解 显然,$f(x)$在$[0,\pi]$上连续,在$(0,\pi)$内可导,且$f(0)=f(\pi)$,$f'(x)=\sin 2x$,则由$f'(\xi)=\sin 2\xi=0$可得,$\xi=\dfrac{\pi}{2}$,$\xi\in(0,\pi)$.

3.1.2 拉格朗日中值定理

罗尔中值定理中的条件$f(a)=f(b)$限制了定理的实用范围,为此我们需要放松这一条件.如果我们将图3.1.1中的图形旋转成图3.1.2的情形,则曲线$y=f(x)$在$x=\xi$处的切线就不再是水平的,但是斜率为$\dfrac{[f(b)-f(a)]}{b-a}$的切线仍然平行于弦AB,基于这一事实,我们有下面的定理.

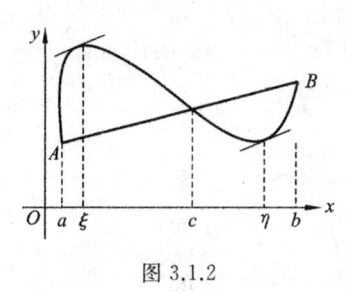

图 3.1.2

定理3.1.2(拉格朗日(Lagrange)中值定理) 设$f(x)$在$[a,b]$上连续,在(a,b)内可导,则存在$\xi\in(a,b)$,使得

$$f(b)-f(a)=f'(\xi)(b-a) \tag{3.1.1}$$

证 作辅助函数

$$F(x)=(b-a)f(x)-[f(b)-f(a)]x$$

显然 $F(x)$ 在 $[a,b]$ 上连续,(a,b) 上可导,$F(a)=F(b)$,由罗尔定理,则存在 $\xi \in (a,b)$ 使得 $F'(\xi)=0$,即
$$f(b)-f(a)=f'(\xi)(b-a)$$
即证.

如果将 $\dfrac{f(b)-f(a)}{b-a}$ 看成函数 $f(x)$ 在区间 $[a,b]$ 上的平均变化率,将 $f'(\xi)$ 看成函数在点 $x=\xi$ 的瞬时变化率,那么拉格朗日中值定理表明:函数在整个区间上的平均变化率等于函数在区间内某个点的瞬时变化率.

设 $x \in (a,b)$,$x+\Delta x \in [a,b]$,应用定理 3.1.2 可知函数的增量 Δy 与导数之间的关系,即

$$\Delta y = f(x+\Delta x)-f(x)=f'(x+\theta \cdot \Delta x) \cdot \Delta x \quad (0<\theta<1) \tag{3.1.2}$$

由拉格朗日中值定理,我们可以得到两个有用的结论.

推论 3.1.1　如果函数 $f(x)$ 在区间 I 上的导数恒为零,那么 $f(x)$ 在区间 I 上为常数.

证　在区间 I 上任取两点 x_1,x_2(不妨设 $x_1<x_2$),在 $[x_1,x_2]$ 上应用拉格朗日中值定理有
$$f(x_1)-f(x_2)=f'(\xi)(x_1-x_2) \quad (x_1<\xi<x_2)$$
由于 $f'(\xi)=0$,则 $f(x_1)=f(x_2)$.

再由 x_1,x_2 的任意性知,$f(x)$ 在区间 I 上任意两点处的函数值相等,从而函数在区间 I 上为常数.

由推论 3.1.1,可得下面结论.

推论 3.1.2　如果函数 $f(x)$ 与 $g(x)$ 在区间 I 上恒有 $f'(x)=g'(x)$,那么在区间 I 上
$$f(x)=g(x)+C \quad (C \text{ 为常数})$$

例 3.1.3　证明:$\dfrac{1}{n+1}<\ln\left(1+\dfrac{1}{n}\right)<\dfrac{1}{n}$ $(n \geqslant 1)$.

证　令 $f(x)=\ln x$,由拉格朗日中值定理知,存在 $\xi \in (n,n+1)$ 使得
$$\ln\left(1+\frac{1}{n}\right)=\ln(n+1)-\ln n = f'(\xi)=\frac{1}{\xi}$$

显然
$$\frac{1}{n+1}<\frac{1}{\xi}<\frac{1}{n}$$

故
$$\frac{1}{n+1}<\ln\left(1+\frac{1}{n}\right)<\frac{1}{n} \quad (n \geqslant 1)$$

例 3.1.4 证明：$|\arctan x - \arctan y| \leqslant |x-y|$. 并利用拉格朗日中值定理求出 $f(x) = \arctan x$ 在 $[0,1]$ 上 ξ 的值.

证 应用拉格朗日中值定理得

$$\arctan x - \arctan y = \frac{1}{1+\xi^2}(x-y)$$

因而

$$|\arctan x - \arctan y| = \frac{1}{1+\xi^2}|x-y| \leqslant |x-y|$$

另一方面，

$$\arctan 1 - \arctan 0 = \frac{1}{1+\xi^2}$$

即 $\frac{\pi}{4} = \frac{1}{1+\xi^2}$, 求得

$$\xi = \sqrt{\frac{4-\pi}{\pi}} \in (0,1)$$

3.1.3 柯西中值定理

我们介绍下面更为一般形式的中值定理.

定理 3.1.3（柯西(Cauchy)中值定理） 设 $f(x)$ 和 $g(x)$ 在 $[a,b]$ 上连续，在 (a,b) 内可导且 $g'(x) \neq 0$, 则存在 $\xi \in (a,b)$, 使得

$$\frac{f(b)-f(a)}{g(b)-g(a)} = \frac{f'(\xi)}{g'(\xi)} \tag{3.1.5}$$

显然，取 $g(x) = x$, 则可以得到拉格朗日中值定理

$$f(b) - f(a) = f'(\xi)(b-a) \quad (a < \xi < b)$$

可见柯西中值定理是拉格朗日中值定理的推广.

例 3.1.5 设 $0 < a < b$, 证明：存在 $\xi \in (a,b)$ 使得 $2\xi^2(\ln b - \ln a) = b^2 - a^2$.

证 令 $f(x) = x^2, g(x) = \ln x$, 应用柯西中值定理，存在 $\xi \in (a,b)$ 使得

$$\frac{b^2-a^2}{\ln b - \ln a} = \frac{2\xi}{\frac{1}{\xi}}$$

整理得

$$2\xi^2(\ln b - \ln a) = b^2 - a^2$$

习 题 3.1

1. 验证函数 $f(x)=x\sqrt{3-x}$ 在区间 $[0,3]$ 上满足罗尔中值定理的条件,并求出满足罗尔中值定理的 ξ.

2. 在区间 $[1,2]$ 上对函数 $f(x)=x^4$ 求拉格朗日中值定理中的 ξ.

3. 在区间 $[1,2]$ 上对函数 $f(x)=x^4,g(x)=x^2$ 求柯西中值定理中的 ξ.

4. 不求函数 $f(x)=(x-2)(x-3)(x-4)(x-5)$ 的导数,说明方程 $f'(x)=0$ 有几个实根,并指出根所在的区间.

5. 证明不等式.

(1) $\dfrac{a-b}{a}<\ln\left(\dfrac{a}{b}\right)<\dfrac{a-b}{b}, 0<b<a$;

(2) $\dfrac{x}{1+x}<\ln(1+x)<x, x>0$;

(3) $|\sin x-\sin y|\leqslant|x-y|$;

(4) $nb^{n-1}(a-b)<a^n-b^n<na^{n-1}(a-b), a>b>0, n>1$.

3.2 洛必达法则

当 $x\to a$(或 $x\to\infty$)时,函数 $f(x)$ 和 $g(x)$ 都趋近于零或无穷大,则极限 $\lim\dfrac{f(x)}{g(x)}$ 可能存在也可能不存在,通常称其为未定型,记为 $\dfrac{0}{0}$ 或 $\dfrac{\infty}{\infty}$. 对于这种未定型的极限的计算,除了第一章提供的一些基本变形方法外,还有本节给出的洛必达法则.

3.2.1 $\dfrac{0}{0}$ 型与 $\dfrac{\infty}{\infty}$ 型

定理 3.2.1（洛必达法则）

(1) 设函数 $f(x)\to 0, g(x)\to 0 (x\to a)$;

(2) 在点 a 的某个去心邻域内,$f'(x)$ 与 $g'(x)$ 存在且 $g'(x)\neq 0$;

(3) $\lim\limits_{x\to a}\dfrac{f'(x)}{g'(x)}$ 存在(或为无穷大),则

$$\lim_{x\to a}\dfrac{f(x)}{g(x)}=\lim_{x\to a}\dfrac{f'(x)}{g'(x)} \tag{3.2.1}$$

同样地,若

(1) 函数 $f(x)\to 0, g(x)\to 0 (x\to\infty)$;

(2) 对于充分大的 $|x|$,$f'(x)$ 与 $g'(x)$ 存在且 $g'(x)\neq 0$;

(3) $\lim\limits_{x\to\infty}\dfrac{f'(x)}{g'(x)}$ 存在(或为无穷大),则

$$\lim_{x\to\infty}\frac{f(x)}{g(x)}=\lim_{x\to\infty}\frac{f'(x)}{g'(x)} \tag{3.2.2}$$

证明从略.

洛必达法则是通过对分子分母分别求导后求极限来确定未定式的极限,这种方法在很多场合下是非常有效的,因为式(3.2.1)与(3.2.2)的右端的极限更易于计算.

例 3.2.1 求 $\lim\limits_{x\to 0}\dfrac{x^3}{e^x-\cos x}$.

解 这是 $\dfrac{0}{0}$ 型,由洛必达法则得

$$\lim_{x\to 0}\frac{x^3}{e^x-\cos x}=\lim_{x\to 0}\frac{3x^2}{e^x+\sin x}=0$$

例 3.2.2 求 $\lim\limits_{x\to 1}\dfrac{x^3-3x+2}{x^3-x^2-x+1}$.

解 这是 $\dfrac{0}{0}$ 型,由洛必达法则得

$$\lim_{x\to 1}\frac{x^3-3x+2}{x^3-x^2-x+1}=\lim_{x\to 1}\frac{3x^2-3}{3x^2-2x-1}=\lim_{x\to 1}\frac{6x}{6x-2}=\frac{3}{2}$$

例 3.2.3 求 $\lim\limits_{x\to 1}\dfrac{x-1-x\ln x}{(x-1)\ln x}$.

解 这是 $\dfrac{0}{0}$ 型,由洛必达法则得

$$\lim_{x\to 1}\frac{x-1-x\ln x}{(x-1)\ln x}=\lim_{x\to 1}\frac{-\ln x}{\ln x+1-x^{-1}}=\lim_{x\to 1}\frac{-x^{-1}}{x^{-1}+x^{-2}}=-\frac{1}{2}$$

例 3.2.4 求 $\lim\limits_{x\to\infty}\dfrac{\dfrac{\pi}{2}-\arctan x}{x^{-1}}$.

解 这是 $\dfrac{0}{0}$ 型,由洛必达法则得

$$\lim_{x\to\infty}\frac{\dfrac{\pi}{2}-\arctan x}{x^{-1}}=\lim_{x\to\infty}\frac{-\dfrac{1}{1+x^2}}{-x^{-2}}=\lim_{x\to\infty}\frac{x^2}{1+x^2}=1$$

例 3.2.5 求 $\lim\limits_{x\to+\infty}\dfrac{\ln x}{x^\alpha}\ (\alpha>0)$.

解 这是 $\dfrac{\infty}{\infty}$ 型,由洛必达法则得

$$\lim_{x\to+\infty}\frac{\ln x}{x^\alpha}=\lim_{x\to+\infty}\frac{x^{-1}}{\alpha x^{\alpha-1}}=\lim_{x\to+\infty}\frac{1}{\alpha x^\alpha}=0$$

3.2.2 其他类型的未定型($0\cdot\infty,\infty-\infty,0^0,1^\infty,\infty^0$)

1. $0\cdot\infty$ 与 $\infty-\infty$ 型

通常将 $0\cdot\infty$ 与 $\infty-\infty$ 型化为 $\frac{0}{0}$ 或 $\frac{\infty}{\infty}$ 型.

例 3.2.6 求 $\lim\limits_{x\to 0^+}x^\alpha\ln x\,(\alpha>0)$.

解 这是 $0\cdot\infty$ 型,可化为 $\frac{\ln x}{x^{-\alpha}}\left(\frac{0}{0}\right)$ 或 $\frac{x^\alpha}{(\ln x)^{-1}}\left(\frac{\infty}{\infty}\right)$,前者计算较为简单,因此

$$\lim_{x\to 0^+}x^\alpha\ln x=\lim_{x\to 0^+}\frac{\ln x}{x^{-\alpha}}=\lim_{x\to 0^+}\frac{x^{-1}}{-\alpha x^{-\alpha-1}}=\lim_{x\to 0^+}\frac{x^\alpha}{-\alpha}=0$$

例 3.2.7 求 $\lim\limits_{x\to\frac{\pi}{2}}\left(x\tan x-\frac{\pi}{2}\sec x\right)$.

解 这是 $\infty-\infty$ 型,通分化为 $\frac{0}{0}$ 或 $\frac{\infty}{\infty}$ 型计算.

$$\lim_{x\to\frac{\pi}{2}}\left(x\tan x-\frac{\pi}{2}\sec x\right)=\lim_{x\to\frac{\pi}{2}}\frac{2x\sin x-\pi}{2\cos x}=\lim_{x\to\frac{\pi}{2}}\frac{2\sin x+2x\cos x}{-2\sin x}=-1$$

2. $0^0,1^\infty,\infty^0$ 型

对于未定型 $0^0,1^\infty,\infty^0$ 型,通常利用公式 $\lim u(x)^{v(x)}=\mathrm{e}^{\lim v(x)\ln u(x)}$ 化成 $0\cdot\infty$ 型计算.如果 $u(x)\to 1$,那么 $\ln u(x)=\ln[1+u(x)-1]\sim u(x)-1$,因此对于未定型 1^∞,也可以化为 $\lim u(x)^{v(x)}=\mathrm{e}^{\lim v(x)(u(x)-1)}$ 计算.

例 3.2.8 求 $\lim\limits_{x\to 0^+}x^x$.

解 这是 0^0 型,令 $y=x^x$,取对数得 $\ln y=x\ln x$,当 $x\to 0^+$ 时,$x\ln x$ 为 $0\cdot\infty$ 型,则

$$\lim_{x\to 0^+}x\ln x=\lim_{x\to 0^+}\frac{\ln x}{x^{-1}}=\lim_{x\to 0^+}\frac{x^{-1}}{-x^{-2}}=-\lim_{x\to 0^+}x=0$$

因 $\lim\limits_{x\to 0^+}\ln y=0$,故 $\lim\limits_{x\to 0^+}y=1$,即

$$\lim_{x\to 0^+}x^x=1$$

例 3.2.9 求 $\lim\limits_{x\to 0^+}\left(\frac{1}{x}\right)^{\sin x}$.

解 这是 ∞^0 型,令 $y=\left(\frac{1}{x}\right)^{\sin x}$,则 $\ln y=\sin x\ln\frac{1}{x}$,因此由洛必达法则可得

$$\lim_{x\to 0^+}\ln y=\lim_{x\to 0^+}\sin x\ln\frac{1}{x}=-\lim_{x\to 0^+}\frac{\ln x}{(\sin x)^{-1}}=\lim_{x\to 0^+}\frac{x^{-1}}{(\sin x)^{-2}\cos x}=\lim_{x\to 0^+}\frac{\sin^2 x}{x}=0$$

因此
$$\lim_{x\to 0^+}\left(\frac{1}{x}\right)^{\sin x}=1$$

例 3.2.10 求 $\lim\limits_{x\to\infty}\left(1+\dfrac{1}{x}\right)^x$.

解 这是 1^∞ 型，取对数后得
$$\lim_{x\to\infty}x\ln\left(1+\frac{1}{x}\right)=\lim_{x\to\infty}\frac{\ln(1+x^{-1})}{x^{-1}}=\lim_{y\to 0}\frac{\ln(1+y)}{y}=\lim_{y\to 0}\frac{1}{1+y}=1$$
因此
$$\lim_{x\to\infty}\left(1+\frac{1}{x}\right)^x=\mathrm{e}^{\lim\limits_{x\to\infty}x\ln\left(1+\frac{1}{x}\right)}=\mathrm{e}$$

注 3.2.1 洛必达法则是求极限的一种有效方法，但并不是任何极限都可以由洛必达法则求出.

例如，求 $\lim\limits_{x\to\infty}\dfrac{x-\sin x}{x+\sin x}$ 就不能用洛必达法则. 因为极限 $\lim\limits_{x\to\infty}\dfrac{1-\cos x}{1+\cos x}$ 不存在，也不满足洛必达法则的条件 $\dfrac{0}{0}$ 或 $\dfrac{\infty}{\infty}$. 因此我们必须寻求其他方法求极限，如
$$\lim_{x\to\infty}\frac{x-\sin x}{x+\sin x}=\lim_{x\to\infty}\frac{1-\dfrac{\sin x}{x}}{1+\dfrac{\sin x}{x}}=1$$

注 3.2.2 求极限时，我们往往将洛必达法则、等价无穷小替换、重要极限等数学变形方法相结合.

例 3.2.11 求 $\lim\limits_{x\to\infty}\dfrac{\tan x-x}{x^2\sin x}$.

解 如果直接使用洛必达法则，分子分母求导之后会变得更加复杂，因此可以首先进行等价无穷小的替换，并使用重要极限，使得计算过程简单.
$$\lim_{x\to 0}\frac{\tan x-x}{x^2\sin x}=\lim_{x\to 0}\frac{\tan x-x}{x^3}=\lim_{x\to 0}\frac{\sec^2 x-1}{3x^2}=\lim_{x\to 0}\frac{2\sec x\tan x}{6x}=\lim_{x\to 0}\frac{\tan x}{3x}=\frac{1}{3}$$

习 题 3.2

1. 求极限.

(1) $\lim\limits_{x\to 0}\dfrac{1-\cos 2x}{1-\cos 3x}$; (2) $\lim\limits_{x\to a}\dfrac{\sin x-\sin a}{x-a}$; (3) $\lim\limits_{x\to 0}\dfrac{\tan x-x}{x-\sin x}$;

(4) $\lim\limits_{x\to 0}\left(\dfrac{1}{x}-\dfrac{1}{\mathrm{e}^x-1}\right)$; (5) $\lim\limits_{x\to 0}\dfrac{\ln(x+\mathrm{e}^x)}{x}$; (6) $\lim\limits_{x\to 0}\dfrac{\mathrm{e}^x-\mathrm{e}^{-x}}{\sin x}$;

(7) $\lim\limits_{x\to 0} x\cot 2x$;   (8) $\lim\limits_{x\to 0} x^2 e^{\frac{1}{x^2}}$;   (9) $\lim\limits_{x\to\infty} x(e^{\frac{1}{x}}-1)$;

(10) $\lim\limits_{x\to 0^+} x^{\sin x}$;   (11) $\lim\limits_{x\to 0}\left(\dfrac{\sin x}{x}\right)^{\frac{1}{x^2}}$;   (12) $\lim\limits_{x\to 0^+}\dfrac{e^{-\frac{1}{x}}}{x}$.

2. 验证极限 $\lim\limits_{x\to\infty}\dfrac{x+\sin x}{x}$ 存在，但不能用洛必达法则.

3.3 函数的单调性、极值与最大最小值

本节将利用导数来研究函数的单调性、极值、最大值和最小值.

3.3.1 函数的单调性

如果函数 $y=f(x)$ 在 $[a,b]$ 上单调增加（或减少），则它的图形是一条沿 x 轴正向上升（或下降）的曲线，其曲线上各点的切线斜率是非负的（或非正的），即 $y'(x)=f'(x)\geqslant 0\,(y'(x)=f'(x)\leqslant 0)$，可见，函数的单调性与导数是密切相关的（图 3.3.1 与图 3.3.2）.

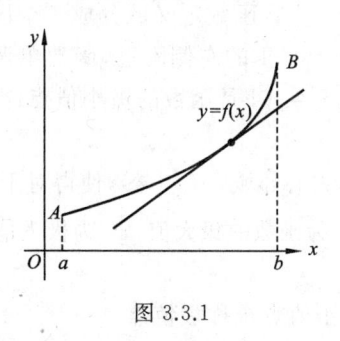

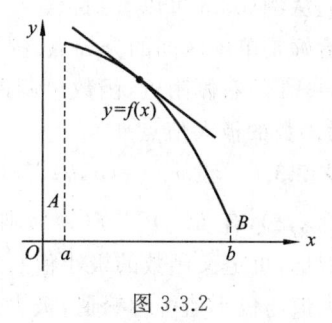

图 3.3.1   图 3.3.2

任取两点 $x_1,x_2\in(a,b)$，$x_2>x_1$，由拉格朗日中值定理可得
$$f(x_2)-f(x_1)=f'(\xi)(x_2-x_1),\ \xi\in(x_1,x_2)$$
若 $f'(\xi)>0$，则 $f(x_2)-f(x_1)>0$，即函数递增；若 $f'(\xi)<0$，则 $f(x_2)-f(x_1)<0$，即函数递减. 因而有下面的定理.

定理 3.3.1 设函数 $y=f(x)$ 在 $[a,b]$ 上连续，在 (a,b) 内可导.
(1) 若在 (a,b) 内 $f'(x)>0$，则函数 $y=f(x)$ 在 $[a,b]$ 上单调增加；
(2) 若在 (a,b) 内 $f'(x)<0$，则函数 $y=f(x)$ 在 $[a,b]$ 上单调减少.

注 3.3.1 如果将定理中的区间换成其他各种区间（包括无穷区间），结论仍成立. 若函数在其定义域的某个区间内是单调的，则称该区间为函数的单调区间.

例 3.3.1 讨论函数 $f(x)=e^x-x-1$ 的单调性.

解 $f'(x)=e^x-1$，函数的定义域为 $(-\infty,+\infty)$，当 $x\in(-\infty,0)$ 时，$f'(x)<0$，

即 $f(x)$ 单调减少;当 $x \in (0,+\infty)$ 时,$f'(x)>0$,即 $f(x)$ 单调增加.

例 3.3.2 讨论函数 $f(x)=\sqrt[3]{x^2}$ 的单调性.

解 函数在定义域 $(-\infty,+\infty)$ 内连续,且当 $x\neq 0$ 时,$f'(x)=\dfrac{2}{3\sqrt[3]{x}}$,因此,当 $x\in(-\infty,0)$ 时,$f'(x)<0$,函数单调递减;当 $x\in(0,+\infty)$ 时,$f'(x)>0$,函数单调递增.

上面例子表明,对于函数单调性的判断,首先要求出导数为零或导数不存在的点,将函数的定义域划分为几个区间,然后分别判断在各个子区间上导数的符号,确定函数的单调性.

例 3.3.3 确定函数 $f(x)=3x-x^3$ 的单调区间.

解 $f'(x)=3-3x^2$,令 $f'(x)=0$,得 $x=\pm 1$.因此,当 $x\in(-\infty,-1)$ 时,$f'(x)<0$,函数单调递减;当 $x\in(-1,1)$ 时,$f'(x)>0$,函数单调递增;当 $x\in(1,+\infty)$ 时,$f'(x)<0$,函数单调递减.

3.3.2 函数的极值

我们从例 3.3.3 可以看到,点 $x=-1$ 和 $x=1$ 将函数定义域分成三个区间,而其本身恰好是单调区间的分界点.例如,在点 $x=-1$ 的左侧附近,函数单调递减,在点 $x=-1$ 的右侧附近,函数单调递增,因此 $x=-1$ 是函数的极小值点.类似地,$x=1$ 为函数的极大值点.

定义 3.3.1 设 $x_0\in(a,b)$,若存在 x_0 的去心邻域 $N(x_0,\delta)$,使得对于任意的 $x\in N(x_0,\delta)$,有 $f(x)<f(x_0)$,则称 $f(x_0)$ 为函数的**极大值**,x_0 为极大值点.

类似地,可定义函数的**极小值**与**极小值点**.

极大值与极小值统称**极值**,极大值点与极小值点统称**极值点**.

函数的极大值与极小值是个局部概念,如果 x_0 是函数 $f(x)$ 的一个极大值点,那么就意味着函数 $f(x)$ 在 x_0 点的附近的一个局部范围内,$f(x_0)$ 是最大的,相对于整个定义域内 $f(x_0)$ 不一定最大(图 3.3.3).极小值也是类似的.

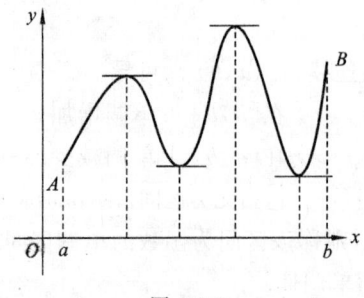

图 3.3.3

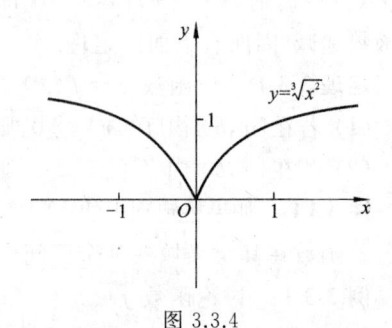

图 3.3.4

从图 3.3.3 可以看出,曲线在极值点处有水平的切线,即函数在极值点处的导数为零.通常将使得 $f'(x)=0$ 的点 $x=x_0$ 称为函数 $f(x)$ 的驻点.

由费马引理易得:

定理 3.3.2(必要条件) 如果 $f(x)$ 在极值点 x_0 处可导,则 $f'(x_0)=0$.

根据定理 3.3.2,可导函数 $f(x)$ 的极值点必定是其驻点,但函数的驻点不一定是极值点.例如,函数 $y=x^3$ 在 $x=0$ 处的导数为零,但 $x=0$ 不是 $y=x^3$ 的极值点,另外函数在其导数不存在的点也可能取得极值点,例如,$y=\sqrt[3]{x^2}$ 在 $x=0$ 点导数不存在,但 $x=0$ 是 $y=\sqrt[3]{x^2}$ 极小值点(图 3.3.4).

如何判定函数在驻点或导数不存在的点是否为函数的极值点?若是极值点,是极大值点还是极小值点?下面给出两个判定函数极值的充分条件.

定理 3.3.3(第一充分条件) 设函数 $f(x)$ 在 x_0 处连续,且在 x_0 的某个去心邻域 $\mathring{N}(x_0,\delta)$ 内可导.

(1) 当 $x \in (x_0-\delta, x_0)$ 时,$f'(x_0)>0$,而当 $x \in (x_0, x_0+\delta)$ 时,$f'(x_0)<0$,则 $f(x)$ 在 x_0 处取得极大值;

(2) 当 $x \in (x_0-\delta, x_0)$ 时,$f'(x_0)<0$,而当 $x \in (x_0, x_0+\delta)$ 时,$f'(x_0)>0$,则 $f(x)$ 在 x_0 处取得极小值;

(3) 若 $x \in \mathring{N}(x_0,\delta)$ 时,$f'(x)$ 的符号保持不变,则 x_0 不是 $f(x)$ 的极值点.

证 (1) 由于函数 $f(x)$ 在 $(x_0-\delta, x_0)$ 上增加,而在 $(x_0, x_0+\delta)$ 上减少,又因为函数在 x_0 处连续,因此 $f(x)$ 在 x_0 处取得极大值.

类似地,可证得(2)和(3).

定理 3.3.3 表明,当自变量 x 在 x_0 渐增地经过 x_0 时,如果导数 $f'(x)$ 的符号由正变负,那么 $f(x)$ 在 x_0 处取得极大值;如果导数 $f'(x)$ 的符号由负变正,那么 $f(x)$ 在 x_0 处取得极小值;如果导数 $f'(x)$ 的符号不变,那么 $f(x)$ 在 x_0 处没有极值.

例 3.3.4 求函数 $f(x)=x^3-3x^2-9x+5$ 的极值.

解 函数在 $(-\infty,+\infty)$ 上连续,且
$$f'(x)=3x^2-6x-9=3(x+1)(x-3)$$

明显地,$x=-1, x=3$ 是驻点.函数及其导数特性列表如下:

x	$(-\infty,-1)$	-1	$(-1,3)$	3	$(3,+\infty)$
$f'(x)$	$+$	0	$-$	0	$+$
$f(x)$	单调增	极大值	单调减	极小值	单调增

因此,函数的极大值 $f(-1)=10$,极小值 $f(3)=-22$.

例 3.3.5 求函数 $f(x)=(x-1)\sqrt[3]{x^2}$ 的极值.

解 函数在 $(-\infty,+\infty)$ 上连续,且

$$f'(x)=x^{\frac{2}{3}}+\frac{2}{3}(x-1)x^{-\frac{1}{3}}=\frac{5x-2}{3x^{\frac{1}{3}}}$$

从而 $x=\frac{2}{5}$ 是 $f(x)$ 的驻点,当 $x=0$ 时,$f'(x)$ 不存在.函数特性及符号列表如下：

x	$(-\infty,0)$	0	$\left(0,\frac{2}{5}\right)$	$\frac{2}{5}$	$\left(\frac{2}{5},+\infty\right)$
$f'(x)$	$+$	不存在	$-$	0	$+$
$f(x)$	单调增	极大值	单调减	极小值	单调增

因此 $x=0$ 和 $x=\frac{2}{5}$ 分别是 $f(x)$ 的极大值点和极小值点,且极大值 $f(0)=0$,极小值 $f\left(\frac{2}{5}\right)=-\frac{3}{5}\sqrt[3]{\frac{4}{25}}$.

当函数 $f(x)$ 驻点处的二阶导数存在且不为零时,也可以用二阶导数的符号来判定 $f(x)$ 在驻点处取得极大值还是极小值.

定理 3.3.4（第二充分条件） 设 $f(x)$ 在 x_0 处具有二阶导数,且 $f'(x_0)=0$,$f''(x_0)\neq 0$,则

(1) 当 $f''(x_0)<0$ 时,函数 $f(x)$ 在 x_0 处取得极大值；

(2) 当 $f''(x_0)>0$ 时,函数 $f(x)$ 在 x_0 处取得极小值.

例 3.3.6 求函数 $f(x)=(x^2-1)^2+1$ 的极值.

解
$$f'(x)=4x(x^2-1)$$
$$f''(x)=4(x^2-1)+8x^2=12x^2-4$$

令 $f'(x)=0$,可得驻点 $x=0,-1,+1$.因为 $f''(0)=-4<0$,故 $f(x)$ 在 $x=0$ 处取得极大值；$f''(-1)=8>0$,故 $x=-1$ 处,原函数取得极小值,$f''(1)=8>0$,函数 $x=1$ 处取得极小值.

注 3.3.2 如果 $f''(x_0)=0$,$f(x)$ 在 x_0 处不一定取得极值,此时必须借助第一充分条件来判断.例如,$f(x)=x^5$,$f''(x)=20x^3$,当 $f''(x_0)=0$,则 $x_0=0$.显然当 $x>0$ 时,$f'(x)>0$,$f(x)$ 递增；当 $x<0$ 时,$f'(x)>0$,$f(x)$ 递增,因此函数的符号没有改变,$x_0=0$ 不是极值点.

例 3.3.7 求函数 $f(x)=x+\frac{x}{x^2-1}$ 的极值.

解 $f(x)$ 的定义域为 $(-\infty,-1)\cup(-1,1)\cup(1,+\infty)$,且

$$f'(x)=\frac{x^2(x^2-3)}{(x^2-1)^2},\quad f''(x)=\frac{2x(x^2+3)}{(x^2-1)^3}$$

当 $x=0$ 和 $x=\pm\sqrt{3}$ 时，$f'(x)=0$；当 $x=-\sqrt{3}$ 时，$f''(x)<0$.根据第二充分条件，$x=-\sqrt{3}$ 为极大值点，且极大值 $f(-\sqrt{3})=-\dfrac{3\sqrt{3}}{2}$；当 $x=\sqrt{3}$ 时，$f''(x)>0$，根据第二充分条件，$x=\sqrt{3}$ 为极小值点，且极小值 $f(\sqrt{3})=\dfrac{3\sqrt{3}}{2}$.

当 $x=0$ 时，$f''(x)=0$，但函数在 $x=0$ 的较小邻域内，即函数的符号没有改变，因此 $x=0$ 不是极值点(图 3.3.5).

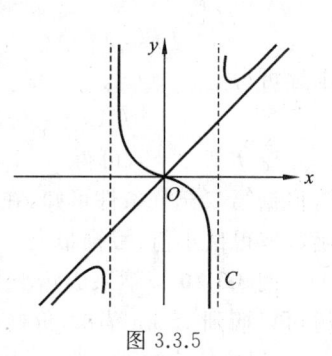

图 3.3.5

3.3.3 函数的最大值与最小值

在实际生活生产活动中，我们常常会遇到在一定条件下，如何用料最省、利润最大、成本最小、效率最高等问题.

例如，生产 x 件产品的成本为函数 $c(x)=x^3-6x^2+15x$，每件产品的售价为 6，那么是否存在使得利润最大的生产水平？若存在，求出这一生产水平.

容易得到利润函数为 $f(x)=6x-(x^3-6x^2+15x)=-x^3+6x^2-9x$，上述利润最大问题归结为求函数 $f(x)=-x^3+6x^2-9x$ 的最大值，我们将函数 $f(x)$ 视为目标函数.本小节主要讨论目标函数的最大值和最小值的求法.

假定函数 $f(x)$ 在闭区间 $[a,b]$ 上连续，则函数在该区间上必定取得最大值和最小值.

根据函数的极大值和极小值的定义，极大值和极小值可能分别成为函数的最大值和最小值，此外，区间端点也可能成为函数的最大值或最小值.因此，可用如下方法求出连续 $f(x)$ 在闭区间 $[a,b]$ 上的最大、最小值.

(1) 求出 $f(x)$ 在开区间 (a,b) 内的驻点 $x_1,x_2,\cdots,x_m$ 和不可导点 $\overline{x}_1,\overline{x}_2,\cdots,\overline{x}_m$；

(2) 计算所有驻点、不可导点、区间端点的函数值；

(3) 比较所得的函数值，最大者即为函数在闭区间 $[a,b]$ 的最大值，最小者即为函数在闭区间 $[a,b]$ 的最小值.

例 3.3.8 求 $f(x)=x^3-3x^2-9x+1$ 在 $[-4,4]$ 上的最大值和最小值.

解 $f'(x)=3x^2-6x-9=3(x-3)(x+1)$

则驻点为 $x=3$ 和 $x=-1$.又

$f(-4)=-75,\quad f(-1)=6,\quad f(3)=-26,\quad f(4)=-19$

因此，最大值 $f(-1)=6$，最小值 $f(-4)=-75$.

例 3.3.9 生产 x 件产品的成本为函数 $c(x)=x^3-6x^2+15x$，每件产品的售价为 6，那么是否存在使得利润最大的生产水平？若存在，求出这一生产水平.

解 利润函数为

$$f(x) = 6x - (x^3 - 6x^2 + 15x) = -x^3 + 6x^2 - 9x$$

求导可得
$$f'(x) = -3x^2 + 12x - 9 = -3(x^2 - 4x + 3)$$

令 $f'(x)=0$,可得 $x=1, x=3$。由于 $f''(x) = -6x + 12$,且 $f''(1) > 0, f''(3) < 0$,根据第二充分条件可知,在 $x=3$ 处函数取得最大值,即利润最大,而在 $x=1$ 处函数取得最小值,亏损最大。

例 3.3.10 苹果成熟季节到了,果农为采摘苹果正犯愁,如果现在采摘,每棵树可以摘到 15 kg 苹果,价格为 4 元/kg,如果每推迟一周摘,每棵树的产量会增加 2 kg,但价格会减少 0.5 元/kg,8 周后,苹果会因为熟透而腐烂,问果农第几周采摘收入最大?

解 设 x 周为采摘时间,每棵树的采摘的苹果数量为 $Q(x) = 15 + 2x$,此时苹果单价为 $P(x) = 4 - 0.5x$,果农收入为
$$R(x) = P(x)Q(x) = (4 - 0.2x)(15 + 2x) = 60 + 5x - 0.4x^2$$
$$R'(x) = 5 - 0.8x$$

令 $R'(x)=0$,得 $x=6.25$,从而 $R(6.25) = 75.625$。

例 3.3.11 小陈租用一辆车将一批货物从武汉运往天门,其路程为 80 km,若货车以 x km/h($40 < x < 65$)速度行驶,每升柴油可供货车行驶 $\dfrac{400}{x}$ km,柴油的价格为 5.36 元/L,司机的劳务费为 30 元/h,试求运费最低的行驶速度。

解 运输费是劳务费和燃油费的总和。

设货车的行驶速度为 x km/h,行驶时间为 $\dfrac{80}{x}$ h,支付劳务费为 $\dfrac{80}{x} \times 30 = \dfrac{2400}{x}$。

全程消耗的柴油为 $80 \div \dfrac{400}{x} = \dfrac{x}{5}$,所以燃油费为 $5.36 \times \dfrac{x}{5} = 1.072x$。

因此运费为 $y(x) = \dfrac{2400}{x} + 1.072x$,求导可得 $y'(x) = -\dfrac{2400}{x^2} + 1.072$。令 $y'(x)=0$,得 $x=47.3$,且这个值介于 40 与 65 之间。

故最低费用为
$$y(47.3) = \dfrac{2400}{47.3} + 1.072 \times 47.3 = 101.446 (\text{元})$$

习 题 3.3

1. 求函数的单调区间。

(1) $y = 2 + x - x^2$;

(2) $y = \dfrac{2x}{1+x^2}$;

(3) $y = 2x^2 - \ln x$;

(4) $y = (1 + \sqrt{x})x$.

2. 证明函数 $y = x - \ln(1+x^2)$ 单调增加.

3. 证明不等式.

(1) $x < \tan x < \sec x \left(0 < x < \dfrac{\pi}{2}\right)$;

(2) $(1+x)\ln(1+x) < e^x - 1 \ (x > 0)$.

4. 求函数的极值.

(1) $y = \dfrac{1}{3}x^3 - x^2 - 3x$; (2) $y = x + \sqrt{1-x}$;

(3) $y = x - \ln(1+x)$; (4) $y = -x^4 + 2x^2$.

5. 求函数的最大值和最小值.

(1) $y = 2x^3 - 3x^2 \ (-1 \leqslant x \leqslant 4)$; (2) $y = \sin x + \cos x, x \in [0, 2\pi]$;

(3) $y = \ln(1+2x^2), x \in [-1, 2]$; (4) $y = x + \sqrt{1-x}, x \in [-5, 1]$.

6. 将正数 a 分解为两个正数之和,使其乘积最大.

7. 将正数 b 分解为两个正数之积,使其和最小.

8. 要造一个圆柱形油罐,体积为 V,问底半径 r 和高 h 各等于多少时,才能使表面积最小? 此时底直径和高的比是多少?

9. 从一块边长为 a 的正方形铁皮的四角截去同样大小的正方形然后折成一个无盖的盒子,问截去多大的小方块,才能使盒子的容积最大?

10. 制造和销售每个背包的成本为 c 元,如果每个背包的售出价为 x 元,售出背包数由 $n = \dfrac{a}{x-c} + b(100-x)$ 给出,其中 a 和 b 为正常数,问售出价格多大时,利润最大?

11. 设生产某产品的固定成本为 10 000 元,可变成本与产品日产量 x t 的立方成正比,已知日产量为 20 t 时,总成本为 10 320 元,问日产量为多少 t 时,能使平均成本最低? 并求最低平均成本(假定日产量为 100 t).

12. 某房地产公司有 50 套公寓要出租,当租金定为每月 180 元时,公寓会全部租出去,当租金每月增加 10 元时,就有一套公寓租不出去,而租出去的房子每月需花费 20 元的整修维护费,试问房租定为多少时每月获得最大收入?

13. 某厂生产某种产品,每年销售量为 1 000 000 件,每批生产需准备费 1 000 元,而每件每年的库存费为 0.2 元,如果均匀销售,问一年内应分几批生产,才能使生产准备费与库存费之和 T 为最少?

第4章 不定积分

通过前面的学习,我们已经能够熟练计算出一个给定函数的微分或导数,并初步用它来解决某些简单的问题.在实际问题中,我们经常需要讨论微分或导数的反问题,即在已知一个函数的微分或导数的情况下,如何将这个函数"复原"出来,这便是求原函数或不定积分的问题.

4.1 不定积分的概念与性质

4.1.1 原函数与不定积分的概念

首先,我们需要知道上面提到的原函数的确切含义是什么.

定义 4.1.1 设 $F(x)$ 是区间 I 上的一个可导函数.若对任意的 $x \in I$,有
$$F'(x) = f(x)$$
则称 $F(x)$ 为 $f(x)$ 在区间 I 上的一个**原函数**.

例如,$F(x) = \arcsin x$ 是 $f(x) = \dfrac{1}{\sqrt{1-x^2}}$ 在区间 $(-1, 1)$ 上的一个原函数; $F(x) = x^2$ 是 $f(x) = 2x$ 在区间 $(-\infty, +\infty)$ 上的一个原函数.进一步考虑,我们就能发现:对任意一个常数 C,都有 $(x^2 + C)' = 2x$,也就是说 $x^2 + C$ 也是 $2x$ 在区间 $(-\infty, +\infty)$ 上的原函数.一般地,若 $F'(x) = f(x)$,则对任何常数 C,有 $(F(x) + C)' = f(x)$.因此,**若一个函数存在一个原函数,则它必定有无穷多个原函数**.

这样一来,自然而然地引出了两个问题:

(1) 怎样知道一个函数是否存在原函数?请看下面的定理.

定理 4.1.1 若函数 $f(x)$ 在区间 I 上连续,则它在区间 I 上存在原函数.

证明从略.

(2) 若函数 $f(x)$ 有原函数,它的无穷多个原函数之间有什么关系?

定理 4.1.2 若 $F(x)$ 是 $f(x)$ 在区间 I 上的一个原函数,则 $f(x)$ 在 I 上的全体原函数为 $F(x) + C$,其中 C 取任意常数.

证 设 $F(x)$ 与 $G(x)$ 都是 $f(x)$ 在 I 上的原函数,则有 $F'(x) = f(x) = G'(x)$,于是
$$(G(x) - F(x))' = f(x) - f(x) = 0$$

由微分学知
$$G(x) - F(x) = C, \quad C \text{ 是一个常数}$$
这表明 $G(x)$ 与 $F(x)$ 只差一个常数.

注 4.1.1　定理 4.1.2 说明任意两个原函数之间彼此只相差一个常数.

定义 4.1.2　如果在区间 I 上的函数 $f(x)$ 存在原函数,则将 $f(x)$ 的**全体原函数**记为
$$\int f(x)\mathrm{d}x$$
并称它为 $f(x)$ 在区间 I 内的**不定积分**,其中记号"$\int$"称为**积分号**,$f(x)$ 称为**被积函数**,$f(x)\mathrm{d}x$ 称为**被积表达式**,x 称为**积分变量**.

结合定理 4.1.2 与定义 4.1.2 可知,如果 $F(x)$ 为 $f(x)$ 的一个原函数,则
$$\int f(x)\mathrm{d}x = F(x) + C$$
其中 C 为任意常数,称为**积分常数**. 从这一等式看出,求 $f(x)$ 的不定积分,就是求它的所有原函数 $F(x)+C$,这一运算的结果用符号 $\int f(x)\mathrm{d}x$ 来表示.

例 4.1.1　求下列不定积分.

(1) $\int \dfrac{1}{1+x^2}\mathrm{d}x$;　　(2) $\int x\,\mathrm{d}x$.

解　(1) 因为 $(\arctan x)' = \dfrac{1}{1+x^2}$,所以 $\arctan x$ 是 $\dfrac{1}{1+x^2}$ 的一个原函数,从而
$$\int \frac{1}{1+x^2}\mathrm{d}x = \arctan x + C$$

(2) 因为 $\dfrac{\mathrm{d}}{\mathrm{d}x}\left(\dfrac{1}{2}x^2\right) = x$,所以 $\dfrac{1}{2}x^2$ 是 x 的一个原函数,从而
$$\int x\,\mathrm{d}x = \frac{1}{2}x^2 + C$$

注 4.1.2　被积函数为分数形式时,$\mathrm{d}x$ 可以写在分子上,比如 $\int \dfrac{1}{1+x^2}\mathrm{d}x$ 也可以写成 $\int \dfrac{\mathrm{d}x}{1+x^2}$.

例 4.1.2　求 $\int \dfrac{1}{x}\mathrm{d}x$.

解　当 $x > 0$ 时,由于 $(\ln x)' = \dfrac{1}{x}$,所以 $\ln x$ 是 $\dfrac{1}{x}$ 在 $(0, +\infty)$ 内的一个原函数. 因此,在 $(0, +\infty)$ 内,

$$\int \frac{1}{x} dx = \ln x + C$$

当 $x < 0$ 时,由于 $[\ln(-x)]' = \frac{1}{-x}(-1) = \frac{1}{x}$,所以 $\ln(-x)$ 是 $\frac{1}{x}$ 在 $(-\infty, 0)$ 内的一个原函数.因此,在 $(-\infty, 0)$ 内,

$$\int \frac{1}{x} dx = \ln(-x) + C$$

综合以上两种情况得到

$$\int \frac{1}{x} dx = \ln|x| + C, \quad x \neq 0$$

不定积分 $\int f(x) dx = F(x) + C$ 的几何意义是怎样的呢?

我们知道原函数 $y = F(x)$ 的几何图形是一条曲线,称它为 $f(x)$ 的一条**积分曲线**.那么 $y = F(x) + C$ 所表示的,自然是积分曲线 $y = F(x)$ 在沿 y 轴平移了 C 个单位之后得到的图形,它的图形与曲线 $y = F(x)$ 是平行的(这意味着两者在 x 的切线互相平行).因为 C 是任意的,所以我们能够得到无穷多个彼此平行的曲线.

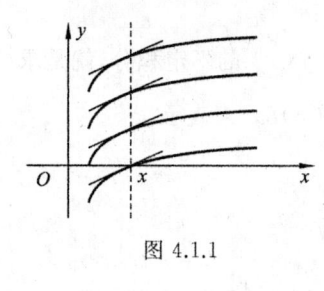

因此,不定积分在几何上表示一族"平行"曲线(图 4.1.1).

图 4.1.1

例 4.1.3 求在任意一点 x 处切线的斜率为 $2x$,且通过点 $(1, 2)$ 的曲线方程.

解 设所求曲线方程为 $y = F(x)$,由于切线斜率为 $2x$,所以 $F'(x) = 2x$.那么 $F(x) = \int 2x \, dx$,所以 $F(x) = x^2 + C$.将点 $(1, 2)$ 代入方程中,得到 $C = 1$.故曲线方程为

$$F(x) = x^2 + 1$$

4.1.2 不定积分的性质

根据不定积分的定义,它有如下性质:

1. 互逆性质

(1) $\left(\int f(x) dx\right)' = f(x)$ 或 $d\int f(x) dx = f(x) dx$;

(2) $\int f'(x) dx = f(x) + C$ 或 $\int df(x) = f(x) + C$.

它表明,微分运算与积分运算是互逆运算.

2. 线性性质

(1) 两个(或多个)函数代数和的不定积分等于它们各自不定积分的代数

和，即
$$\int [f(x) \pm g(x)] dx = \int f(x) dx \pm \int g(x) dx$$

（2）非零常数因子可以提到积分号外面，即
$$\int kf(x) dx = k\int f(x) dx$$

综合以上两条性质，可以得到以下**分项积分公式**
$$\int [af(x) \pm bg(x)] dx = a\int f(x) dx \pm b\int g(x) dx, \quad a, b \text{ 是任意常数}$$

例 4.1.4 $\dfrac{d}{dx}\left(\int f(x) dx\right)$ 与 $\int f'(x) dx$ 是否相等？

解 设 $F'(x) = f(x)$，则
$$\frac{d}{dx}\left(\int f(x) dx\right) = \frac{d}{dx}(F(x) + C) = F'(x) = f(x)$$

而
$$\int f'(x) dx = f(x) + C$$

故这两者不相等。

例 4.1.5 求 $\int (3x^3 + 2\sin x - 6) dx$.

解 用积分的线性性质，得到
$$\int (3x^3 + 2\sin x - 6) dx = 3\int x^3 dx + 2\int \sin x dx - 6\int dx$$
$$= \frac{3}{4}x^4 - 2\cos x - 6x + C$$

注 4.1.3 此题中原被积函数拆开后，所构成的每个不定积分求解都带有一个任意常数，但是因为三个任意常数的代数和仍然是一个任意常数，所以只需要用一个 C 来表示.

4.1.3 基本积分公式

积分运算与微分运算是互逆的，那么从微分（导数）公式可以得到相应的基本积分公式.

(1) $\int k dx = kx + C$ （k 是常数）； (2) $\int x^\mu dx = \dfrac{x^{\mu+1}}{\mu+1} + C$ （$\mu \neq -1$）；

(3) $\int \dfrac{dx}{x} = \ln|x| + C$； (4) $\int a^x dx = \dfrac{a^x}{\ln a} + C$ （$a \neq 1, a > 0$）；

(5) $\int e^x dx = e^x + C$； (6) $\int \sin x dx = -\cos x + C$；

(7) $\int \cos x \, dx = \sin x + C$; (8) $\int \sec^2 x \, dx = \tan x + C$;

(9) $\int \csc^2 x \, dx = -\cot x + C$; (10) $\int \sec x \tan x \, dx = \sec x + C$;

(11) $\int \csc x \cot x \, dx = -\csc x + C$; (12) $\int \dfrac{1}{1+x^2} dx = \arctan x + C$;

(13) $\int \dfrac{1}{\sqrt{1-x^2}} dx = \arcsin x + C$.

4.1.4 直接积分法

如何求解不定积分是本章的主要内容. 一般而言,求不定积分远比求函数的导数要困难,需要熟练运用各种求解技巧,这些求解方法和技巧将被一一介绍. 但在此之前,我们先用一些例题来熟悉最基本的积分方法 —— 直接积分法. 它主要是通过对被积函数进行拆解或者重新组合,使新得到的被积函数恰好满足基本积分公式.

例 4.1.6 求不定积分 $\int (x-2)(x-1) \, dx$.

解 因为
$$(x-2)(x-1) = x^2 - 3x + 2$$
所以
$$\int (x-2)(x-1) \, dx = \int x^2 \, dx - 3 \int x \, dx + 2 \int dx = \dfrac{1}{3} x^3 - \dfrac{3}{2} x^2 + 2x + C$$

例 4.1.7 求不定积分 $\int \dfrac{1+2x^2}{x^2(1+x^2)} \, dx$.

解 因为
$$\dfrac{1+2x^2}{x^2(1+x^2)} = \dfrac{1}{x^2} + \dfrac{1}{1+x^2}$$
所以
$$\int \dfrac{1+2x^2}{x^2(1+x^2)} \, dx = \int \dfrac{1}{x^2} \, dx + \int \dfrac{1}{1+x^2} \, dx = -\dfrac{1}{x} + \arctan x + C$$

例 4.1.8 求不定积分 $\int \dfrac{x+1}{\sqrt{x}} \, dx$.

解 由于
$$\dfrac{(x+1)}{\sqrt{x}} = x^{\frac{1}{2}} + x^{-\frac{1}{2}}$$
故
$$\int \dfrac{x+1}{\sqrt{x}} \, dx = \int x^{\frac{1}{2}} \, dx + \int x^{-\frac{1}{2}} \, dx = \dfrac{2}{3} x^{\frac{3}{2}} + 2 x^{\frac{1}{2}} + C$$

例 4.1.9 求不定积分 $\int \tan^2 x \, \mathrm{d}x$.

解 由于 $\tan^2 x = \sec^2 - 1$，故

$$\int \tan^2 x \, \mathrm{d}x = \int (\sec^2 x - 1) \, \mathrm{d}x = \int \sec^2 x \, \mathrm{d}x - \int \mathrm{d}x = \tan x - x + C$$

例 4.1.10 求不定积 $\int \dfrac{\mathrm{d}x}{\sin^2 x \cos^2 x}$.

解 因为

$$\frac{1}{\sin^2 x \cos^2 x} = \frac{\sin^2 x + \cos^2 x}{\sin^2 x \cos^2 x} = \frac{1}{\cos^2 x} + \frac{1}{\sin^2 x}$$

所以

$$\int \frac{\mathrm{d}x}{\sin^2 x \cos^2 x} = \int \frac{1}{\cos^2 x} \mathrm{d}x + \int \frac{1}{\sin^2 x} \mathrm{d}x = \tan x - \cot x + C$$

习 题 4.1

1. 求下列不定积分.

(1) $\int (2\sin x + 3\cos x) \, \mathrm{d}x$;

(2) $\int \dfrac{x-1}{x} \, \mathrm{d}x$;

(3) $\int \dfrac{1}{2+3x^2} \, \mathrm{d}x$;

(4) $\int \left(\dfrac{1+x}{x}\right)^2 \, \mathrm{d}x$;

(5) $\int \dfrac{2x^2 - 3x + 6}{x^2} \, \mathrm{d}x$;

(6) $\int \left(\dfrac{a}{s} + \dfrac{2a^2}{s^2} + \dfrac{3a^3}{s^3}\right) \, \mathrm{d}s$;

(7) $\int (1+\sqrt{t})(4-2\sqrt{t}) \, \mathrm{d}t$;

(8) $\int 3\mathrm{e}^{x+5} \, \mathrm{d}x$;

(9) $\int (2^x + 3^x)^2 \, \mathrm{d}x$;

(10) $\int \dfrac{2^{x+1} - 3^{x-1}}{6^x} \, \mathrm{d}x$;

(11) $\int \dfrac{\mathrm{e}^{3x} + 1}{\mathrm{e}^x + 1} \, \mathrm{d}x$;

(12) $\int \dfrac{\sqrt{1+x^2} + \sqrt{1-x^2}}{\sqrt{1-x^4}} \, \mathrm{d}x$;

(13) $\int \cot^2 x \, \mathrm{d}x$;

(14) $\int \sqrt{1-\sin 2t} \, \mathrm{d}t, t \in \left(0, \dfrac{\pi}{4}\right)$;

(15) $\int \dfrac{\mathrm{d}x}{1+\cos 2x}$.

2. 已知 $f'(x) = (3x-5)(1-x), f(1) = 3$，求 $f(x)$.

3. 已知 x^2 是 $f(x)$ 的原函数，求 $\int f(\mathrm{e}^x) \mathrm{d}x$.

4. 已知 $f'(\sin^2 x) = \cos^2 x$，求 $f(x)$.

4.2 换元积分法

能用直接积分法算出来的不定积分十分有限.本节将介绍换元法以求解更多类型的不定积分.换元积分法有两种形式:凑微分法和变量代换法,它们实质上基于同一原理即复合函数求导法的逆向使用.

4.2.1 凑微分法

凑微分法也称**第一换元法**,它常常用于被积函数是某种特定结构的复合函数的情况.如果被积函数 $f(x)$ 是形如

$$f(x) = [g(\varphi(x))]\varphi'(x)$$

的复合函数,那么

$$\int f(x)\mathrm{d}x = \int [g(\varphi(x))]\varphi'(x)\mathrm{d}x = \int g(\varphi(x))\mathrm{d}\varphi(x)$$

令 $u = \varphi(x)$,则有

$$\int f(x)\mathrm{d}x = \int g(u)\mathrm{d}u$$

若 $G'(u) = g(u)$,则

$$\int f(x)\mathrm{d}x = G(\varphi(x)) + C$$

这样就求出了 $\int f(x)\mathrm{d}x$.

定理 4.2.1 设 $F(u)$ 是 $f(u)$ 的原函数,$u = \varphi(x)$ 有连续的导函数,则有

$$\int f[\varphi(x)]\varphi'(x)\mathrm{d}x = \int f(u)\mathrm{d}u = F(u) + C = F(\varphi(x)) + C$$

使用凑微分法的难点在于如何从被积函数 $f(x)$ 中选择一部分出来作为 $\varphi(x)$,这种选择往往不是唯一的,这一方法需要通过大量的练习达到熟练掌握.

例 4.2.1 求不定积分 $\int \sin 2x \,\mathrm{d}x$.

解法 1
$$\int \sin 2x \,\mathrm{d}x = \frac{1}{2}\int \sin 2x \,(2x)'\mathrm{d}x$$

取 $u = 2x$,则有

$$\int \sin 2x \,\mathrm{d}x = \frac{1}{2}\int \sin u \,\mathrm{d}u = -\frac{1}{2}\cos u + C = -\frac{1}{2}\cos 2x + C$$

解法 2
$$\int \sin 2x \,\mathrm{d}x = 2\int \sin x \cos x \,\mathrm{d}x = 2\int \sin x \,(\sin x)'\mathrm{d}x$$

取 $u = \sin x$,则有

$$\int \sin 2x \,\mathrm{d}x = 2\int u \,\mathrm{d}u = u^2 + C = \sin^2 x + C$$

解法 3 $\int \sin 2x \, dx = 2\int \sin x \cos x \, dx = -2\int \cos x (\cos x)' dx$

取 $u = \cos x$，则有

$$\int \sin 2x \, dx = -2\int u \, du = -u^2 + C = -\cos^2 x + C$$

注 4.2.1 检验积分结果是否正确，只要把结果求导数. 如果导数等于被积函数，那么结果就一定正确. 容易检验出来，上述 $-\dfrac{1}{2}\cos 2x$，$\sin^2 x$，$-\cos^2 x$ 的导数都是 $\sin 2x$. 同时也说明了，不同的求不定积分的方法得出来的结果在形式上有可能不同.

例 4.2.2 求不定积分 $\displaystyle\int \dfrac{dx}{2x+1}$.

解 注意

$$\int \dfrac{1}{2x+1} dx = \int \dfrac{1}{2} \cdot \dfrac{1}{2x+1} d(2x+1)$$

取 $u = 2x+1$，得

$$\int \dfrac{1}{2x+1} dx = \dfrac{1}{2}\int \dfrac{1}{u} du = \dfrac{1}{2}\ln|u| + C = \dfrac{1}{2}\ln|2x+1| + C$$

有时需要首先对被积函数变形，才能看出来如何凑微分. 至于应该如何变形，有赖于熟记基本积分公式.

例 4.2.3 求不定积分 $\displaystyle\int \dfrac{dx}{a^2+x^2} (a>0)$.

解 因为

$$\dfrac{1}{a^2+x^2} = \dfrac{1}{a^2} \cdot \dfrac{1}{1+\left(\dfrac{x}{a}\right)^2}$$

取 $u = \dfrac{x}{a}$，得

$$\int \dfrac{dx}{a^2+x^2} = \dfrac{1}{a}\int \dfrac{1}{1+\left(\dfrac{x}{a}\right)^2} d\left(\dfrac{x}{a}\right) = \dfrac{1}{a}\int \dfrac{1}{1+u^2} du = \dfrac{1}{a}\arctan u + C = \dfrac{1}{a}\arctan \dfrac{x}{a} + C$$

例 4.2.4 求 $\displaystyle\int \tan x \, dx$.

解 $$\int \tan x \, dx = \int \dfrac{\sin x}{\cos x} dx = -\int \dfrac{d\cos x}{\cos x}$$

取 $u = \cos x$，得

$$\int \tan x \, dx = -\int \dfrac{du}{u} = -\ln|u| = -\ln|\cos x| + C$$

类似地可得到
$$\int \cot x \, dx = \ln|\sin x| + C$$

一旦熟悉凑微分法后，可以不再写出中间变量 u.

例 4.2.5 求不定积分 $\int \dfrac{x}{\sqrt{1-x^2}} dx$.

解
$$\int \frac{x}{\sqrt{1-x^2}} dx = -\frac{1}{2} \int \frac{d(1-x^2)}{\sqrt{1-x^2}} = \sqrt{1-x^2} + C$$

例 4.2.6 求不定积分 $\int \dfrac{dx}{e^x + e^{-x}}$.

解 因为
$$\frac{1}{e^x + e^{-x}} = \frac{e^x}{e^x(e^x + e^{-x})}$$

所以
$$\int \frac{dx}{e^x + e^{-x}} = \int \frac{e^x \, dx}{e^x(e^x + e^{-x})} = \int \frac{de^x}{1 + (e^x)^2} = \arctan e^x + C$$

例 4.2.7 求不定积分 $\int \dfrac{dx}{x^2 - 2x + 2}$.

解 因为
$$\frac{1}{x^2 - 2x + 2} = \frac{1}{(x-1)^2 + 1}$$

所以
$$\int \frac{dx}{x^2 - 2x + 2} = \int \frac{d(x-1)}{(x-1)^2 + 1} = \arctan(x-1) + C$$

注 4.2.2 将分母是 $\dfrac{1}{ax^2 + bx + c}$ 形式的被积函数变形成平方和的形式是常用的方法之一.

在求解不定积分时，应首先观察被积函数是否可以通过适当拆解变成几个更简单函数的代数和，再对这几个函数分别求不定积分.

例 4.2.8 求不定积分 $\int \dfrac{dx}{x^2 - a^2}$ ($a \neq 0$).

解 因为
$$\frac{1}{x^2 - a^2} = \frac{1}{2a} \cdot \left(\frac{1}{x-a} - \frac{1}{x+a} \right)$$

所以
$$\int \frac{dx}{x^2 - a^2} = \frac{1}{2a} \left(\int \frac{1}{x-a} dx - \int \frac{1}{x+a} dx \right) = \frac{1}{2a} \left[\int \frac{d(x-a)}{x-a} - \int \frac{d(x+a)}{x+a} \right]$$
$$= \frac{1}{2a} (\ln|x-a| - \ln|x+a|) + C = \frac{1}{2a} \ln \left| \frac{x-a}{x+a} \right| + C$$

例 4.2.9 求不定积分 $\int \dfrac{x^4+x}{x^2+1}\mathrm{d}x$.

解 当分子次数高于分母次数时,利用多项式的除法对其进行降次,有

$$\frac{x^4+x}{x^2+1}=x^2-1+\frac{x}{x^2+1}+\frac{1}{x^2+1}$$

故

$$\int \frac{x^4+x}{x^2+1}\mathrm{d}x=\int x^2\mathrm{d}x-\int \mathrm{d}x+\frac{1}{2}\int \frac{\mathrm{d}(x^2+1)}{x^2+1}+\int \frac{1}{x^2+1}\mathrm{d}x$$
$$=\frac{1}{3}x^3-x+\frac{1}{2}\ln(x^2+1)+\arctan x+C$$

被积函数为三角函数的不定积分求解时对被积函数往往有许多变形方式.

例 4.2.10 求不定积分 $\int \sec x\,\mathrm{d}x$.

解 因为

$$\sec x=\frac{1}{\cos x}=\frac{\cos x}{\cos^2 x}=\frac{\cos x}{1-\sin^2 x}$$

所以

$$\int \sec x\,\mathrm{d}x=\int \frac{\mathrm{d}\sin x}{1-\sin^2 x}=\frac{1}{2}\ln\left|\frac{1+\sin x}{1-\sin x}\right|+C$$
$$=\frac{1}{2}\ln\left|\frac{(1+\sin x)^2}{1-\sin^2 x}\right|+C=\frac{1}{2}\ln\left|\frac{(1+\sin x)^2}{\cos^2 x}\right|+C$$
$$=\ln|\sec x+\tan x|+C$$

类似地,可得到 $\int \csc x\,\mathrm{d}x=\ln|\csc x-\cot x|+C$

例 4.2.11 求不定积分 $\int \sin^3 x\,\mathrm{d}x$.

解 因为

$$\sin^3 x=(1-\cos^2 x)\sin x$$

所以

$$\int \sin^3 x\,\mathrm{d}x=-\int (1-\cos^2 x)\mathrm{d}\cos x=-\cos x+\frac{1}{3}\cos^3 x+C$$

例 4.2.12 求 $\int \dfrac{1+\cos x}{x+\sin x}\mathrm{d}x$.

解 因为

$$(x+\sin x)'=1+\cos x$$

所以

$$\int \frac{1+\cos x}{x+\sin x}\mathrm{d}x=\int \frac{\mathrm{d}(x+\sin x)}{x+\sin x}=\ln|x+\sin x|+C$$

凑微分法颇有技巧又灵活多变,我们将一些常用的凑微分公式总结如下.

(1) $\int f(ax+b)\mathrm{d}x = \dfrac{1}{a}\int f(ax+b)\mathrm{d}(ax+b)$;

(2) $\int f(x^a)x^{a-1}\mathrm{d}x = \dfrac{1}{a}\int f(x^a)\mathrm{d}x^a$;

(3) $\int f(\ln x)\dfrac{1}{x}\mathrm{d}x = \int f(\ln x)\mathrm{d}\ln x$;

(4) $\int f(\mathrm{e}^x)\mathrm{e}^x\mathrm{d}x = \int f(\mathrm{e}^x)\mathrm{d}\mathrm{e}^x$;

(5) $\int f(a^x)a^x\mathrm{d}x = \dfrac{1}{\ln a}\int f(a^x)\mathrm{d}a^x$;

(6) $\int f(\sin x)\cos x\mathrm{d}x = \int f(\sin x)\mathrm{d}\sin x$;

(7) $\int f(\tan x)\sec^2 x\mathrm{d}x = \int f(\tan x)\mathrm{d}\tan x$.

4.2.2　变量代换法

现介绍另一种换元积分方法——变量代换法,也称为**第二换元法**.需要换元的原因往往是 $\int f(x)\mathrm{d}x$ 难以求出,便令 $x=\varphi(t)$,得到新的不定积分 $\int f(\varphi(t))\varphi'(t)\mathrm{d}t$ 再来求解.可以看出这一方法使原来的积分变量从 x 变成了 t,因此被称为变量代换法.在使用这一方法时,我们遵循如下换元公式.

定理 4.2.2　令 $x=\varphi(t)$,且 $\varphi(t)$ 是严格单调可导函数,并有 $\varphi'(t)\neq 0$.若 $f(\varphi(t))\varphi'(t)$ 的原函数是 $F(t)$,则有**换元公式**

$$\int f(x)\mathrm{d}x = \int f[\varphi(t)]\varphi'(t)\mathrm{d}t = F(t)+C = F(\varphi^{-1}(x))+C$$

其中 $\varphi^{-1}(x)$ 记为 $\varphi(t)$ 的反函数.

证　设 $f[\varphi(t)]\varphi'(t)$ 的原函数为 $F(t)$,则只需证明 $(F(\varphi^{-1}(x)))' = f(x)$.根据复合函数及反函数的求导法则,有

$$\dfrac{\mathrm{d}F[\varphi^{-1}(x)]}{\mathrm{d}x} = \dfrac{\mathrm{d}F}{\mathrm{d}t}\cdot\dfrac{\mathrm{d}t}{\mathrm{d}x} = f[\varphi(t)]\varphi'(t)\dfrac{1}{\varphi'(t)} = f[\varphi(t)] = f(x)$$

所以换元公式成立.

注 4.2.3　从公式中我们可以看出,用变量代换法最后要把积分变量 t 还原回变量 x.这就是要求 $\varphi(t)$ 严格单调的原因,因为只有这样才能保证存在有唯一的反函数 $t=\varphi^{-1}(x)$.

一般来说,使用变量代换法最多的情形是被积函数中含有根式,其目的是通过变量代换去根号.首先看含有二次函数的根式是如何进行变量代换的:若被积函数

中含有 $\sqrt{x^2-a^2}$、$\sqrt{x^2+a^2}$、$\sqrt{a^2-x^2}$ 可以分别考虑做三角代换 $x=a\sec t$、$x=a\tan t$ 和 $x=a\sin t$.

例 4.2.13 求 $\int \sqrt{a^2-x^2}\,\mathrm{d}x$ $(a>0)$.

解 设 $x=a\sin t$，$-\dfrac{\pi}{2}<t<\dfrac{\pi}{2}$，则 $\mathrm{d}x=a\cos t\,\mathrm{d}t$.

$$\int \sqrt{a^2-x^2}\,\mathrm{d}x = \int a\cos t\cdot a\cos t\,\mathrm{d}t = a^2\int \cos^2 t\,\mathrm{d}t = \frac{a^2}{2}\int(1+\cos 2t)\,\mathrm{d}t$$

$$=\frac{a^2}{2}\left(t+\frac{1}{2}\sin 2t\right)+C = \frac{a^2}{2}t+\frac{a^2}{2}\sin t\cos t+C$$

由于 $x=a\sin t$，$-\dfrac{\pi}{2}<t<\dfrac{\pi}{2}$，所以

$$t=\arcsin\frac{x}{a},\quad \cos t=\sqrt{1-\sin^2 t}=\sqrt{1-\left(\frac{x}{a}\right)^2}=\frac{\sqrt{a^2-x^2}}{a}$$

故

$$\int \sqrt{a^2-x^2}\,\mathrm{d}x = \frac{a^2}{2}\arcsin\frac{x}{a}+\frac{1}{2}x\sqrt{a^2-x^2}+C$$

例 4.2.14 求不定积分 $\int \dfrac{\mathrm{d}x}{\sqrt{x^2-a^2}}$ $(a>0)$.

解 令 $x=a\sec t$，则 $\mathrm{d}x=a\tan t\sec t\,\mathrm{d}t$，故

$$\int \frac{\mathrm{d}x}{\sqrt{x^2-a^2}} = \int \sec t\,\mathrm{d}t = \ln|\sec t+\tan t|+C_1$$

将原变量代回，将

$$\sec t=\frac{x}{a},\quad \tan t=\sqrt{\sec^2 t-1}=\frac{\sqrt{x^2-a^2}}{a}$$

代入上式得到

$$\int \frac{\mathrm{d}x}{\sqrt{x^2-a^2}} = \ln|x+\sqrt{x^2-a^2}|+C \quad (C_1-\ln a=C)$$

类似地，可得到

$$\int \frac{\mathrm{d}x}{\sqrt{x^2+a^2}} = \ln|x+\sqrt{x^2+a^2}|+C$$

注 4.2.4 在定理 4.2.2 中我们要求做变量代换的函数 $\varphi(t)$ 一定要是严格单调的，显然，$\sec t$ 在其定义域上并不是严格单调函数. 实际上，做这一变量代换时要求 $t\in[0,\pi]$. 但这并不需要在解题过程中写出来.

例 4.2.15 求不定积分 $\int \dfrac{2x-1}{\sqrt{1-x^2}}\,\mathrm{d}x$.

解 令 $x=\sin t$,则 $\mathrm{d}x=\cos t\,\mathrm{d}t$,故

$$\int\frac{2x-1}{\sqrt{1-x^2}}\mathrm{d}x=\int\frac{2\sin t-1}{\cos t}\cos t\,\mathrm{d}t=2\int\sin t\,\mathrm{d}t-\int\mathrm{d}t=-2\cos t-t+C$$

因为

$$\cos t=\sqrt{1-\sin^2 t}=\sqrt{1-x^2}$$

所以

$$\int\frac{2x-1}{\sqrt{1-x^2}}\mathrm{d}x=-2\sqrt{1-x^2}-\arcsin x+C$$

当被积函数中是一次函数的根式时,如 $\sqrt[n]{ax+b}$ 或 $\sqrt[n]{\dfrac{ax+b}{cx+d}}$,通常可以直接令根式等于 t 来达到消除根式的目的.

例 4.2.16 求不定积分 $\displaystyle\int\frac{\mathrm{d}x}{1+\sqrt[3]{x+1}}$.

解 令 $t=\sqrt[3]{x+1}$,则 $\mathrm{d}x=3t^2\,\mathrm{d}t$,故

$$\int\frac{\mathrm{d}x}{1+\sqrt[3]{x+1}}=\int\frac{3t^2}{1+t}\mathrm{d}t=\int(3t-3+\frac{3}{1+t})\mathrm{d}t=\frac{3}{2}t^2-3t+3\ln|1+t|+C$$

$$=\frac{3}{2}\sqrt[3]{(1+x)^2}-3\sqrt[3]{x+1}+3\ln|1+\sqrt[3]{1+x}|+C$$

对于同一个问题,有时既可用凑微分法又可用变量代换法.

例 4.2.17 求不定积分 $\displaystyle\int\frac{\mathrm{d}x}{\sqrt{a^2-x^2}}$ $(a>0)$.

解 用凑微分法:

$$\int\frac{\mathrm{d}x}{\sqrt{a^2-x^2}}=\int\frac{1}{\sqrt{1-\left(\frac{x}{a}\right)^2}}\mathrm{d}\left(\frac{x}{a}\right)=\arcsin\frac{x}{a}+C$$

用变量代换法:令 $x=a\sin t$,则有 $\mathrm{d}x=a\cos t\,\mathrm{d}t$,故

$$\int\frac{\mathrm{d}x}{\sqrt{a^2-x^2}}=\int\mathrm{d}t=t+C=\arcsin\frac{x}{a}+C$$

当然,变量代换法绝不仅仅局限在被积函数带有根号的类型中使用,只要觉得通过变量代换能化简被积函数方便求解的不定积分都能使用该方法.

例 4.2.18 求不定积分 $\displaystyle\int x(2x-1)^{100}\mathrm{d}x$.

解 令 $2x-1=t$,则有 $\mathrm{d}x=\dfrac{1}{2}\mathrm{d}t$,故

$$\int x(2x-1)^{100}\mathrm{d}x=\frac{1}{4}\int(t+1)t^{100}\mathrm{d}t=\frac{1}{4}\left(\frac{t^{102}}{102}+\frac{t^{101}}{101}\right)+C$$

$$= \frac{(2x-1)^{101}}{4}\left(\frac{2x-1}{102} + \frac{1}{101}\right) + C$$

在以上例题中,有几个积分是以后经常遇到的,所以它们通常也被当成公式使用,列举如下:

(14) $\int \tan x \, \mathrm{d}x = -\ln|\cos x| + C$;

(15) $\int \cot x \, \mathrm{d}x = \ln|\sin x| + C$;

(16) $\int \sec x \, \mathrm{d}x = \ln|\sec x + \tan x| + C$;

(17) $\int \csc x \, \mathrm{d}x = \ln|\csc x - \cot x| + C$;

(18) $\int \dfrac{\mathrm{d}x}{x^2 + a^2} = \dfrac{1}{a}\arctan\dfrac{x}{a} + C$;

(19) $\int \dfrac{\mathrm{d}x}{x^2 - a^2} = \dfrac{1}{2a}\ln\left|\dfrac{x-a}{x+a}\right| + C$;

(20) $\int \sqrt{a^2 - x^2}\, \mathrm{d}x = \dfrac{a^2}{2}\arcsin\dfrac{x}{a} + \dfrac{1}{2}x\sqrt{a^2 - x^2} + C$;

(21) $\int \dfrac{\mathrm{d}x}{\sqrt{a^2 - x^2}} = \arcsin\dfrac{x}{a} + C$;

(22) $\int \dfrac{\mathrm{d}x}{\sqrt{x^2 \pm a^2}} = \ln\left|x + \sqrt{x^2 \pm a^2}\right| + C$.

习 题 4.2

1. 求下列不定积分.

(1) $\int \dfrac{\mathrm{e}^{3x} + 1}{\mathrm{e}^x + 1} \mathrm{d}x$;

(2) $\int (2x-3)^{10} \, \mathrm{d}x$;

(3) $\int (\sin 5x - \sin 5a) \, \mathrm{d}x$;

(4) $\int \sin(ax + b) \, \mathrm{d}x$;

(5) $\int \tan^4 t \, \sec^2 t \, \mathrm{d}t$;

(6) $\int \dfrac{\sin\sqrt{x}}{\sqrt{x}} \mathrm{d}x$;

(7) $\int \dfrac{2x + 4}{x^2 + 4x + 6} \mathrm{d}x$;

(8) $\int \dfrac{\mathrm{d}x}{x^4 \sqrt{1 + x^2}}$;

(9) $\int \cos^2 4x \, \mathrm{d}x$;

(10) $\int \dfrac{\sqrt{x^2 - 4}}{x} \mathrm{d}x$;

(11) $\int (x-1)(x+2)^{19} dx$;

(12) $\int \dfrac{x^9}{\sqrt{2-x^{20}}} dx$;

(13) $\int \dfrac{x}{x^8-1} dx$;

(14) $\int \dfrac{\ln\tan x}{\cos x \sin x} dx$;

(15) $\int \dfrac{\arctan\sqrt{x}}{\sqrt{x}(1+x)} dx$;

(16) $\int \sin 5x \sin 7x \, dx$;

(17) $\int \dfrac{dx}{\sqrt{(x^2+1)^3}}$;

(18) $\int \dfrac{1}{\sqrt{e^x+1}} dx$;

(19) $\int \dfrac{\sqrt{x-1}}{x} dx$;

(20) $\int \dfrac{1}{x}\sqrt{\dfrac{1+x}{x}} dx$;

(21) $\int \dfrac{\ln(1+x)-\ln x}{x(1+x)} dx$;

(22) $\int \sqrt{\dfrac{a+x}{a-x}} dx \ (a>0)$;

(23) $\int \dfrac{dx}{\sqrt{x(1+x)}}$;

(24) $\int \dfrac{dx}{\sqrt{(a^2-x^2)^3}}$;

(25) $\int \dfrac{dx}{x^4\sqrt{1+x^2}}$;

(26) $\int \dfrac{\sqrt{x^2-4}}{x} dx$;

(27) $\int \dfrac{2x-1}{\sqrt{1-x^2}} dx$;

(28) $\int \dfrac{dx}{\sqrt{x}+\sqrt[4]{x}}$;

(29) $\int \dfrac{dx}{1+\sqrt[3]{x+1}}$;

(30) $\int \dfrac{dx}{x+\sqrt{1-x^2}}$;

(31) $\int \dfrac{x^7}{(1+x^4)^2} dx$;

(32) $\int \dfrac{x^5+x^4-8}{x^3-x} dx$;

(33) $\int \dfrac{3}{x^3+1} dx$.

2. 设 $\int f(x) dx = \sin x + C$,计算 $\int \dfrac{f(\arcsin x)}{\sqrt{1-x^2}} dx$.

4.3 分部积分法

若不定积分 $\int f(x)dx$ 的被积函数具有特殊的乘积结构,即 $f(x)=u(x)v'(x)$,那么可以通过下面的方法来求不定积分 $\int u(x)v'(x)dx$.

任意两个可导函数 $u(x)$ 与 $v(x)$,它们乘积的导数为
$$(u(x)v(x))' = u(x)v'(x) + v(x)u'(4x)$$

等式两端同时求不定积分,根据不定积分的性质可以得到
$$u(x)v(x) = \int u(x)v'(x)\mathrm{d}x + \int v(x)u'(x)\mathrm{d}x$$
移项得
$$\int u(x)v'(x)\mathrm{d}x = u(x)v(x) - \int v(x)u'(x)\mathrm{d}x$$

这就是**分部积分公式**,它将求 $\int u(x)v'(x)\mathrm{d}x$ 的问题变成了求 $\int v(x)u'(x)\mathrm{d}x$ 的问题.这两者的结构虽然非常相似,但是求解前者和后者的难度可能大有不同,甚至有可能前者无法求出,只有转化为后者之后才能找到求解方法.

例 4.3.1 求不定积分 $\int x^2 \ln x \,\mathrm{d}x$.

解 令 $u(x) = \ln x$,$v'(x) = x^2$,则 $v(x) = \dfrac{1}{3}x^3$.代入分部积分公式中,有
$$\int x^2 \ln x \,\mathrm{d}x = \frac{1}{3}x^3 \ln x - \frac{1}{3}\int x^3 \cdot \frac{1}{x}\mathrm{d}x = \frac{1}{3}x^3 \ln x - \frac{x^3}{9} + C$$

从这个例题就可以看出来,不论是直接积分法还是换元积分法,对于原本要求的不定积分都是不可行的,但是当求解 $\int x^2 \ln x \,\mathrm{d}x$ 的问题变成了求解 $\dfrac{1}{3}\int x^3 \cdot \dfrac{1}{x}\mathrm{d}x$ 的问题之后,就如此容易了.

例 4.3.2 求不定积分 $\int x \cos \dfrac{x}{2}\mathrm{d}x$.

解 令 $u(x) = x$,$v'(x) = \cos \dfrac{x}{2}$,则 $v(x) = 2\sin \dfrac{x}{2}$,故
$$\int x \cos \frac{x}{2}\mathrm{d}x = 2x\sin \frac{x}{2} - 2\int \sin \frac{x}{2}\mathrm{d}x = 2x\sin \frac{x}{2} + 4\cos \frac{x}{2} + C$$

例 4.3.3 求不定积分 $\int x^2 \arctan x \,\mathrm{d}x$.

解 令 $u(x) = \arctan x$,$v'(x) = x^2$,则 $v(x) = \dfrac{1}{3}x^3$,故
$$\begin{aligned}
\int x^2 \arctan x \,\mathrm{d}x &= \frac{1}{3}x^3 \arctan x - \frac{1}{3}\int \frac{x^3}{1+x^2}\mathrm{d}x \\
&= \frac{1}{3}x^3 \arctan x - \frac{1}{3}\int x \,\mathrm{d}x + \frac{1}{6}\int \frac{\mathrm{d}(1+x^2)}{1+x^2} \\
&= \frac{1}{3}x^3 \arctan x - \frac{1}{6}x^2 + \frac{1}{6}\ln(1+x^2) + C
\end{aligned}$$

在上面的三个例题中,被积函数都被分成了 $u(x)$ 和 $v'(x)$ 两个部分的乘积,那么这两者的选择是不是任意的呢?答案是否定的!例如,在例 4.3.3 中,如果我

们选取 $u(x)=x^2$，而 $v'(x)=\arctan x$，那么情况就会变得复杂得多.当熟悉了分部积分法之后,我们就可以不再写出选取 $u(x)$ 及 $v'(x)$ 的步骤.

另外,分部积分法有自己特定的使用范围,一些被积函数的经典配对都是只能用分部积分法求解的,比如 $x\sin x, x\ln x, xe^x, x\arctan x, e^x \sin x$ 等.

有时一个不定积分也许需要使用若干次分部积分法才能求解出来.

例 4.3.4 求不定积分 $\int e^{-x}\cos x\,dx$.

解 两次使用分部积分公式,得到

$$\int e^{-x}\cos x\,dx = e^{-x}\sin x + \int e^{-x}\sin x\,dx = e^{-x}\sin x - e^{-x}\cos x - \int e^{-x}\cos x\,dx$$

此时等式两边都有 $\int e^{-x}\cos x\,dx$，移项求解得到

$$\int e^{-x}\cos x\,dx = \frac{e^{-x}\sin x - e^{-x}\cos x}{2} + C$$

有时被积函数 $f(x)$ 并不能分为两个函数的乘积,但若仍需要用分部积分法求解时,就将被积函数看成是 $1\cdot f(x)$ 的乘积形式.

例 4.3.5 求不定积分 $\int \ln^2 x\,dx$.

解 将被积函数看成 $1\cdot\ln^2 x$. 设 $u(x)=\ln^2 x$，而 $v'(x)=1$，则有 $v(x)=x$，故

$$\int \ln^2 x\,dx = x\ln^2 x - 2\int \ln x\,dx = x\ln^2 x - 2(x\ln x - \int dx)$$
$$= x\ln^2 x - 2x\ln x + 2x + C$$

习 题 4.3

1. 求下列不定积分.

(1) $\int x e^{-2x}\,dx$；

(2) $\int x^2 \ln x\,dx$；

(3) $\int x\cos\frac{x}{2}\,dx$；

(4) $\int x^2 \arctan x\,dx$；

(5) $\int \ln^2 x\,dx$；

(6) $\int \arcsin x\,dx$；

(7) $\int \ln(1+x^2)\,dx$；

(8) $\int e^{-x}\cos x\,dx$；

(9) $\int \frac{\ln^3 x}{x^2}\,dx$；

(10) $\int \cos\ln x\,dx$；

(11) $\int (x^2-1)\sin 2x\,dx$；

(12) $\int \left(1-\frac{2}{x}\right)^2 e^x\,dx$；

(13) $\int e^{ax}\cos bx\,dx$；

(14) $\int \arctan\sqrt{x}\,dx$；

(15) $\int \dfrac{x^2}{1+x^2}\arctan x\,dx$; (16) $\int \dfrac{x^2}{\sqrt{2-x}}\,dx$;

(17) $\int \left(\dfrac{\ln x}{x}\right)^2 dx$; (18) $\int \sqrt{x}\,\ln^2 x\,dx$;

(19) $\int x\,e^{-x}\,dx$; (20) $\int x^2 \sin 2x\,dx$;

(21) $\int x\ln\dfrac{1+x}{1-x}\,dx$; (22) $\int \sin x\cdot \ln(\tan x)\,dx$;

(23) $\int \tan^5 x\,dx$; (24) $\int \dfrac{\sin^2 x}{1+\sin^2 x}\,dx$.

2. 已知 $f(x)$ 的一个原函数为 $(1+\sin x)\ln x$,求 $\int x f'(x)\,dx$.

第 5 章 定积分及其应用

定积分起源于人们求曲线围成的面积与曲面围成的体积等许多实际问题.古希腊人用穷尽法求出了一些简单的图形面积和立体体积,但这个方法缺乏一般性.到了 17 世纪,开普勒将圆的面积看成是无穷多个三角形的面积的和,每个三角形的顶点在圆心,底在圆周上,于是由正内接多边形的面积公式,周长乘以半径除 2 得到圆的面积.这个思想很重要,它的精华在于用无数个无穷小元素之和来确定曲边形的面积.经过大量知识的积累后,牛顿和莱布尼茨分别提出了定积分的概念,并找到了面积、体积等问题求解方法的内在联系,即把面积等作为和来处理的问题归并到逆微分,给出了计算定积分的一般方法,使定积分不仅解决了当时求解面积、体积等问题,而且成为了日后解决有关实际问题的有力工具.

5.1 定积分的概念与性质

本节先通过两个典型的实际问题引出定积分的概念,然后介绍了定积分的几何意义和基本性质.

5.1.1 定积分问题举例

1. 曲边梯形的面积

问题 设 $y=f(x)$ 在区间 $[a,b]$ 上非负、连续.在直角坐标系中,由直线 $x=a$、$x=b$、x 轴及曲线 $y=f(x)$ 所围成的图形(图 5.1.1) 叫做**曲边梯形**,求它的面积 S.

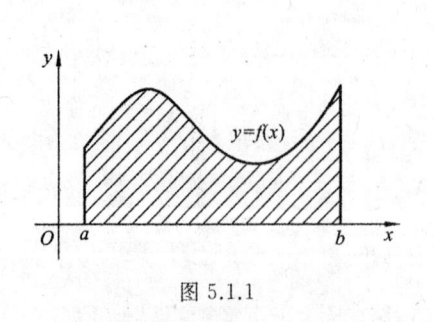

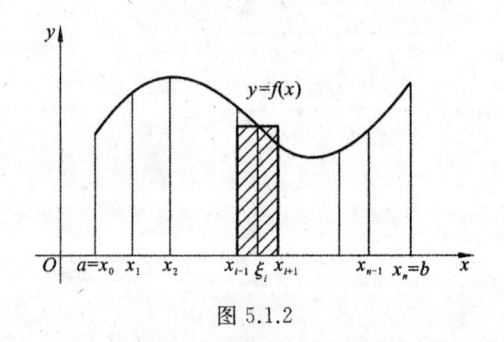

图 5.1.1

图 5.1.2

如果曲边梯形的顶边 $y=f(x)$ 是水平直线,则可以依据矩形的面积公式来计

算 S. 对于曲边梯形而言,我们没有计算其面积的公式,采用下面的方法求它的面积. 我们把曲边梯形分割成若干个细长的小曲边梯形(图 5.1.2),对于每一个小曲边梯形,用一个适当的同底小矩形来近似代替它,则所有小矩形的面积的和就是 S 的一个近似值. 显然,分割得越细,近似的程度就越高,让分割无限加细,使得每个小曲边梯形的宽度均趋于零,则近似值的极限可定义为曲边梯形的面积. 将上面计算曲边梯形面积的方法详述如下.

(1) **分割** 将区间 $[a,b]$ 任意分成 n 个小区间,设分点为
$$a=x_0<x_1<x_2<\cdots<x_{n-1}<x_n=b$$
每个小区间的长度为 $\Delta x_i=x_i-x_{i-1}$ $(i=1,2,\cdots,n)$. 过每个分点作平行于 y 轴的直线,便把曲边梯形分成了 n 个小曲边梯形,并记它们的面积分别为 $\Delta S_1,\Delta S_2,\Delta S_3,\cdots,\Delta S_n$.

(2) **近似** 在每个小区间 $[x_{i-1},x_i]$ $(i=1,2,3,\cdots,n)$ 上任取一点 ξ_i ($x_{i-1}\leqslant \xi_i\leqslant x_i$),以宽为 Δx_i,高为 $f(\xi_i)$ 的小矩形的面积来近似代替这个小曲边梯形的面积,即
$$\Delta S_i\approx f(\xi_i)\Delta x_i \quad (i=1,2,3,\cdots,n)$$

(3) **求和** 把 n 个小矩形的面积相加,即可求得整个曲边梯形的面积 S 的近似值.
$$S=\sum_{i=1}^n \Delta S_i\approx \sum_{i=1}^n f(\xi_i)\Delta x_i$$

(4) **取极限** 当所有小区间的长度趋于零,即当它们的最大值 $\lambda=\max\{\Delta x_1,\Delta x_2,\cdots,\Delta x_n\}$ 趋于零时,近似值的极限便是曲边梯形面积的精确值,即
$$S=\lim_{\lambda\to 0}\sum_{i=1}^n f(\xi_i)\Delta x_i$$

2. 变速直线运动的路程

问题 物体做直线运动,其速度 $v(t)$ 是 t 的一个连续函数,求物体在时间段 $[a,b]$ 内所经过的路程 s.

如果 v 是一个常数,则由匀速运动的路程公式,$s=v(b-a)$. 如果 $v(t)$ 不是常数,考虑到其连续性,在很短一段时间内,其速度变化也很小,可近似看成匀速的情形,分割时间区间为许多很小的时段,将每个小时段上的运动看成匀速运动,则可计算该时段的路程的近似值,再求和便是整个路程 s 的近似值. 然后,令时间间隔无限变小,近似值的极限便是整个路程 s. 具体步骤如下.

(1) **分割** 把时间区间 $[a,b]$ 任意分割成 n 个小区间,设分点为
$$a=t_0<t_1<t_2<\cdots<t_{n-1}<t_n=b$$
每个小区间的长度为 $\Delta t_i=t_i-t_{i-1}$ $(i=1,2,3,\cdots,n)$,并设物体在第 i 个时间段 $[t_{i-1},t_i]$ 内所走的路程为 ΔS_i $(i=1,2,3,\cdots,n)$.

(2) 近似 在每个小时段 $[t_{i-1}, t_i]$ $(i=1,2,3,\cdots,n)$ 上任取一个时刻 τ_i $(t_{i-1} \leqslant \tau_i \leqslant t_i)$，以物体在时刻 τ_i 的速度 $v(\tau_i)$ 近似代替变化的速度 $v(t)$，得到物体在这段时间里所走过的路程 Δs_i 的一个近似值：

$$\Delta s_i \approx v(\tau_i)\Delta t_i \quad (i=1,2,3,\cdots,n)$$

(3) 求和 把这些近似值加起来，就得到 s 的一个近似值。

$$s = \sum_{i=1}^{n} \Delta s_i \approx \sum_{i=1}^{n} v(\tau_i)\Delta t_i$$

(4) 取极限 当所有小区间的长度趋于零，即当它们的最大值 $\lambda = \max\{\Delta t_1, \Delta t_2, \cdots, \Delta t_n\}$ 趋于零时，近似值的极限便是路程 s 的精确值

$$s = \lim_{\lambda \to 0} \sum_{i=1}^{n} v(\tau_i)\Delta t_i$$

5.1.2 定积分的定义

1. 定积分的概念

上面所讲的两个例子，一个是几何问题，一个是物理问题。尽管它们的背景和属性完全不同，但通过"分割、近似、求和、取极限"，都可转化为形如和式 $\sum_{i=1}^{n} f(\xi_i)\Delta x_i$ 的极限。还有许多重要的实际问题也归结为求这种结构相同的和式的极限。为此，引入下述定积分概念。

定义 5.1.1 设函数 $y=f(x)$ 在 $[a,b]$ 上有界，将区间 $[a,b]$ 任意地分成 n 个小区间，分点依次为

$$a = x_0 < x_1 < x_2 < \cdots x_{n-1} < x_n = b$$

在每个小区间 $[x_{i-1}, x_i]$ $(i=1,2,3,\cdots,n)$ 上任意取一点 ξ_i，小区间的长度记为 $\Delta x_i = x_i - x_{i-1}$，作乘积 $f(\xi_i)\Delta x_i$，并作和式

$$I_n = f(\xi_1)\Delta x_1 + f(\xi_2)\Delta x_2 + \cdots + f(\xi_n)\Delta x_n = \sum_{i=1}^{n} f(\xi_i)\Delta x_i$$

记 $\lambda = \max\{\Delta x_1, \Delta x_2, \cdots, \Delta x_n\}$，如果不论对区间 $[a,b]$ 进行怎样的分法，也不论在小区间 $[x_{i-1}, x_i]$ 上的点 ξ_i 怎样取法，只要当 $\lambda \to 0$ 时，I_n 趋向于常数 I，则称 $f(x)$ 在 $[a,b]$ 上**可积**，称 I 为函数 $f(x)$ 在区间 $[a,b]$ 上的**定积分**，记为

$$\int_a^b f(x)\mathrm{d}x = \lim_{\lambda \to 0} \sum_{i=1}^{n} f(\xi_i)\Delta x_i$$

其中，$f(x)$ 叫做被积函数，$f(x)\mathrm{d}x$ 叫做被积表达式，x 叫做积分变量，a 叫做积分下限，b 叫做积分上限，$[a,b]$ 叫做积分区间。

在定积分的定义中，自然有下限 a 小于上限 b，为了以后计算及应用方便起见，我们作以下补充规定。

当 $a > b$ 时 $\qquad \int_a^b f(x)\mathrm{d}x = -\int_b^a f(x)\mathrm{d}x \qquad (5.1.1)$

当 $a = b$ 时 $\qquad \int_a^a f(x)\mathrm{d}x = 0 \qquad (5.1.2)$

根据定积分定义,定积分的大小与积分变量采用的符号是无关的,例如,我们可把 $\int_a^b f(x)\mathrm{d}x$ 写成 $\int_a^b f(t)\mathrm{d}t$.

利用定积分的定义,前面所讨论的两个实际问题可以表述如下:

(1) 曲线 $y = f(x)$ ($f(x) \geqslant 0$)、直线 $x=a$、$x=b$、x 轴所围成的曲边边梯的面积 S 等于函数 $f(x)$ 在区间 $[a,b]$ 上的定积分,即

$$S = \int_a^b f(x)\mathrm{d}x$$

(2) 物体以变速 $u = v(t)$ ($v(t) \geqslant 0$) 做直线运动,从时刻 $t=a$ 到时刻 $t=b$,物体经过的路程 s 是速度函数 $v(t)$ 在区间 $[a,b]$ 上的定积分,即

$$s = \int_a^b v(t)\mathrm{d}t$$

2. 定积分的几何意义

由曲边梯形的面积讨论与定积分的定义可知,定积分 $\int_a^b f(x)\mathrm{d}x$ 等于曲线 $y=f(x)$、直线 $x=a$、$x=b$、$y=0$ 所围成的几个曲边梯形面积的代数和.例如,设以下几个曲边梯形的面积为 S_1、S_2、S_3(图 5.1.3),则有

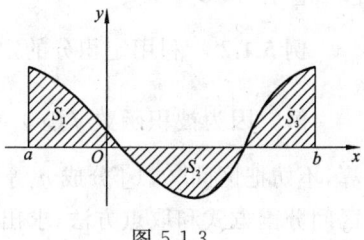

图 5.1.3

$$\int_a^b f(x)\mathrm{d}x = S_1 - S_2 + S_3 \qquad (5.1.3)$$

特别地,在区间 $[a,b]$ 上 $f(x) = 1$,便有

$$\int_a^b f(x)\mathrm{d}x = b - a \qquad (5.1.4)$$

3. 函数的可积性

定积分作为一个特殊的和式的极限,什么样的函数的和式的极限存在呢?也就是被积函数具备什么样的条件才可积.先看一个例子.

例 5.1.1 讨论 Dirichlet 函数

$$D(x) = \begin{cases} 1, & x \text{ 为有理数} \\ 0, & x \text{ 为无理数} \end{cases}$$

在区间 $[0,1]$ 上的可积性.

解 对 $[0,1]$ 作分割 $0 = x_0 < x_1 < \cdots < x_{n-1} < x_n = 1$.记

$$\Delta x_i = x_i - x_{i-1}, \quad x_{i-1} \leqslant \xi_i \leqslant x_i, \quad i=1,2,\cdots,n$$

于是,若将 ξ_i ($i=1,2,3,\cdots,n$) 全部取有理数时,则有

$$\lim_{\lambda \to 0} \sum_{i=1}^n D(\xi_i) \Delta x_i = \lim_{\lambda \to 0} \sum_{i=1}^n 1 \cdot \Delta x_i = 1$$

若将 ξ_i ($i=1,2,3,\cdots,n$) 全部取无理数时,则有

$$\lim_{\lambda \to 0} \sum_{i=1}^n D(\xi_i) \Delta x_i = \lim_{\lambda \to 0} \sum_{i=1}^n 0 \cdot \Delta x_i = 0$$

尽管两个和式的极限都存在,但极限不同,所以极限 $\lim_{\lambda \to 0} \sum_{i=1}^n D(\xi_i) \Delta x_i$ 不存在,即定积分 $\int_0^1 D(x) dx$ 不存在,亦即函数 $D(x)$ 在区间 $[0,1]$ 上不可积.

以上函数 $D(x)$ 的定积分之所以不存在,原因在于它在区间 $[0,1]$ 内有太多的不连续点,事实上它在每一点都不连续.鉴于此,如果被积函数在积分区间上的每一点都连续它是否可积呢? 这便是下面的定理,其证明略去.

定理 5.1.1(定积分存在定理) 若 $f(x)$ 在区间 $[a,b]$ 上连续,则 $f(x)$ 在 $[a,b]$ 上可积.

例 5.1.2 利用定积分的定义计算 $\int_0^1 x^2 dx$.

解 因为被积函数 $f(x) = x^2$ 在 $[0,1]$ 上连续,所以 $\int_0^1 x^2 dx$ 存在.为了便于计算,不妨把区间 $[0,1]$ 分成 n 等份,且点 ξ_i 取为小区间的右端点,利用这种特殊的区间分割方式和取点方法,求出和式的极限值,即积分值.表述如下.

把区间 $[0,1]$ 分成 n 等份,根据上面的讨论有

$$x_i = \frac{i}{n}, \quad \Delta x_i = \frac{1}{n}, \quad \xi_i = \frac{i}{n}, \quad i=1,2,3,\cdots,n$$

于是

$$\sum_{i=1}^n f(\xi_i) \Delta x_i = \sum_{i=1}^n \left(\frac{i}{n}\right)^2 \frac{1}{n} = \frac{n(n+1)(2n+1)}{6n^3}$$

故

$$\int_0^1 x^2 dx = \lim_{\lambda \to 0} \sum_{i=1}^n f(\xi_i) \Delta x_i = \lim_{n \to \infty} \frac{n(n+1)(2n+1)}{6n^3} = \frac{1}{3}$$

5.1.3 定积分的性质

以下假设所讨论的函数的定积分都存在.

性质 1 常数因子可以提到积分号外. 若 k 为常数,则

$$\int_a^b k f(x) dx = k \int_a^b f(x) dx \tag{5.1.5}$$

证 由定积分的定义和极限的性质,有

$$\int_a^b kf(x)\mathrm{d}x = \lim_{\lambda \to 0}\sum_{i=1}^n kf(\xi_i)\Delta x_i = k\lim_{\lambda \to 0}\sum_{i=1}^n f(\xi_i)\Delta x_i = k\int_a^b f(x)\mathrm{d}x$$

性质 2 函数的和(或差)的定积分等于它们的定积分的和(或差).即

$$\int_a^b [f(x) \pm g(x)]\mathrm{d}x = \int_a^b f(x)\mathrm{d}x \pm \int_a^b g(x)\mathrm{d}x \tag{5.1.6}$$

证 由定积分的定义和极限的性质,有

$$\int_a^b [f(x) \pm g(x)]\mathrm{d}x = \lim_{\lambda \to 0}\sum_{i=1}^n [f(\xi_i) \pm g(\xi_i)]\Delta x_i$$

$$= \lim_{\lambda \to 0}\sum_{i=1}^n f(\xi_i)\Delta x_i \pm \lim_{\lambda \to 0}\sum_{i=1}^n g(\xi_i)\Delta x_i$$

$$= \int_a^b f(x)\mathrm{d}x \pm \int_a^b g(x)\mathrm{d}x$$

以下几个性质从几何上看,是十分明显的,证明从略.

性质 3（积分的可加性） 设 $a < c < b$,则

$$\int_a^b f(x)\mathrm{d}x = \int_a^c f(x)\mathrm{d}x + \int_c^b f(x)\mathrm{d}x \tag{5.1.7}$$

性质 4 如果在 $[a,b]$ 上,有 $f(x) \leqslant g(x)$,则

$$\int_a^b f(x)\mathrm{d}x \leqslant \int_a^b g(x)\mathrm{d}x \tag{5.1.8}$$

性质 5 设 M, m 是函数 $f(x)$ 在闭区间 $[a,b]$ 上的最大值和最小值,则

$$m(b-a) \leqslant \int_a^b f(x)\mathrm{d}x \leqslant M(b-a) \tag{5.1.9}$$

性质 6（积分中值定理） 设函数 $f(x)$ 在闭区间 $[a,b]$ 上连续,则在开区间 (a,b) 内至少有一点 ξ,使得

$$\int_a^b f(x)\mathrm{d}x = f(\xi)(b-a) \tag{5.1.10}$$

当 $f(x) \geqslant 0 (a \leqslant x \leqslant b)$ 时,公式 (5.1.10) 的几何意义是:以曲线 $y = f(x)$ 为曲边的曲边梯形的面积等于同一底边而高为 $f(\xi)$ 的矩形面积(图 5.1.4).

据此,我们可定义函数 $y = f(x)$ 在区间 $[a,b]$ 上的平均值为

$$\bar{y} = \frac{1}{b-a}\int_a^b f(x)\mathrm{d}x$$

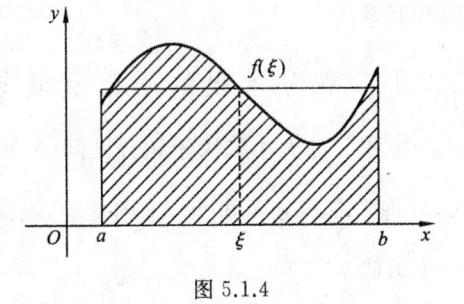

图 5.1.4

习 题 5.1

1. 定积分定义中的和式 $S_n = \sum_{i=1}^{n} f(\xi_i)\Delta x_i$ 与哪些因素有关？定积分 $\int_a^b f(x)\mathrm{d}x$ 与哪些因素有关？举例说明.

2. 曲线 $y = \cos x$ 与直线 $y = 0$、$x = 0$、$x = \pi$ 所围的面积为 $\int_0^{\pi} \cos x \mathrm{d}x$，对吗？

3. 利用定积分的几何意义，计算下列积分.

   (1) $\int_0^{2\pi} \sin x \mathrm{d}x$； (2) $\int_{-R}^{R} \sqrt{R^2 - x^2} \mathrm{d}x$； (3) $\int_{-1}^{0} 3x \mathrm{d}x$.

4. 利用定积分的性质，估计下列积分的值.

   (1) $\int_{-1}^{2} (x^2 + 1)\mathrm{d}x$； (2) $\int_0^1 e^{2x^2 - x} \mathrm{d}x$.

5. 利用定积分的性质，比较下列积分值的大小.

   (1) $\int_0^1 x^2 \mathrm{d}x$ 和 $\int_0^1 x^3 \mathrm{d}x$； (2) $\int_1^2 \ln x$ 和 $\int_1^2 \ln^2 x \mathrm{d}x$.

5.2 牛顿-莱布尼茨公式

在上一节中，我们举过用定义计算定积分的例 5.1.2，从这个例子我们看到，直接按定义来计算定积分不是很容易的事，如果被积函数较为复杂，其困难程度就更大了. 本节介绍的牛顿-莱布尼茨公式，不仅解决了这个问题，提供了一个极其简便的定积分计算方法，还揭示了两个背景完全不同的微分学问题和积分学问题的内在联系.

5.2.1 积分上限的函数及其导数

定积分的大小取决于积分区间 $[a,b]$ 和被积函数 $f(x)$. 如果将积分上限记为 x，容许它在积分区间 $[a,b]$ 内变动，则定积分 $\int_a^x f(t)\mathrm{d}t$ 便可以看成是自变量 x 的一个函数.

定义 5.2.1 设函数 $f(x)$ 在区间 $[a,b]$ 上有定义，且对任意 x $(a \leqslant x \leqslant b)$，$f(x)$ 在 $[a,x]$ 上可积，称积分 $\int_a^x f(t)\mathrm{d}t$ 为**积分上限的函数**，记为 $\Phi(x)$，即

$$\Phi(x) = \int_a^x f(t)dt$$

当 $f(x) \geqslant 0$ 时,函数 $\Phi(x)$ 在几何上表示随右侧邻边变动的曲边梯形(图 5.2.1 中的阴影部分)的面积.

结合路程问题的记号,变上限积分 $\Phi(t) = \int_a^t v(\tau)d\tau$ 可以解释为时段 $[a,t]$ 上物体的路程函数. 于是,联系到路程函数关于时间变量的导数是速度函数的物理学结论,应该有公式: $\dfrac{d\Phi(t)}{dt} = v(t)$. 这就是下面的定理.

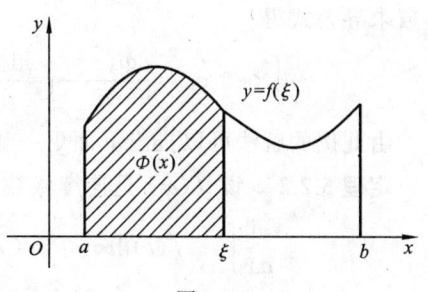

图 5.2.1

定理 5.2.1 设 $f(x)$ 在 $[a,b]$ 上连续,则 $\Phi(x) = \int_a^x f(t)dt$ 在 $[a,b]$ 上可导,并且 $\Phi'(x) = f(x)$ $(a \leqslant x \leqslant b)$.

证 对于任意的 $x \in [a,b]$,给 x 一个改变量 Δx,满足 $x + \Delta x \in [a,b]$,由 $\Phi(x)$ 的定义及定积分的性质 3 有

$$\Delta\Phi(x) = \Phi(x + \Delta\Phi) - \Phi(x) = \int_a^{x+\Delta x} f(t)dt - \int_a^x f(t)dt = \int_x^{x+\Delta x} f(t)dt$$

根据定积分中值定理,在 x 与 $x + \Delta x$ 之间必存在一点 ξ,使得

$$\Delta\Phi(x) = \int_x^{x+\Delta x} f(t)dt = f(\xi)\Delta x$$

即有 $\dfrac{\Delta\Phi(x)}{\Delta x} = f(\xi)$,令 $\Delta x \to 0$,则 $\xi \to x$,由 $f(x)$ 的连续性得

$$\lim_{\Delta x \to 0} \frac{\Delta\Phi(x)}{\Delta x} = \lim_{\xi \to x} f(\xi) = f(x)$$

根据导数的定义,$\Phi(x)$ 的导数不仅存在,而且 $\Phi'(x) = f(x)$.

关系式 $\Phi'(x) = f(x)$ 表明,$\Phi(x)$ 是 $f(x)$ 在区间 $[a,b]$ 上的一个原函数. 于是定理 5.2.1 推出了在第 4 章提到过的重要结论(定理 4.1.1): 连续函数必有原函数.

例 5.2.1 求 $\dfrac{d}{dx} \int_x^{-2} \sin t^2 dt$.

解 $\dfrac{d}{dx} \int_x^{-2} \sin t^2 dt = \dfrac{d}{dx}\left(-\int_{-2}^x \sin t^2 dt\right) = -\dfrac{d}{dx}\int_{-2}^x \sin t^2 dt = -\sin x^2$

例 5.2.2 求 $\dfrac{d}{dx} \int_0^{x^2} e^{\sin t} dt$.

解 将 $\int_0^{x^2} e^{\sin t} dt$ 看成 $\Phi(u) = \int_0^u e^{\sin t} dt$ 与 $u = x^2$ 的复合函数 $\Phi(x^2)$，根据复合函数求导公式得

$$\frac{d}{dx}\int_0^{x^2} e^{\sin t} dt = \frac{d\Phi(x^2)}{dx} = \frac{d\Phi(u)}{du} \cdot \frac{du}{dx} = e^{\sin u} \cdot 2x = 2x e^{\sin x}$$

由此例的解法可以推出下面更一般的求导公式.

定理 5.2.2 设 $f(x)$ 是连续函数，$u(x), v(x)$ 是可导函数，则

$$\frac{d}{dx}\int_{u(x)}^{v(x)} f(t) dt = f(v(x))v'(x) - f(u(x))u'(x)$$

例 5.2.3 求 $\lim\limits_{x \to 0} \dfrac{\int_0^{3x} t\cos t\, dt}{x^2}$.

解 此极限是 $\dfrac{0}{0}$ 型，由洛必达法则得

$$\lim_{x \to 0} \frac{\int_0^{3x} t\cos t\, dt}{x^2} = \lim_{x \to 0} \frac{\left(\int_0^{3x} t\cos t\, dt\right)'}{(x^2)'} = \lim_{x \to 0} \frac{3x\cos 3x}{2x} 3 = \frac{9}{2}$$

5.2.2 牛顿-莱布尼茨公式

定理 5.2.3 设函数 $f(x)$ 在区间 $[a, b]$ 上连续，$F(x)$ 是 $f(x)$ 的一个原函数，则

$$\int_a^b f(x) dx = F(b) - F(a) \tag{5.2.1}$$

证 因 $f(x)$ 在 $[a, b]$ 上连续，由定理 5.2.1 知 $\int_a^x f(t) dt$ 也是 $f(x)$ 的一个原函数. 于是可以将 $F(x)$ 写成下面的形式

$$F(x) = \int_a^x f(t) dt + C \quad (C \text{ 为某一常数}) \tag{5.2.2}$$

在式 (5.2.2) 中分别取 $x = a, x = b$ 得

$$F(a) = \int_a^a f(t) dt + C = C, \quad F(b) = \int_a^b f(t) dt + C$$

消去 C 后，得

$$\int_a^b f(t) dt = F(b) - F(a)$$

称公式 (5.2.1) 为牛顿-莱布尼茨公式，其中 $F(b) - F(a)$ 简记为 $[F(x)]_a^b$ 或 $F(x)\big|_a^b$.

注 5.2.1 依据牛顿-莱布尼茨公式，连续函数的定积分计算就分解为两个步

骤:(1) 求被积函数的不定积分,得到原函数 $F(x)$;(2) 计算 $F(b)-F(a)$.

注 5.2.2 注意到第 4 章不定积分已经解决了原函数的计算问题,故定积分的计算已经得到根本解决.而对于不定积分记号的设计,也可由此得到解释.

例 5.2.4 求定积分 $\int_0^1 x\,\mathrm{d}x$.

解 $F(x)=\dfrac{1}{2}x^2$ 是 x 的一个原函数,根据牛顿-莱布尼茨公式有

$$\int_0^1 x\,\mathrm{d}x=\left[\frac{1}{2}x^2\right]_0^1=\frac{1}{2}$$

例 5.2.5 设 $f(x)=\begin{cases} x^2, & 0\leqslant x\leqslant 2 \\ x+1, & 2<x\leqslant 4 \end{cases}$,计算 $\int_0^4 f(x)\,\mathrm{d}x$.

解 将区间 $[0,4]$ 分成两个区间 $[0,2]$ 和 $[2,4]$,规定区间 $[2,4]$ 上函数值 $f(2)$ 为 $x+1$ 在点 $x=2$ 的值,使得牛顿-莱布尼茨公式中连续性条件满足,则有

$$\int_0^4 f(x)\,\mathrm{d}x=\int_0^2 f(x)\,\mathrm{d}x+\int_2^4 f(x)\,\mathrm{d}x=\int_0^2 x^2\,\mathrm{d}x+\int_2^4 (x+1)\,\mathrm{d}x$$

$$=\left[\frac{1}{3}x^3\right]_0^2+\left[\frac{1}{2}x^2+x\right]_2^4=10\,\frac{2}{3}$$

习 题 5.2

1. 说明定积分 $\int_{-1}^2 (x^2+1)\,\mathrm{d}x$ 与不定积分 $\int (x^2+1)\,\mathrm{d}x$ 的联系及区别,进一步说明 $\int_a^b f(x)\,\mathrm{d}x$ 与 $\int f(x)\,\mathrm{d}x$ 的区别.

2. 若 $f(x)$ 是 $[a,b]$ 上的连续函数, $\int_x^b f(t)\,\mathrm{d}t$ 是否为 $f(x)$ 的原函数?

3. 一个函数若有原函数,则有无穷多个原函数.那么利用牛顿-莱布尼茨公式 $\int_a^b f(x)\,\mathrm{d}x=F(b)-F(a)$ 计算定积分时,是否会由于选取不同的原函数而得到不同的积分值?

4. 设 $y=\int_0^x \sin t\,\mathrm{d}t$,求 $y'\left(\dfrac{\pi}{4}\right)$.

5. 设 $y=\int_x^{x^2}\dfrac{\mathrm{d}t}{\sqrt{1-t^2}}$,求 $\dfrac{\mathrm{d}y}{\mathrm{d}x}$.

6. 求函数 $I(x)=\int_0^x t\mathrm{e}^{-t^2}\,\mathrm{d}t$ 的极值.

5.3 定积分的积分法

依据牛顿-莱布尼茨公式,计算定积分就是求不定积分后再代入上下积分限. 不定积分的求解中有换元积分和分部积分两个主要方法,本节将这些方法移植到定积分中.

5.3.1 定积分的换元积分法

定理 5.3.1（换元积分法） 设函数 $f(x)$ 在区间 $[a,b]$ 上连续,函数 $x=\varphi(t)$ 在区间 $[\alpha,\beta]$ 上单值且有连续的导函数,当 t 在 $[\alpha,\beta]$ 上变化时,$x=\varphi(t)$ 在 $[a,b]$ 上变化,且 $\varphi(\alpha)=a$,$\varphi(\beta)=b$,则有

$$\int_a^b f(x)\mathrm{d}x = \int_\alpha^\beta f[\varphi(t)]\varphi'(t)\mathrm{d}t \tag{5.3.1}$$

与不定积分的换元积分法对比,在选择换元形式以化简被积函数方面,两种方法是一样的. 但是在原函数得到之后,不定积分的换元法需换回原来的积分变量,定积分的换元法无需换回原来的积分变量,而是代入新变量的积分限.

例 5.3.1 求 $\int_0^{\frac{\pi}{2}} \sin^4 x \cos x \, \mathrm{d}x$.

解 令 $\sin x = t$,则 $\mathrm{d}t = \cos x \, \mathrm{d}x$. 当 $x=0$ 时,$t=0$;当 $x=\frac{\pi}{2}$ 时,$t=1$. 于是

$$\int_0^{\frac{\pi}{2}} \sin^4 x \cos x \, \mathrm{d}x = \int_0^1 t^4 \mathrm{d}t = \left[\frac{1}{5}t^5\right]_0^1 = \frac{1}{5}$$

如果采用凑微分法化简积分,没有写出新的积分变量,则积分限也就不需要变动.

例 5.3.2 求 $\int_0^{\ln 2} e^x(1+e^x)^2 \mathrm{d}x$.

解 $\int_0^{\ln 2} e^x(1+e^x)^2 \mathrm{d}x = \int_0^{\ln 2} (1+e^x)^2 \mathrm{d}(e^x+1) = \left[\frac{1}{3}(e^x+1)^3\right]_0^{\ln 2} = \frac{19}{3}$

例 5.3.3 求 $\int_0^2 \sqrt{4-x^2} \, \mathrm{d}x$.

解 令 $x=2\sin t$,则 $\mathrm{d}x = 2\cos t \, \mathrm{d}t$. 当 $x=0$ 时,$t=0$;当 $x=2$ 时,$t=\frac{\pi}{2}$,于是

$$\int_0^2 \sqrt{4-x^2} \, \mathrm{d}x = \int_0^{\frac{\pi}{2}} 2\cos t \cdot 2\cos t \, \mathrm{d}t = 2\int_0^{\frac{\pi}{2}} (1+\cos 2t)\mathrm{d}t$$

$$= \left[2\left(t+\frac{\sin 2t}{2}\right)\right]_0^{\frac{\pi}{2}} = 2 \cdot \frac{\pi}{2} = \pi$$

定积分的换元法不仅可以用于化简被积函数,还可以用于调整积分区间,在计算和理论分析中有重要价值.

例 5.3.4 设 $f(x)$ 在 $[-a,a]$ 上连续,证明:

(1) 若 $f(x)$ 是偶函数,则
$$\int_{-a}^{a} f(x)\mathrm{d}x = 2\int_{0}^{a} f(x)\mathrm{d}x \tag{5.3.1}$$

(2) 若 $f(x)$ 是奇函数,则
$$\int_{-a}^{a} f(x)\mathrm{d}x = 0 \tag{5.3.2}$$

证 (1) 首先
$$\int_{-a}^{a} f(x)\mathrm{d}x = \int_{-a}^{0} f(x)\mathrm{d}x + \int_{0}^{a} f(x)\mathrm{d}x$$

其次,对于积分 $\int_{-a}^{0} f(x)\mathrm{d}x$ 作代换 $x=-t$,有
$$\int_{-a}^{0} f(x)\mathrm{d}x = -\int_{a}^{0} f(-t)\mathrm{d}t = \int_{0}^{a} f(-t)\mathrm{d}t = \int_{0}^{a} f(-x)\mathrm{d}x$$

又 $f(-x)=f(x)$,于是
$$\int_{-a}^{0} f(x)\mathrm{d}x = \int_{0}^{a} f(x)\mathrm{d}x$$

综合得
$$\int_{-a}^{a} f(x)\mathrm{d}x = 2\int_{0}^{a} f(x)\mathrm{d}x$$

同理可证(2).

在计算对称区间上的定积分时,应当考虑公式(5.3.1)、(5.3.2)的化简作用.

例 5.3.5 求 $\int_{-\pi}^{\pi} (x^8\sin x + \cos x)\mathrm{d}x$.

解 积分区间为对称区间,$x^8\sin x$ 为奇函数,$\cos x$ 为偶函数,于是
$$\int_{-\pi}^{\pi} (x^8\sin x + \cos x)\mathrm{d}x = \int_{-\pi}^{\pi} x^8\sin x\,\mathrm{d}x + \int_{-\pi}^{\pi} \cos x\,\mathrm{d}x = 2\int_{0}^{\pi} \cos x\,\mathrm{d}x = 0$$

有些定积分的计算是很有技巧性的,下面再看一个用定积分的换元法化简被积函数的例子.

例 5.3.6 求 $I = \int_{0}^{\frac{\pi}{2}} \dfrac{\sin x}{\sin x + \cos x}\mathrm{d}x$.

解 令 $x = \dfrac{\pi}{2} - t$,由 $\sin\left(\dfrac{\pi}{2}-t\right) = \cos t$,$\cos\left(\dfrac{\pi}{2}-t\right) = \sin t$ 得
$$I = \int_{\frac{\pi}{2}}^{0} \dfrac{\sin\left(\dfrac{\pi}{2}-t\right)}{\sin\left(\dfrac{\pi}{2}-t\right) + \cos\left(\dfrac{\pi}{2}-t\right)}\mathrm{d}\left(\dfrac{\pi}{2}-t\right)$$

$$= \int_0^{\frac{\pi}{2}} \frac{\cos t}{\sin t + \cos t} dt = \int_0^{\frac{\pi}{2}} \frac{\cos x}{\sin x + \cos t} dx$$

于是
$$I = \frac{1}{2} \int_0^{\frac{\pi}{2}} \left(\frac{\sin x}{\sin x + \cos x} + \frac{\cos x}{\sin x + \cos x} \right) dx = \frac{1}{2} \int_0^{\frac{\pi}{2}} dx = \frac{\pi}{4}$$

5.3.2 定积分的分部积分法

定理 5.3.2 设函数 $u = u(x), v = v(x)$ 在 $[a, b]$ 上具有连续的导数 $u'(x)$ 与 $v'(x)$,则有定积分的分部积分公式

$$\int_a^b u \, dv = [uv]_a^b - \int_a^b v \, du \tag{5.3.3}$$

证 根据牛顿 - 莱布尼茨公式,有

$$\int_a^b u \, dv + \int_a^b v \, du = \int_a^b (u \, dv + v \, du) = \int_a^b d(uv) = [uv]_a^b$$

故

$$\int_a^b u \, dv = [uv]_a^b - \int_a^b v \, du$$

与不定积分的分部积分法对比,在确定 u、v 方面,两种方法是一样的. 不同点也是明显的,定积分的分部积分公式的每一项都带有积分限.

例 5.3.7 求 $\int_1^5 \ln x \, dx$.

解 选择 $\ln x$ 为 u, $dv = dx$,用公式(5.3.3) 得

$$\int_1^5 \ln x \, dx = [x \ln x]_1^5 - \int_1^5 x \, d(\ln x) = 5\ln 5 - \int_1^5 x \cdot \frac{1}{x} dx$$
$$= 5\ln 5 - [x]_1^5 = 5\ln 5 - 4$$

例 5.3.8 计算 $\int_0^1 e^{\sqrt{x}} dx$.

解 令 $t = \sqrt{x}$, $x = t^2$, $dx = 2t \, dt$,于是
$$\int_0^1 e^{\sqrt{x}} dx = \int_0^1 2t e^t dt = \int_0^1 2t \, de^t = [2t e^t]_0^1 - 2\int_0^1 e^t dt = 2e - 2[e^t]_0^1 = 2$$

习 题 5.3

1. 由牛顿 - 莱布尼茨公式,有

$$\int_{-1}^1 \frac{dx}{1 + x^2} = [\arctan]_{-1}^1 = \frac{\pi}{2}$$

但若作 $x = \dfrac{1}{u}$ 的变换,则

$$\int_{-1}^{1} \dfrac{1}{1+x^2} dx = \int_{-1}^{1} \dfrac{du}{1+u^2} = -\dfrac{\pi}{2}$$

这两个结果哪一个是错误的?错误的原因何在?

2. 计算下列定积分.

(1) $\int_{0}^{1} (x^2+1)^5 x \, dx$;

(2) $\int_{1}^{e} \dfrac{\ln x}{x} dx$;

(3) $\int_{0}^{\frac{\pi}{2}} \cos^5 x \sin x \, dx$;

(4) $\int_{0}^{\sqrt{2}} \sqrt{2-x^2} \, dx$;

(5) $\int_{1}^{2} \dfrac{\sqrt{x^2-1}}{x} dx$;

(6) $\int_{4}^{9} \dfrac{\sqrt{x}}{\sqrt{x}-1} dx$;

(7) $\int_{0}^{4} \dfrac{x+2}{\sqrt{2x+1}} dx$;

(8) $\int_{0}^{\ln 2} x e^{-x} dx$;

(9) $\int_{0}^{\frac{1}{2}} \arcsin x \, dx$;

(10) $\int_{0}^{\frac{\pi}{2}} e^{2x} \cos x \, dx$;

(11) $\int_{1}^{e} \sin(\ln x) dx$;

(12) $\int_{\frac{\pi}{3}}^{\pi} \sin\left(x+\dfrac{\pi}{3}\right) dx$;

3. 设 $f(x) = \begin{cases} 6x^2+1, & -2 \leqslant x \leqslant 0 \\ x^3, & 0 < x \leqslant 2 \end{cases}$,求 $\int_{-2}^{2} f(x) dx$.

4. 证明:设 $f(x)$ 在 $[a,b]$ 上连续,则 $\int_{a}^{b} f(x) dx - \int_{a}^{b} f(a+b-x) dx = 0$.

5. 设 $f(x)$ 是以周期为 T 的连续函数,证明:对任意的实数 C,有

$$\int_{C}^{C+T} f(x) dx = \int_{0}^{T} f(x) dx$$

5.4 广义积分

在定积分的定义中,我们要求积分区间是有限区间,被积函数在积分区间上是有界的.但在一些实际问题中,我们常遇到积分区间为无穷区间或被积函数为无界函数的积分,这类积分已不属于定积分了,我们对定积分做如下两种推广,称这种推广了的定积分为广义积分.

5.4.1 无穷区间上的广义积分

定义 5.4.1 设函数 $f(x)$ 在区间 $[a,+\infty)$ 上连续,若对任意的有限数 $b > a$,积分 $\int_{a}^{b} f(x) dx$ 存在,则称极限 $\lim\limits_{b \to +\infty} \int_{a}^{b} f(x) dx$ 为函数 $f(x)$ 在无穷区间 $[a,+\infty)$ 上的**广义积分**,记为

$$\int_{a}^{+\infty} f(x) dx = \lim_{b \to +\infty} \int_{a}^{b} f(x) dx$$

若上述右端的极限存在,就说广义积分 $\int_a^{+\infty} f(x)\mathrm{d}x$ 存在或**收敛**,否则称此广义积分不存在或**发散**.

类似地,可定义无穷区间 $(-\infty, b]$ 上的广义积分

$$\int_{-\infty}^b f(x)\mathrm{d}x = \lim_{a\to -\infty}\int_a^b f(x)\mathrm{d}x$$

设 $f(x)$ 在 $(-\infty, +\infty)$ 上连续,如果广义积分

$$\int_{-\infty}^0 f(x)\mathrm{d}x \quad \text{和} \quad \int_0^{+\infty} f(x)\mathrm{d}x$$

都收敛,则称广义积分 $\int_{-\infty}^{+\infty} f(x)\mathrm{d}x$ 收敛,且

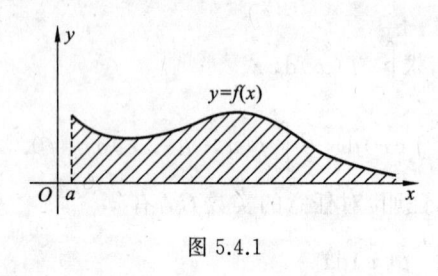

$$\int_{-\infty}^{+\infty} f(x)\mathrm{d}x = \int_{-\infty}^0 f(x)\mathrm{d}x + \int_0^{+\infty} f(x)\mathrm{d}x$$

否则称广义积分 $\int_{-\infty}^{+\infty} f(x)\mathrm{d}x$ 发散.

如图 5.4.1,类似于定积分的几何意义,当 $f(x) \geqslant 0, x \in [a, +\infty)$ 时,广义积分 $\int_a^{+\infty} f(x)\mathrm{d}x$ 表示介于曲线 $y = f(x)$ ($x \in [a, +\infty)$)、直线 $x = a$、x 轴之间的一块向右无限延伸的阴影区域的面积.

图 5.4.1

例 5.4.1 求 $\int_0^{+\infty} \dfrac{\mathrm{d}x}{1+x^2}$.

解 $\int_0^{+\infty} \dfrac{\mathrm{d}x}{1+x^2} = \lim\limits_{b\to +\infty}\int_0^b \dfrac{\mathrm{d}x}{1+x^2} = \lim\limits_{b\to +\infty}[\arctan x]_0^b = \lim\limits_{b\to +\infty}\arctan b = \dfrac{\pi}{2}$

例 5.4.2 求 $\int_0^{+\infty} \sin x\,\mathrm{d}x$.

解 $\int_0^b \sin x\,\mathrm{d}x = [-\cos x]_0^b$

又

$$\lim_{b\to +\infty}\int_0^b \sin x\,\mathrm{d}x = \lim_{b\to +\infty}(1-\cos b)$$

不存在,因此,广义积分 $\int_0^{+\infty} \sin x\,\mathrm{d}x$ 发散.

5.4.2 被积函数有无穷型间断点的广义积分

定义 5.4.2 设 $f(x)$ 在 $(a, b]$ 上连续,且 $\lim\limits_{x\to a^+} f(x) = \infty$,对任意的 $\varepsilon > 0$,称极

限 $\lim\limits_{\varepsilon \to 0}\int_{a+\varepsilon}^{b} f(x)dx$ 为函数 $f(x)$ 在 $(a,b]$ 上的**广义积分**. 记为

$$\int_{a}^{b} f(x)dx = \lim_{\varepsilon \to 0}\int_{a+\varepsilon}^{b} f(x)dx$$

若上述右端极限存在,则称广义积分 $\int_{a}^{b} f(x)dx$ 存在或**收敛**. 否则就说广义积分不存在或**发散**.

类似地,设 $f(x)$ 在 $[a,b)$ 上连续, $\lim\limits_{x \to b^{-}} f(x) = \infty$,则函数 $f(x)$ 在 $[a,b)$ 上的广义积分定义为

$$\int_{a}^{b} f(x)dx = \lim_{\varepsilon \to 0}\int_{a}^{b-\varepsilon} f(x)dx$$

当极限存在时,称此广义积分存在或收敛. 否则,称其不存在或发散.

若函数 $f(x)$ 在 $[a,b]$ 上除 $x = c$ 外连续,且 $\lim\limits_{x \to c} f(x) = \infty$,则广义积分 $\int_{a}^{b} f(x)dx$ 定义为

$$\int_{a}^{b} f(x)dx = \int_{a}^{c} f(x)dx + \int_{c}^{b} f(x)dx$$

规定它当且仅当右端两个广义积分都收敛时才收敛.

例 5.4.3 计算广义积分 $\int_{0}^{1} \dfrac{dx}{\sqrt{1-x^2}}$.

解 因为 $x = 1$ 是函数 $y = \dfrac{dx}{\sqrt{1-x^2}}$ 的无穷型间断点,所以

$$\int_{0}^{1} \frac{dx}{\sqrt{1-x^2}} = \lim_{\varepsilon \to 0}\int_{0}^{1-\varepsilon} \frac{dx}{\sqrt{1-x^2}} = \lim_{\varepsilon \to 0}[\arcsin x]_{0}^{1-\varepsilon} = \lim_{\varepsilon \to 0}\arcsin(1-\varepsilon) = \frac{\pi}{2}$$

因此,所求广义积分收敛于 $\dfrac{\pi}{2}$.

例 5.4.4 讨论广义积分 $\int_{-1}^{1} \dfrac{dx}{x^2}$ 的敛散性.

解 $x = 0$ 是 $f(x) = x^{-2}$ 的无穷型间断点,故

$$\int_{-1}^{1} \frac{dx}{x^2} = \lim_{\varepsilon_1 \to 0^+}\int_{-1}^{0-\varepsilon_1} \frac{dx}{x^2} + \lim_{\varepsilon_2 \to 0^+}\int_{0+\varepsilon_2}^{1} \frac{dx}{x^2}$$

由于

$$\lim_{\varepsilon_2 \to 0^+}\int_{\varepsilon_2}^{1} \frac{dx}{x^2} = \lim_{\varepsilon_2 \to 0^+}[-x^{-1}]_{\varepsilon_2}^{1} = \lim_{\varepsilon_2 \to 0^+}\left(\frac{1}{\varepsilon_2} - 1\right) = +\infty$$

于是,广义积分 $\int_{0}^{1} \dfrac{dx}{x^2}$ 发散,所以广义积分 $\int_{-1}^{1} \dfrac{dx}{x^2}$ 发散.

5.4.3 Γ 函数

定义 5.4.3 称广义积分
$$\Gamma(\alpha) = \int_0^{+\infty} x^{\alpha-1} e^{-x} dx \quad (\alpha > 0)$$
为 Γ 函数.

上式右边的积分,一方面是无穷区间 $[0, +\infty)$ 上的广义积分,另一方面,当 $0 < \alpha < 1$ 时,它又是被积函数有无穷型间断点的广义积分.

可以证明,当 $\alpha > 0$ 时,广义积分 $\int_0^{+\infty} x^{\alpha-1} e^{-x} dx$ 收敛,因此 $\Gamma(\alpha)$ 在 $\alpha > 0$ 时有定义.

Γ 函数有以下性质:

性质 1 $\Gamma(1) = 1$.

性质 2 $\Gamma(\alpha + 1) = \alpha \Gamma(\alpha)$ $(\alpha > 0)$,特别地,当 α 为正整数 n 时,有 $\Gamma(n+1) = n!$.

性质 3(余元公式) $\Gamma(\alpha)\Gamma(1-\alpha) = \dfrac{\pi}{\sin \alpha \pi}$ $(0 < \alpha < 1)$,特别地,取 $\alpha = \dfrac{1}{2}$,得
$$\Gamma\left(\frac{1}{2}\right) = \int_0^{+\infty} x^{-\frac{1}{2}} e^{-x} dx = 2\int_0^{+\infty} e^{-x^2} dx = \sqrt{\pi}$$

由性质 2 不难看出,计算任意正数 α 的 $\Gamma(\alpha)$ 值,都可以归结为计算在 0 与 1 之间的某数的 Γ 函数值.

例 5.4.5 求 $\Gamma(4.5)$ 的值,其中 $\Gamma(0.5) = 1.7725$.

解 由递推公式有
$$\Gamma(4.5) = \Gamma(3.5 + 1) = 3.5 \Gamma(3.5) = 3.5 \times 2.5 \times 1.5 \times 0.5 \Gamma(0.5) = 11.631\ 25$$

习 题 5.4

1. 指出运算 $\int_{-1}^{1} \dfrac{dx}{x} = [\ln|x|]_{-1}^{1} = 0$ 中的错误,并给出正确的解答.

2. 若对任意 $a > 0$,有 $\lim\limits_{a \to \infty} \int_{-a}^{a} f(x) dx = B$,则广义积分 $\int_{-\infty}^{+\infty} f(x) dx$ 收敛于 B,这个结论是否正确?

3. 计算下列广义积分.

(1) $\int_{-\infty}^{+\infty} \dfrac{dx}{x^2 + 2x + 2}$; (2) $\int_0^{+\infty} x \sin x\, dx$; (3) $\int_0^{+\infty} x^3 e^{-x^2} dx$;

(4) $\int_1^{+\infty} \dfrac{dx}{x \sqrt{x-1}}$; (5) $\int_0^1 \ln x\, dx$; (6) $\int_{-1}^{1} \dfrac{dx}{x(x-2)}$.

5.5 定积分在几何上的应用

5.5.1 平面图形的面积

根据定积分的几何意义,容易得到下面的平面图形的面积公式.

设平面区域是由曲线 $y=f(x)$ 与 $y=g(x)$、$x=a$、$x=b$ ($g(x) \leqslant f(x)$) 所围成的平面图形(图 5.5.1),其面积 S 为

$$S = \int_a^b [f(x) - g(x)] \mathrm{d}x$$

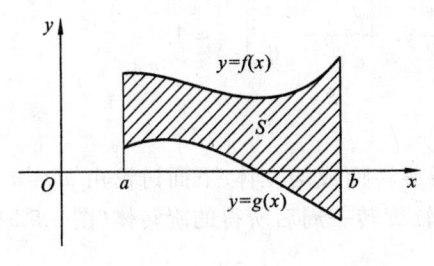

图 5.5.1

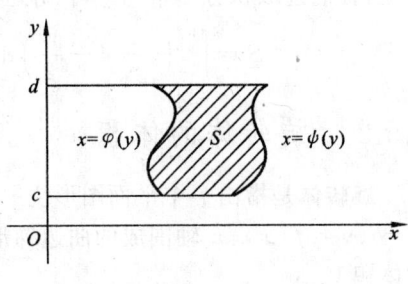

图 5.5.2

类似地,由连续曲线 $x=\varphi(y)$, $x=\psi(y)$ ($\varphi(y) \leqslant \psi(y)$) 与直线 $y=c$、$y=d$ 所围成的平面图形(图 5.5.2) 的面积 S 为

$$S = \int_c^d [\psi(y) - \varphi(y)] \mathrm{d}y$$

一般的平面图形的面积,可以通过分割转化为以上两种图形处理.

例 5.5.1 求椭圆形 $\dfrac{x^2}{a^2} + \dfrac{y^2}{b^2} = 1$ 的面积 S.

解 由对称性,只需计算椭圆在第一象限部分的面积的 4 倍即可(图 5.5.3),故

$$S = 4 \int_0^a y(x) \mathrm{d}x$$

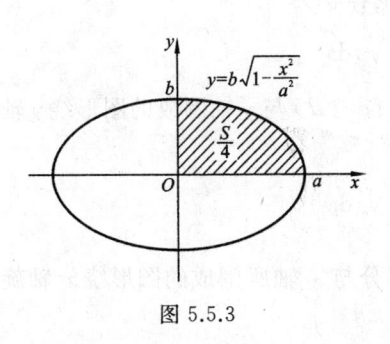

图 5.5.3

图 5.5.4

其中 $y=y(x)$ 是上半椭圆所对应的方程

$$y=\frac{b}{a}\sqrt{a^2-x^2}$$

所以

$$S=4\int_0^a \frac{b}{a}\sqrt{a^2-x^2}\,dx=4\cdot\frac{b}{a}\left[\frac{a^2}{2}\arcsin\frac{x}{a}+\frac{x}{2}\sqrt{a^2-x^2}\right]_0^a=\pi ab$$

特别地，令 $a=b=R$，得到圆的面积公式为 πR^2.

例 5.5.2 求抛物线 $y^2=2x$ 与直线 $y=x-4$ 所围成的图形的面积 S.

解 抛物线 $y^2=2x$ 与直线 $y=x-4$ 的交点为 $C(2,-2)$ 和 $D(8,4)$. 为了计算方便，我们选取积分变量为 y，积分区间为 $[-2,4]$. 所求图形（图 5.5.4）的面积为

$$S=\int_{-2}^{4}\left(y+4-\frac{y^2}{2}\right)dy=\left[\frac{1}{2}y^2+4y-\frac{y^3}{6}\right]_{-2}^{4}=18$$

5.5.2 旋转体的体积

旋转体是指由一个平面图形绕一条直线旋转而成的立体. 下面讨论由 $x=a$、$x=b$、$y=f(x)$、x 轴围成的曲边梯形绕 x 轴旋转一周后所得的旋转体（图 5.5.5）的体积 V.

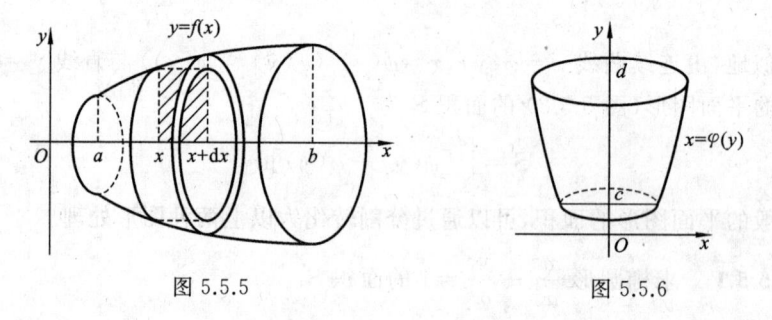

图 5.5.5

图 5.5.6

在 $[a,b]$ 上任取一个小区间 $[x,x+dx]$，在 $[x,x+dx]$ 上的小旋转体的体积 ΔV 的体积的微元 dV 取作图中的阴影部分的小矩形绕 x 轴旋转所成的小圆柱体的体积，即 $dV=\pi f^2(x)dx$，积分即得旋转体的体积为

$$V=\int_a^b \pi f^2(x)dx$$

同理可以得到由 $x=\varphi(y)$、$y=c$、$y=d$ $(c<d)$ 与 y 轴围成的图形绕 y 轴围一周所成的旋转体（图 5.5.6）的体积 V 为

$$V=\int_c^d \pi\varphi^2(y)dy$$

例 5.5.3 求椭圆 $\frac{x^2}{a^2}+\frac{y^2}{b^2}=1$ 的上半部分与 x 轴所围成的图形绕 x 轴旋转一周后形成的椭球体的体积 V.

解 椭圆上半部分的方程是

$$y = \frac{b}{a}\sqrt{a^2 - x^2} \quad (-a \leqslant x \leqslant a)$$

根据图形的对称性,椭球体(图 5.5.7)的体积为

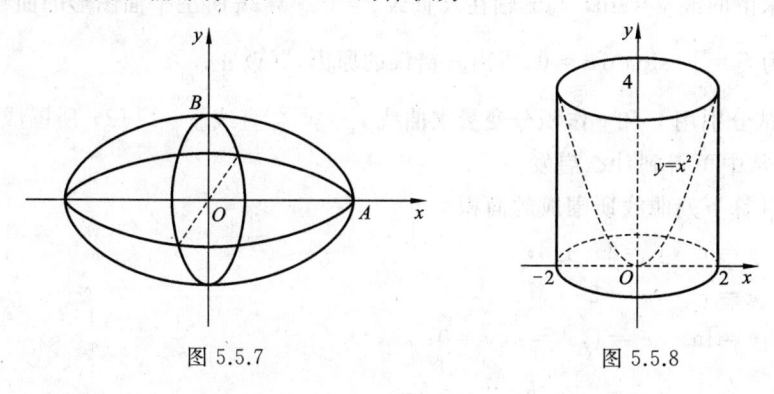

图 5.5.7

图 5.5.8

$$V = 2\int_0^a \pi y^2 \, dx = 2\pi \int_0^a \frac{b^2}{a^2}(a^2 - x^2) \, dx$$

$$= 2\pi \left[\frac{b^2}{a^2}\left(a^2 x - \frac{x^3}{3}\right)\right]_0^a = 2\pi \cdot \frac{b^2}{a^2} \cdot \frac{2}{3}a^3$$

$$= \frac{4}{3}\pi a b^2$$

若 $a = b = R$,就得到了半径为 R 的球的体积公式 $V = \frac{4}{3}\pi R^3$.

例 5.5.4 求由抛物线 $y = x^2$,直线 $x = 2$ 及 x 轴所围成的平面图形绕 y 轴旋转一周所得旋转体的体积 V(图 5.5.8).

解 所求旋转体的体积等于半径为 2、高为 4 的圆柱体的体积减去中间由 y 轴、$y = x^2$、$y = 4$ 围成的图形绕 y 轴旋转后的旋转体的体积,即

$$V = \int_0^4 \pi 2^2 \, dy - \int_0^4 \pi (\sqrt{y})^2 \, dy = \pi \cdot 4 \cdot 4 - \pi \left[\frac{1}{2}y^2\right]_0^4 = 8\pi$$

5.5.3 函数的平均值

在定积分的性质 6 中,通过几何意义给出了连续函数 $y = f(x)$ 在 $[a, b]$ 上的平均值的定义和解释,对于 $[a, b]$ 上的可积函数 $y = f(x)$ 也可同样定义平均值为

$$\overline{y} = \frac{1}{b-a}\int_a^b f(x) \, dx$$

例 5.5.5 求函数 $y = x^2$ 在 $[0, 2]$ 上的平均值 $\overline{y}$.

解

$$\overline{y} = \frac{1}{2-0}\int_0^2 x^2 \, dx = \frac{1}{2}\left[\frac{1}{3}x^3\right]_0^2 = \frac{4}{3}$$

习 题 5.5

1. 求由曲线 $y=\sin x$ 与 x 轴在及直线 $x=0$、$x=2\pi$ 所围平面图形的面积,某人的解法为 $S=\int_0^{2\pi}\sin x\,dx=0$,指出其错误的原因,并改正.

2. 试分别用 x 和 y 作积分变量求曲线 $x=y^2$ 与直线 $y=1-2x$ 所围成的图形的面积,从中可得到什么启发?

3. 计算下列曲线所围成的面积.

(1) $y=x^2, y=2x+8$;

(2) $y=-x, x=2-y^2$;

(3) $y=\ln x, x=1, x=2, y=0$;

(4) $y=\dfrac{1}{x}, y=x, x=2$.

4. 求由 $y=x^2$ 和 $x=y^2$ 所围成的图形分别绕 x 轴,y 轴旋转后所成旋转体的体积.

5. 求 $x=y^2, x=1, y=0$ 在第一象限内所围成的图形绕 x 轴旋转的体积.

第 6 章 空间曲面与曲线

本章首先介绍并建立空间直角坐标系,然后简要介绍空间中的平面与直线方程、常见的曲面与曲线的方程等内容.了解用代数方程描述空间中直观、形象的几何图形(如空间中的直线、平面、曲面或曲线),这些内容是学习多元函数微积分必备的.

6.1 空间直角坐标系

通过引入数轴后,数轴上的点与实数之间建立了一一对应关系;在平面解析几何中,通过建立平面直角坐标系,平面上的点与二元有序数组(坐标)之间也形成了一一对应关系,从而将平面几何问题转化为关于点的坐标的代数问题.下面我们将构建空间直角坐标系,并建立空间中的点与有序三元数组之间的一一对应关系,即空间中的点的坐标.

6.1.1 空间直角坐标系

任意选定空间中一个点 O,过点 O 作三条互相垂直的有方向的轴.它们都以 O 为原点,且一般具有相同的长度单位,从而形成了三条数轴.这三条轴分别称为 **x 轴(横轴)**、**y 轴(纵轴)**、**z 轴(竖轴)**,统称为**坐标轴**.通常把 x 轴和 y 轴配置在水平面上,z 轴垂直向上.它们的正向符合右手定则,即以右手握住 z 轴,当右手的四个手指从 x 轴的正向沿较小角度转向 y 轴正向时,大拇指的指向就是 z 轴的正向,如图 6.1.1 所示.

任意两条坐标轴确定一个平面,由此得到三个两两垂直的平面 Oxy、Oyz 和 Ozx.它们统称为**坐标面**.三个坐标面把空间分成八个部分,每个部分称为一个**卦限**(图 6.1.2).Oxy 平面将空间分成上半空间和下半空间,上半空间与 Oxy 平面四个象限相对应的四个卦限,分别为第 I、II、III、IV 卦限,下半空间与平面四个象限相对应的四个卦限,分别为第 V、VI、VII、VIII 卦限.

设 M 为空间中一点.过点 M 作三个平面分别垂直于 x 轴、y 轴和 z 轴,它们与三个坐标轴的交点分别为 P、Q、R(图 6.1.3).这三点在 x 轴、y 轴、z 轴上的坐标依次为 x、y、z.这组数构成由点 M 唯一确定的有序三元数组,记为 (x,y,z).

图 6.1.1   图 6.1.2

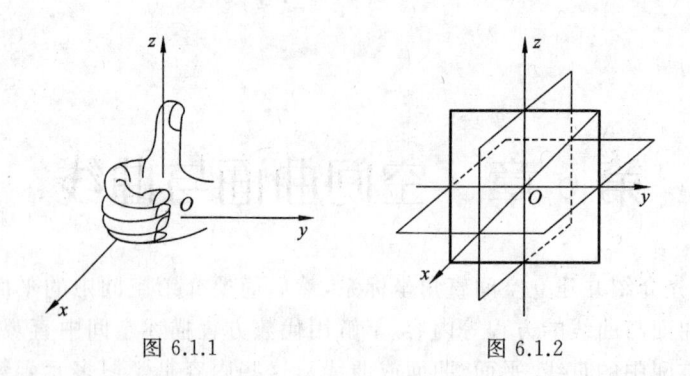

反过来,任给一个有序三元数组(x,y,z).我们可以在 x 轴上取坐标为 x 的点 P,在 y 轴上取坐标为 y 的点 Q,在 z 轴上取坐标为 z 的点 R,然后通过 P、Q、R 分别作与 x 轴、y 轴、z 轴垂直的平面.这三个垂直平面相交于空间中唯一的点 M.

因此,通过空间直角坐标系可建立空间中点 M 与有序三元数组(x,y,z)之间的一一对应关系.x,y,z 称为点 M 的坐标,记为 $M(x,y,z)$.x,y,z 分别称为点的**横坐标**,**纵坐标**和**竖坐标**.

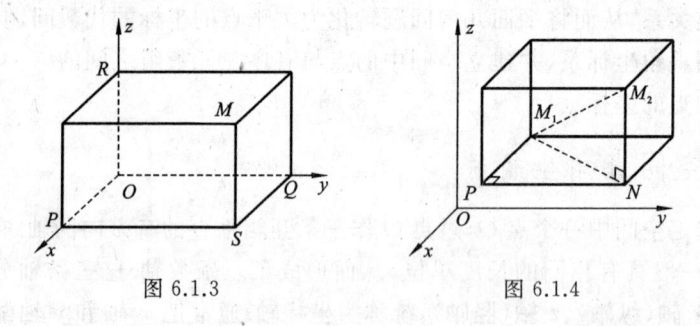

图 6.1.3   图 6.1.4

例 6.1.1 设 $M(x,y,z)$ 为空间中任意一点,试讨论下列各点的坐标有什么特性.

(1) 点 M 在坐标轴上;

(2) 点 M 在坐标平面上.

解 根据在空间直角坐标系中确定点的坐标方法可知:

(1) 若点 M 在 x 轴上,有 $y=z=0$;若点 M 在 y 轴上,有 $x=z=0$;若点 M 在 z 轴上,有 $x=y=0$.

(2) 若点 M 在 Oxy 坐标平面上,有 $z=0$;若点 M 在 Oyz 坐标平面上,有 $x=0$;若点 M 在 Ozx 坐标平面上,有 $y=0$.

6.1.2 空间中两点间的距离

设 $M_1(x_1,y_1,z_1)$、$M_2(x_2,y_2,z_2)$ 为空间中两点.现推导两点间距离

$|M_1M_2|$ 的计算公式. 过 M_1、M_2 各作三个分别垂直于三条坐标轴的平面,这六个平面围成一个以 M_1M_2 为对角线的长方体(图 6.1.4). 由图 6.1.4 知,长方体的三条边的长度分别等于 $|x_2-x_1|$,$|y_2-y_1|$,$|z_2-z_1|$. 由勾股定理得

$$|M_1M_2|^2 = |M_1N|^2 + |NM_2|^2 = |M_1P|^2 + |PN|^2 + |NM_2|^2$$
$$= (x_2-x_1)^2 + (y_2-y_1)^2 + (z_2-z_1)^2$$

因此得到空间中两点间的距离公式:

$$|M_1M_2| = \sqrt{(x_2-x_1)^2 + (y_2-y_1)^2 + (z_2-z_1)^2} \tag{6.1.1}$$

例 6.1.2 证明 $P(-1,3,0)$、$Q(1,1,4)$、$R(0,2,2)$ 三点共线.

证 根据空间中两点间距离公式得

$$|PQ| = 2\sqrt{6}, \quad |PR| = |QR| = \sqrt{6}$$

于是

$$|PQ| = |PR| + |QR|$$

从而三个点必然处于一条直线上.

习 题 6.1

1. 指出点 $M(1,0,5)$ 所在的坐标面;指出点 $N(0,0,-5)$ 所在的坐标轴.
2. 求点 $M(3,-4,5)$ 关于各坐标面对称的点的坐标.
3. 求点 $M(1,-4,2)$ 关于各坐标轴对称的点的坐标.
4. 求证以点 $A(4,1,9)$、$B(10,-1,6)$ 与 $C(2,4,3)$ 为顶点的三角形为等腰直角三角形.
5. 在 z 轴上求一点,使它到点 $M(-4,1,1)$ 和 $N(3,5,2)$ 的距离相等.

6.2 空间曲面与曲线

6.2.1 空间曲面

本小节我们将讨论空间曲面.球面、圆柱面等都是空间曲面,我们如何建立各种空间曲面的方程?

与平面解析几何中建立平面曲线与二元方程 $F(x,y)=0$ 的对应关系一样,可以在空间直角坐标系中建立空间曲面与三元方程 $F(x,y,z)=0$ 的对应关系.

定义 6.2.1 在空间直角坐标系中,如果空间曲面 S 与三元方程

$$F(x,y,z) = 0 \tag{6.2.1}$$

满足下述关系:

(1) 曲面 S 上任一点的坐标都满足方程(6.2.1);

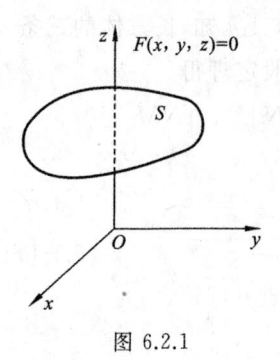

(2) 不在曲面 S 上的点的坐标都不满足方程(6.2.1),称方程(6.2.1)为**曲面 S 的方程**,曲面 S 称为方程(6.2.1)的图形(图 6.2.1).

下面建立一些常见曲面的方程.

1. 球面

求以点 $M_0(a,b,c)$ 为球心,以 R 为半径的球面 S 的方程.

设 $M(x,y,z)$ 为球面 S 上的任一点,则
$$|M_0M| = \sqrt{(x-a)^2+(y-b)^2+(z-c)^2} = R$$
即
$$(x-a)^2+(y-b)^2+(z-c)^2 = R^2 \tag{6.2.2}$$
这就是球面 S 的方程.

球面方程也可用一般形式表示:
$$x^2+y^2+z^2+Ax+By+Cz+D = 0 \tag{6.2.3}$$
利用配方法得到
$$\left(x+\frac{A}{2}\right)^2 + \left(y+\frac{B}{2}\right)^2 + \left(z+\frac{C}{2}\right)^2 = \rho$$
其中
$$\rho = \frac{1}{4}(A^2+B^2+C^2) - D$$
可见,当 $\rho > 0$ 时,方程(6.2.3)表示一个以 $\left(-\frac{A}{2}, -\frac{B}{2}, -\frac{C}{2}\right)$ 为球心, $\sqrt{\rho}$ 为半径的球面.

例 6.2.1 方程 $x^2+y^2+z^2+2x-4y=0$ 表示什么曲面?

解 经过配方,原方程变为
$$(x+1)^2+(y-2)^2+z^2 = 5$$
所以,原方程表示球心在点 $M_0(-1,-2,0)$,半径为 $R=\sqrt{5}$ 的球面.

2. 柱面

直线 L 沿定曲线 C 平行移动所形成的曲面称为**柱面**,定曲线 C 称为柱面的**准线**,动直线 L 称为柱面的**母线**.

下面求圆柱面的方程.

设此圆柱面的母线平行于 z 轴,准线 C 是 Oxy 面上以原点为圆心,R 为半径的圆.在平面直角坐标系中,准线 C 的方程为 $x^2+y^2=R^2$.

在圆柱面上任取一点 $M(x,y,z)$,过点 M 的母线必与 Oxy 平面交于准线 C 上

的一点 $M_0(x,y,0)$(图 6.2.2). 对于任意 z, M 坐标中的 x,y 都满足方程 $x^2+y^2=R^2$; 反之, 不在圆柱面上的点, 它的坐标不满足这个方程. 所以此**圆柱面**的方程为 $x^2+y^2=R^2$.

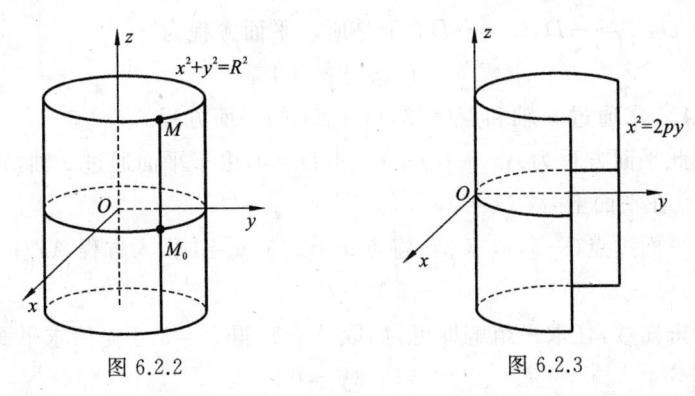

图 6.2.2

图 6.2.3

注 6.2.1 在平面直角坐标系中, 方程 $x^2+y^2=R^2$ 表示一个圆; 而在空间直角坐标系中, 方程 $x^2+y^2=R^2$ 表示一个母线平行于 z 轴的圆柱面.

类似地有, 方程 $x^2-2py=0$ ($p>0$) 表示母线平行于 z 轴的柱面. 它的准线是 Oxy 面上的抛物线 $x^2=2py$. 该柱面称为**抛物柱面**(图 6.2.3).

一般地, 若柱面的母线平行于 z 轴, 准线是 Oxy 面上的曲线 C, 则方程为只含 x,y 而缺 z 的形式: $F(x,y)=0$, 其中 $F(x,y)=0$ 就是曲线 C 在平面直角坐标系中的方程. 同理, 只含 x,z 而缺 y 的方程 $G(x,z)=0$ 和只含 y,z 而缺 x 的方程 $H(y,z)=0$ 分别表示母线平行于 y 轴和 x 轴的柱面.

例 6.2.2 方程 $x=z$ 中缺少 y, 所以它表示母线平行于 y 轴的柱面, 其准线是 Oxz 面上的直线 $x=z$. 它的图形是过 y 轴的平面(图 6.2.4).

3. 平面

平面可视为空间中的特殊曲面, 下面介绍平面的方程.

例 6.2.2 中的 x、z 都是一次的, 其图形是平面. 一般地, 若式(6.2.1)的左边关于 x、y、z 是一次的, 即

$$F(x,y,z)=Ax+By+Cz+D, \quad A、B、C、D \text{ 为常数}$$

方程

图 6.2.4

$$Ax+By+Cz+D=0 \qquad (6.2.4)$$

在空间中的几何图形是平面, 称它为空间平面的一般式方程.

例 6.2.3 求过 $(1,0,0)$, $(0,1,0)$, $(0,0,1)$ 三点的平面的方程.

解 设此平面方程为 $Ax+By+Cz+D=0$, 将 $(1,0,0)$, $(0,1,0)$, $(0,0,1)$ 三点的坐标代入, 得

$$\begin{cases} A+D=0 \\ B+D=0 \\ C+D=0 \end{cases}$$

解得 $A=-D, B=-D, C=-D$，于是所求平面方程为
$$x+y+z=1$$

例 6.2.4 求通过 z 轴和点 $(-3,1,-2)$ 的平面方程.

解 设此平面方程为 $Ax+By+Cz+D=0$，由于平面通过 z 轴，则 $(0,0,0)$，$(0,0,1)$ 两点在平面上，故 $D=0, C=0$.

又因为平面过点 $(-3,1,-2)$，将点 $x=-3, y=1$ 代入方程 $Ax+By=0$，得
$$-3A+B=0$$
这里有两个未知数，任取一组解即可，如取 $A=1$，得 $B=3$.于是所求平面的方程为
$$x+3y=0$$

6.2.2 空间曲线

1. 空间曲线的一般方程

空间曲线可以看成是两个曲面的交线(图 6.2.5).设曲面 $F(x,y,z)=0$ 和曲面 $G(x,y,z)=0$ 的交线为 C，则曲线 C 上的点同时满足两个曲面方程，即满足方程组：

$$\begin{cases} F(x,y,z)=0 \\ G(x,y,z)=0 \end{cases}$$

我们称这个方程组为**空间曲线 C 的一般方程**.

因为过同一条曲线 C 的曲面有无数多个，所以可用不同的方程组表示同一条曲线，可见曲线的一般方程并不是唯一的.

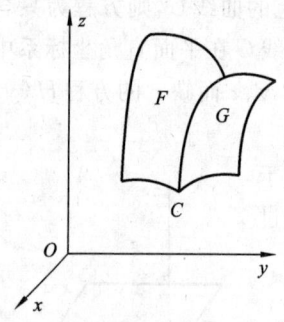

图 6.2.5

例如，方程组
$$\begin{cases} x^2+y^2+z^2=1 \\ x^2+y^2=1 \end{cases} \text{ 和 } \begin{cases} x^2+y^2=1 \\ z=0 \end{cases}$$
都表示在 Oxy 平面上以原点为圆心，半径为 1 的圆.

2. 空间直线的方程

空间直线 L 可以看成是两个平面 π_1 和 π_2 的交线.因此由两平面方程组成的方程组
$$\begin{cases} A_1x+B_1y+C_1z+D_1=0 \\ A_2x+B_2y+C_2z+D_2=0 \end{cases}$$
就表示这两个平面的相交直线.此方程组称为**空间直线的一般方程**.

通过一条直线的平面有无限多个,因此直线的一般方程并不是唯一的.

3. 空间曲线的参数方程

空间曲线的方程也可用参数形式表示.将曲线 C 看成是一质点运动的轨迹,动点 $M(x,y,z)$ 对时间 t 的依赖关系表示为

$$\begin{cases} x = x(t) \\ y = y(t) \\ z = z(t) \end{cases} \quad (6.2.5)$$

则此方程组完全决定了曲线 C 上每点的位置.一般地,若曲线上点的坐标能表示为式(6.2.5),其中 t 是参数(通常表示时间或者角度等),则称式(6.2.5)为**曲线 C 的参数方程**.

例 6.2.5 设质点从点 $A(a,0,0)$ $(a>0)$ 出发,在圆柱面 $x^2+y^2=a^2$ 上运动.这个点以常角速度 ω 绕 z 轴旋转,同时以匀速 b 沿 z 轴正向移动,求质点的轨迹方程.

解 设 (x,y,z) 为动点之坐标,θ 为其在 Oxy 平面上投影点 (x,y) 的极角.则有 $x=a\cos\theta, y=a\sin\theta, \theta=\omega t$, $z=bt$.于是所求质点的轨迹方程为

$$\begin{cases} x = a\cos\omega t \\ y = a\sin\omega t \\ z = bt \end{cases}$$

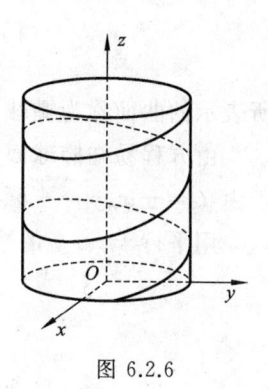

此曲线称为**圆柱螺旋线**(图 6.2.6).

图 6.2.6

习 题 6.2

1. 求 $x^2+y^2+z^2+4x+2y-2z-5=0$ 所表示的球面的球心和球半径.
2. 指出下列方程所表示的空间曲面,并绘出草图.
   (1) $y^2+4z^2=1$; (2) $x^2+y^2+2x=0$; (3) $z^2=2x$;
   (4) $x^2=1$; (5) $x^2+y^2=0$.
3. 求通过 x 轴和点 $(4,-3,-1)$ 的平面的方程.
4. 求平行于 zOx 平面且经过点 $(2,-5,3)$ 的平面方程.
5. 求母线平行于 y 轴且通过曲线 $\begin{cases} 2x^2+y^2+z^2=16 \\ x^2+z^2-y^2=0 \end{cases}$ 的柱面方程.

6.3 常见的二次曲面

如果 $F(x,y,z)=0$ 是二次方程,那么它表示的曲面称为二次曲面.本节介绍几种常见的二次曲面,分析其标准方程,绘制其图形.

在分析和绘制曲面的形状时经常采用**平面截痕法**,即通过一族平行移动的平面与目标曲面相交,根据所得截面上的交线(称为截痕)的形状来构建三维空间中目标曲面的形状.通常我们采用与三个坐标面平行的平面来进行研究.

1. 椭球面

由方程

$$\frac{x^2}{a^2}+\frac{y^2}{b^2}+\frac{z^2}{c^2}=1 \quad (a,b,c>0)$$

所表示的曲面称为**椭球面**.

由方程易知椭球面关于坐标轴、坐标面及坐标原点都是对称的.显然椭球面位于由 $x=\pm a$、$y=\pm b$、$z=\pm c$ 六个平面所围成的长方体之内.

用平行于 Oxy 的平面 $z=z_1$ 截割椭球面,所得截痕方程为

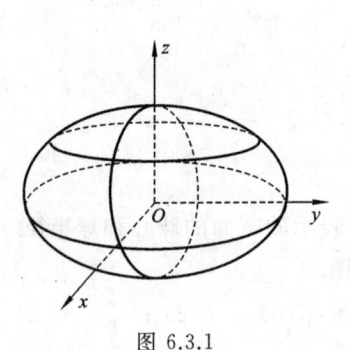

$$\begin{cases}\dfrac{x^2}{a^2}+\dfrac{y^2}{b^2}=1-\dfrac{z_1^2}{c^2}\\ z=z_1\end{cases}$$

当平面 $z=z_1$ 平行移动并且满足 $|z_1|<c$ 时,在平面 $z=z_1$ 上的截痕是椭圆.当 $|z_1|$ 由 0 逐渐变大到 c 时,椭圆逐渐缩小.当 $z_1=\pm c$ 时,截痕退缩为一个点 $(0,0,\pm c)$.用平行于 Oyz,Ozx 的平面可以得到类似的结果.据此便可以绘制出其图形,如图 6.3.1 所示.

图 6.3.1

2. 椭圆抛物面

由方程

$$\frac{x^2}{p}+\frac{y^2}{q}=2z \quad (p,q>0)$$

所表示的曲面称为**椭圆抛物面**.

由 $z\geqslant 0$ 可知,它位于 Oxy 平面的上方.由截痕法可知,椭圆抛物面与平面 $z=z_1$ 的截线为椭圆,其形状如图 6.3.2 所示.椭圆随着 z 的增大而增大.在其他两个方向上,这曲面与平面 $y=y_1$ 和 $x=x_1$ 的截线都是抛物线.

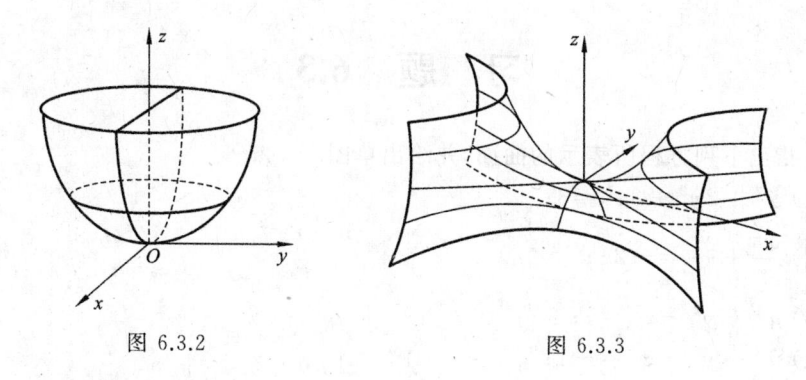

图 6.3.2　　　　　　　　　图 6.3.3

3. 双曲抛物面
由方程

$$\frac{x^2}{p} - \frac{y^2}{q} = 2z$$

所表示的曲面称为**双曲抛物面**.同样由截痕法可得到它的图形.由于其形状酷似马鞍,又称为**马鞍面**(图 6.3.3).

4. 双曲面
由方程

$$\frac{x^2}{a^2} + \frac{y^2}{b^2} - \frac{z^2}{c^2} = 1 \quad (a,b,c > 0)$$

所表示的曲面称为**单叶双曲面**(图 6.3.4).

由方程

$$\frac{x^2}{a^2} + \frac{y^2}{b^2} - \frac{z^2}{c^2} = -1 \quad (a,b,c > 0)$$

所表示的曲面称为**双叶双曲面**.其图形由对称的两叶曲面组成(图 6.3.5).

单叶双曲面与双叶双曲面统称为双曲面.

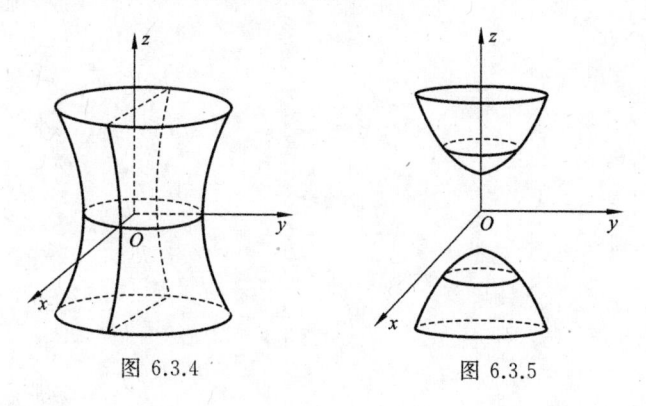

图 6.3.4　　　　　　　　　图 6.3.5

习 题 6.3

1. 指出下列方程所表示的曲面,并绘出草图.
   (1) $x^2 + 2y^2 + 3z^2 = 3$;
   (2) $\dfrac{x^2}{4} + \dfrac{y^2}{9} = -2z$;
   (3) $x^2 + y^2 - z^2 = 1$;
   (4) $x^2 + y^2 - z^2 = -1$;
   (5) $x^2 + y^2 = z^2$;
   (6) $x^2 - y^2 = 4z$.

2. 试用截痕法讨论单叶双曲面 $\dfrac{x^2}{2} + \dfrac{y^2}{3} - \dfrac{z^2}{6} = 1$ 的形状.

第 7 章 多元函数及其微分法

前面我们讨论的函数是一元函数,它只有一个自变量.但在很多实际问题中往往牵涉到多方面的因素,反映到数学上,就是一个变量依赖于多个变量的情形.由此引导出了多元函数以及多元函数的微分和积分的问题.本章主要介绍了多元函数的极限、导数、微分、极值及其应用.在以下讨论中,我们以二元函数为主,但所用的方法以及相关的概念、性质、结论都可以很自然地推广到二元以上的多元函数.

7.1 多元函数的极限与连续

7.1.1 多元函数的概念

一元函数的自变量的变域是实数轴中的点集,常用的是区间.二元函数的自变量的变域则是 Oxy 平面中的点集.

1. 平面点集

(1) 邻域、去心邻域.

以 $N(P_0,\delta)$ 记 Oxy 平面上以点 $P_0(x_0,y_0)$ 为中心,$\delta > 0$ 为半径的圆内部的点 $P(x,y)$ 的全体,称为点 P_0 的 δ **邻域**.若不需要强调邻域的半径 δ,便记为 $N(P_0)$;去掉点 P_0 的**去心邻域**记为 $\mathring{N}(P_0)$.

有了邻域概念,就可以描述平面上的点与点集之间的关系.

(2) 内点、外点、边界点、聚点.

设 E 为平面上的点集,P 为平面内的一点,如果存在点 P 的某个邻域 $N(P,\delta)$,使得 $N(P,\delta) \subset E$,则称 P 为点集 E 的内点(图 7.1.1 中的 P_1 点).

若存在点 P 的某个邻域 $N(P,\delta)$,使得 $N(P,\delta) \cap E = \varnothing$,则称 P 为点集 E 的外点(图 7.1.1 中的 P_2 点);如果点 P 的任一邻域内既含有属于 E 的点,又含有不属于 E 的点,则称 P 为点集 E 的边界点(图 7.1.1 中的

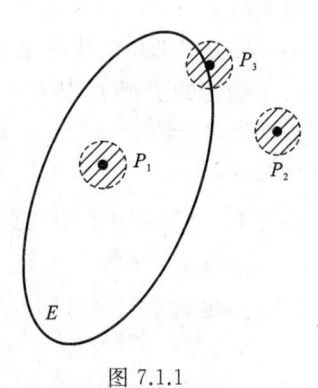

图 7.1.1

P_3 点).E 的边界点的全体称为点集 E 的**边界**,记为 ∂E.显然,E 的边界点可能属于 E,也可能不属于 E.

如果点 P 的任一邻域内总有无限多个点属于点集 E,则称 P 为点集 E 的**聚点**.易知,点集的内点都是它的聚点,但聚点不一定是点集的内点(因为聚点可以是 E 的边界点).

(3) 开集与闭集.

若点集 E 中的每个点是其内点,则称 E 为**开集**.若点集 E 的余集 E^c 为开集,则称 E 为**闭集**.例如,平面上点集 $\{(x,y)|1<x^2+y^2<4\}$ 是开集,点集 $\{(x,y)|1\leqslant x^2+y^2\leqslant 4\}$ 是闭集,点集 $\{(x,y)|1\leqslant x^2+y^2<4\}$ 既不是开集,也不是闭集.

(4) 连通集、有界集与无界集.

如果点集 E 中任意两点都可以用一完全属于 E 的折线相连,则称 E 为**连通集**.例如,开集 $\{(x,y)|1<x^2+y^2<4\}$ 是连通的,而开集 $\{(x,y)||x|>2\}$ 不是连通集.如果存在正数 R,使属于点集 E 的一切点 $P(x,y)$ 与某个定点 $P_0(x_0,y_0)$ 之间的距离不超过 R,即 $|P_0P|\leqslant R$,对一切 $P\in E$ 成立,则称 E 为**有界集**,否则就称 E 为**无界集**.

(5) 区域、闭区域.

连通的开集称为开区域,简称**区域**.开区域连同它的边界所构成的点集称为闭区域.

2. 多元函数的概念

在实际问题中,经常会遇到多个变量之间的依赖关系,例如,长方形的面积 S 与长 x、宽 y 之间的关系为 $S=xy$,所以面积 S 是依赖于两个变量 x、y 的函数.这种依赖于两个或更多个变量的函数,就是多元函数.下面我们给出二元函数的定义.

定义 7.1.1 设 D 是平面上的一个点集,若对于 D 中的每一个点 (x,y),通过一个确定的法则 f,都有一个唯一的实数 z 与之对应,则称法则 f 为 D 上的一个**二元函数**,记为

$$z=f(x,y) \quad (x,y)\in D$$

集合 D 称为函数 f 的**定义域**,而 f 取值 z 的全体构成的集合称为函数 f 的**值域**.

函数 $z=f(x,y),(x,y)\in D$ 的图像在几何上表示了空间中的一张曲面(图 7.1.2),也就是三维空间 $Oxyz$ 中的点集

$$G=\{(x,y,z)|\quad z=f(x,y),(x,y)\in D\}$$

在本书中使用的较多的函数 f 是由变量 x,y 经初等运算得到的表达式,其定义域为使得表达式有意义的平面点集.例如,函数 $z=\sqrt{1-x^2-y^2}$,定义域为圆域

$\{(x,y) \mid x^2 + y^2 \leqslant 1\}$,图形为空间中其中心在坐标系的原点,半径为 1 的球面的上半部分.

类似地可以定义三元函数 $u = f(x,y,z)$ 以及三元以上的函数.二元以及二元以上的函数统称为**多元函数**.

7.1.2 二元函数的极限

下面我们将一元函数的极限概念推广到二元函数中.

图 7.1.2

定义 7.1.2 设函数 $z = f(x,y)$ 的定义域为 D,$P_0(x_0, y_0)$ 是 D 的聚点,A 为常数,如果对任意给定的正数 ε,总存在正数 δ,当 $0 < \sqrt{(x-x_0)^2 + (y-y_0)^2} < \delta$,$P(x,y) \in D$,有

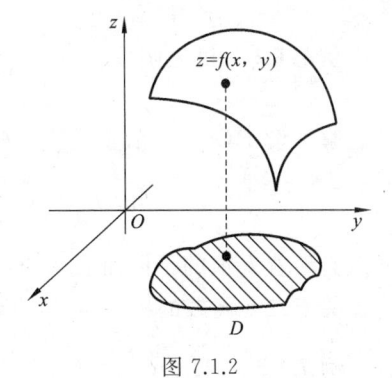

$$|f(x,y) - A| < \varepsilon$$

成立,则称 A 为函数 $z = f(x,y)$ 当 $x \to x_0, y \to y_0$(或 $P \to P_0$)时的极限,记为

$$\lim_{\substack{x \to x_0 \\ y \to y_0}} f(x,y) = A \quad \text{或} \quad \lim_{P \to P_0} f(P) = A$$

为了区别于一元函数的极限,我们把二元函数的极限叫做二重极限.

例 7.1.1 证明 $\lim\limits_{\substack{x \to 0 \\ y \to 0}} (x^2 + y^2) \sin \dfrac{x+y}{\sqrt{x^4 + y^2}} = 0$.

证 因为

$$\left| (x^2 + y^2) \sin \frac{x+y}{\sqrt{x^4 + y^2}} - 0 \right| < x^2 + y^2$$

所以,对任意的 $\varepsilon > 0$,取 $\delta = \sqrt{\varepsilon}$,当

$$0 < \sqrt{(x-0)^2 + (y-0)^2} < \delta$$

时,便有

$$\left| (x^2 + y^2) \sin \frac{x+y}{\sqrt{x^4 + y^2}} - 0 \right| < \varepsilon$$

于是

$$\lim_{\substack{x \to 0 \\ y \to 0}} (x^2 + y^2) \sin \frac{x+y}{\sqrt{x^4 + y^2}} = 0$$

依定义,二重极限存在,是指 $P(x,y)$ 以任何方式趋近于 $P_0(x_0, y_0)$ 时,函数值都无限趋近于 A.因此,如果 $P(x,y)$ 以某一特殊方式趋近于 $P_0(x_0, y_0)$ 时,即使函数值无限趋近于某个确定的值,也不能由此断定函数的二重极限存在.但是,当 $P(x,y)$ 以不同的方式趋近于 $P_0(x_0, y_0)$ 时,如果函数趋近于不同的值,则可以断定函数在 $P_0(x_0, y_0)$ 的二重极限不存在.

例 7.1.2 讨论函数 $f(x,y) = \begin{cases} \dfrac{xy}{x^2+y^2}, & x^2+y^2 \neq 0 \\ 0, & x^2+y^2 = 0 \end{cases}$ 在点 $(0,0)$ 的极限.

解 设 $P(x,y)$ 沿直线 $y=kx$ 趋近于点 $(0,0)$，则有

$$\lim_{\substack{x\to 0 \\ y\to 0}} f(x,y) = \lim_{x\to 0} \frac{kx^2}{x^2+k^2x^2} = \frac{k}{1+k^2}$$

显然它随着 k 值的不同而改变的，因此函数 $f(x,y)$ 在点 $(0,0)$ 的极限不存在.

关于二元函数的极限运算，有着与一元函数类似运算法则.

例 7.1.3 求 $\lim\limits_{\substack{x\to 0 \\ y\to 2}} \dfrac{\sin xy^2}{x}$.

解 由极限运算法则得

$$\lim_{\substack{x\to 0 \\ y\to 2}} \frac{\sin xy^2}{x} = \lim_{\substack{x\to 0 \\ y\to 2}} \frac{\sin xy^2}{xy^2} \cdot y^2 = 1 \cdot 2^2 = 4$$

7.1.3 二元函数的连续性

有了二元函数的极限概念，就可以说明二元函数的连续性.

定义 7.1.3 设二元函数 $z=f(x,y)$ 的定义域为 D，$P_0(x_0,y_0) \in D$ 是 D 的聚点. 如果

$$\lim_{\substack{x\to x_0 \\ y\to y_0}} f(x,y) = f(x_0,y_0) \quad \text{或} \quad \lim_{P\to P_0} f(P) = f(P_0)$$

成立，则称函数 $z=f(x,y)$ 在点 $P_0(x_0,y_0)$ **连续**.

如果二元函数 $z=f(x,y)$ 在 $P_0(x_0,y_0)$ 不连续，则称 $P_0(x_0,y_0)$ 为二元函数的**间断点**. 例如，$(1,0)$ 是函数 $f(x,y) = \dfrac{1}{x^2+y^2-1}$ 的间断点，而圆周 $x^2+y^2=1$ 称为它的间断线.

如果二元函数 $z=f(x,y)$ 在区域 D 内各点都连续，则称函数 $z=f(x,y)$ 在区域 D 上连续，或称 $z=f(x,y)$ 为区域 D 上的连续二元函数. 例如，$f(x,y) = \dfrac{1}{x^2+y^2+1}$ 在整个平面上都是连续的.

与一元函数一样，利用二元函数的极限运算法则可以证明，二元连续函数的四则运算（商在分母不为零处）仍是连续函数，连续函数的复合函数还是连续的.

同样地，**二元初等函数**是指变量 x,y 经由基本初等函数和有限次的四则运算和复合运算而得到的可用一个式子表示的函数. 例如，

$$z = e^{-2x+3y}, \quad z = \sin xy^2 + \ln(x+y), \quad z = \cos\sqrt[3]{5x+\tan(2x-y)}$$

也可以证明：**一切二元及多元初等函数在其定义域内都是连续的**.

若 P_0 是多元初等函数 $f(P)$ 定义域内的一点,且函数在该点连续,则
$$\lim_{P \to P_0} f(P) = f(P_0)$$

例 7.1.4 求 $\lim\limits_{\substack{x \to 2 \\ y \to \infty}} \dfrac{xy-1}{2y+1}$.

解 令 $t = y^{-1}$,当 $y \to \infty$,有 $t \to 0$,于是
$$\lim_{\substack{x \to 2 \\ y \to \infty}} \frac{xy-1}{2y+1} = \lim_{\substack{x \to 2 \\ y \to \infty}} \frac{x - y^{-1}}{2 + y^{-1}} = \lim_{\substack{x \to 2 \\ t \to 0}} \frac{x-t}{2+t} = \frac{2}{2} = 1$$

例 7.1.5 求 $\lim\limits_{\substack{x \to 0 \\ y \to 0}} \dfrac{\sqrt{xy+1} - 1}{xy}$.

解 $\lim\limits_{\substack{x \to 0 \\ y \to 0}} \dfrac{\sqrt{xy+1} - 1}{xy} = \lim\limits_{\substack{x \to 0 \\ y \to 0}} \dfrac{xy+1-1}{xy(\sqrt{xy+1}+1)} = \lim\limits_{\substack{x \to 0 \\ y \to 0}} \dfrac{1}{\sqrt{xy+1}+1} = \dfrac{1}{2}$

与闭区间上一元连续函数的性质相类似,有界闭区域上的二元连续函数具有如下性质.

性质 1(有界性与最大值最小值定理) 若二元函数在有界闭区域 D 上连续,则它在 D 上有界,且至少取得它的最大值和最小值各一次.

性质 2(介值定理) 在有界闭区域 D 上二元连续函数必取得介于最大值和最小值之间的任何值.

习　题　7.1

1. 设 $f(x,y) = \dfrac{x^2 - 2xy - y^2}{x^2 + y^2}$,试求 $f\left(1, \dfrac{y}{x}\right)$.

2. 已知函数 $f(u,v,w) = u^w + w^{u+v}$,试求 $f(x+y, x-y, xy)$.

3. 求下列函数的定义域.

(1) $z = \ln(y^2 - 4x + 8)$;　　(2) $z = \arcsin \dfrac{x^2 + y^2}{9} + \sqrt{x^2 + y^2 - 4}$.

4. 求下列函数的极限.

(1) $\lim\limits_{\substack{x \to 0 \\ y \to 0}} \dfrac{\sqrt{x^2 y^2 + 1} - 1}{x^2 + y^2}$;　　(2) $\lim\limits_{\substack{x \to 0 \\ y \to 0}} \dfrac{x^2 \sin y}{x^2 + y^4}$;　　(3) $\lim\limits_{\substack{x \to 0 \\ y \to 0}} \dfrac{xy}{\sqrt{x \sin y + 1} - 1}$.

5. 求下列函数的间断点.

(1) $z = \dfrac{1}{x^2 - y}$;　　(2) $z = \dfrac{1}{\sin x \sin y}$.

7.2 偏　导　数

在讨论一元函数时,我们从函数的变化率引入了导数概念,对于多元函数我们也要讨论它的变化率.但多元函数的自变量不止一个,我们先考虑函数的自变量中的一个发生变化,其余的自变量保持不变的情形下,函数对于这个自变量的变化率,这就是下面的偏导数概念.

7.2.1 偏导数的定义与计算

定义 7.2.1 设函数 $z=f(x,y)$ 在点 (x_0,y_0) 的某一邻域内有定义,当 y 固定在 y_0 而 x 在 x_0 处有增量 Δx 时,相应地函数有增量
$$f(x_0+\Delta x,y_0)-f(x_0,y_0)$$
如果
$$\lim_{\Delta x \to 0}\frac{f(x_0+\Delta x,y_0)-f(x_0,y_0)}{\Delta x}$$
存在,则称此极限为函数 $z=f(x,y)$ 在点 (x_0,y_0) 处对 x 的**偏导数**,记为

$$\left.\frac{\partial z}{\partial x}\right|_{\substack{x=x_0 \\ y=y_0}}, \quad \left.\frac{\partial f}{\partial x}\right|_{\substack{x=x_0 \\ y=y_0}}, \quad \left.z_x\right|_{\substack{x=x_0 \\ y=y_0}} \quad 或 \quad f_x(x_0,y_0)$$

即
$$f_x(x_0,y_0)=\lim_{\Delta x \to 0}\frac{f(x_0+\Delta x,y_0)-f(x_0,y_0)}{\Delta x}$$

显然,偏导数 $f_x(x_0,y_0)$ 就是一元函数 $z=f(x,y_0)$ 在点 $x=x_0$ 处的导数.

类似地,函数 $z=f(x,y)$ 在点 (x_0,y_0) 处对 y 的偏导数定义为
$$\lim_{\Delta x \to 0}\frac{f(x_0,y_0+\Delta y)-f(x_0,y_0)}{\Delta x}$$

记为

$$\left.\frac{\partial z}{\partial y}\right|_{\substack{x=x_0 \\ y=y_0}}, \quad \left.\frac{\partial f}{\partial y}\right|_{\substack{x=x_0 \\ y=y_0}}, \quad \left.z_y\right|_{\substack{x=x_0 \\ y=y_0}} \quad 或 \quad f_y(x_0,y_0)$$

即
$$f_y(x_0,y_0)=\lim_{\Delta y \to 0}\frac{f(x_0,y_0+\Delta y)-f(x_0,y_0)}{\Delta y}$$

如果函数 $z=f(x,y)$ 在区域 D 内每一点 (x,y) 处对 x 的偏导数都存在,那么这个偏导数就是 x、y 的函数,称之为函数 $z=f(x,y)$ 对自变量 x 的偏导函数(简称偏导数),记为

$$\frac{\partial z}{\partial x}, \quad \frac{\partial f}{\partial x}, \quad z_x \quad 或 \quad f_x(x,y)$$

类似地,可以定义函数 $z=f(x,y)$ 对自变量 y 的偏导函数,记为

$$\frac{\partial z}{\partial y}, \quad \frac{\partial f}{\partial y}, \quad z_y \quad \text{或} \quad f_y(x,y)$$

于是,将 $z=f(x,y)$ 中的 y 暂时看成常量而对 x 求导,就得到了 $\frac{\partial z}{\partial x}$;将 x 暂时看成常量而对 y 求导,就得到了 $\frac{\partial z}{\partial y}$.

例 7.2.1 $z=y^2\sin(x+y)$,求 $\frac{\partial z}{\partial x},\frac{\partial z}{\partial y}$.

解 将 $z=y^2\sin(x+y)$ 中的 y 看成常量,对 x 求导,得

$$\frac{\partial z}{\partial x}=y^2\cos(x+y)$$

将 x 看成常量,对 y 求导,得

$$\frac{\partial z}{\partial x}=2y\sin(x+y)+y^2\cos(x+y)$$

例 7.2.2 设 $z=x^y$ $(x>0, x\neq 1)$,求 $z_x(1,3), z_y(1,3)$.

解 1 $\quad z_x(x,y)=yx^{y-1}, \quad z_y(x,y)=x^y\ln x$

于是 $\quad z_x(1,3)=3, \quad z_y(1,3)=0$

解 2 因为 $z(x,3)=x^3$,所以

$$z_x(1,3)=3x^2\big|_{x=1}=3$$

同样地

$$z(1,y)=1, \quad z_y(1,3)=1'=0$$

例 7.2.3 已知理想气体的状态方程 $PV=RT$(R 为常量),证明

$$\frac{\partial P}{\partial V}\cdot\frac{\partial V}{\partial T}\cdot\frac{\partial T}{\partial P}=-1$$

证 由 $P=\frac{RT}{V}$,得 $\frac{\partial P}{\partial V}=-\frac{RT}{V^2}$;由 $V=\frac{RT}{P}$,得 $\frac{\partial V}{\partial T}=\frac{R}{P}$;由 $T=\frac{PV}{R}$,得 $\frac{\partial T}{\partial P}=\frac{V}{R}$.

于是

$$\frac{\partial P}{\partial V}\cdot\frac{\partial V}{\partial T}\cdot\frac{\partial T}{\partial P}=-\frac{RT}{V^2}\cdot\frac{R}{P}\cdot\frac{V}{R}=-\frac{RT}{PV}=-1$$

上式表明,偏导数的记号,例如 $\frac{\partial P}{\partial V}$ 是一个整体记号,不能看成分子与分母之商.

偏导数的概念还可以推广到二元以上的多元函数.例如,三元函数 $u=f(x,y,z)$ 的三个偏导数分别定义为

$$f_x(x,y,z)=\lim_{\Delta x\to 0}\frac{f(x+\Delta x,y,z)-f(x,y,z)}{\Delta x}$$

$$f_y(x,y,z)=\lim_{\Delta y\to 0}\frac{f(x,y+\Delta y,z)-f(x,y,z)}{\Delta y}$$

$$f_z(x,y,z) = \lim_{\Delta z \to 0} \frac{f(x,y,z+\Delta z) - f(x,y,z)}{\Delta z}$$

例 7.2.4 求 $r = \sqrt{x^2 + y^2 + z^2}$ 的偏导数.

解 将 $r = \sqrt{x^2 + y^2 + z^2}$ 中的 y 和 z 都看成常数,对 x 求导,得

$$\frac{\partial r}{\partial x} = \frac{2x}{2\sqrt{x^2+y^2+z^2}} = \frac{x}{r}$$

类似地,有 $\dfrac{\partial r}{\partial y} = \dfrac{y}{r}, \quad \dfrac{\partial r}{\partial z} = \dfrac{z}{r}$

例 7.2.5 设函数 $f(x,y) = \begin{cases} \dfrac{xy}{x^2+y^2}, & x^2+y^2 \neq 0 \\ 0, & x^2+y^2 = 0 \end{cases}$,求它的偏导数.

解 当 $x^2 + y^2 \neq 0$ 时,我们用求导法则求出函数的偏导数.

$$f_x(x,y) = \frac{y(x^2+y^2) - xy \cdot 2x}{(x^2+y^2)^2} = \frac{y(y^2-x^2)}{(x^2+y^2)^2}$$

$$f_y(x,y) = \frac{x(x^2+y^2) - xy \cdot 2y}{(x^2+y^2)^2} = \frac{x(x^2-y^2)}{(x^2+y^2)^2}$$

当 $x^2 + y^2 = 0$ 时,我们只能用偏导数定义求出函数的偏导数.

$$f_x(0,0) = \lim_{\Delta x \to 0} \frac{f(0+\Delta x, 0) - f(0,0)}{\Delta x} = 0$$

$$f_y(0,0) = \lim_{\Delta y \to 0} \frac{f(0, 0+\Delta y) - f(0,0)}{\Delta y} = 0$$

注 7.2.1 这个二元函数在 $(0,0)$ 点的偏导数也存在.注意到例 7.1.2,该函数在点 $(0,0)$ 的极限不存在,从而不连续.可见,对于多元函数来说,即使各偏导数在某点都存在,也不能保证函数在该点连续.

二元函数的偏导数的几何意义.

设 $M_0(x_0, y_0, f(x_0, y_0))$ 为曲面 $z = f(x,y)$ 上的一点,过 M_0 作平面 $y = y_0$,截此曲面得一曲线,此曲线在平面 $y = y_0$ 上的方程为 $z = f(x, y_0)$,则偏导数 $f_x(x_0, y_0)$ 就是这曲线在点 M_0 处的切线 $M_0 T_x$ 对 x 轴的斜率(图 7.2.1).同样,偏导数 $f_y(x_0, y_0)$ 的几何意义是曲面被平面 $x = x_0$ 所截得的曲线在点 M_0 处的切线 $M_0 T_y$ 对 y 轴的斜率.

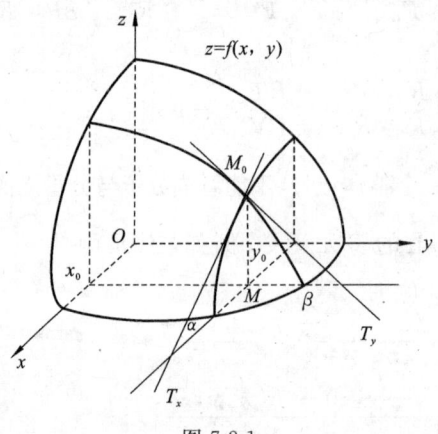

图 7.2.1

7.2.2 高阶偏导数

设函数 $z=f(x,y)$ 在区域 D 上的有偏导数

$$\frac{\partial z}{\partial x}=f_x(x,y), \quad \frac{\partial z}{\partial y}=f_y(x,y)$$

且这两个偏导函数仍可求偏导数,则称它们的偏导数为函数 $z=f(x,y)$ 的**二阶偏导数**.按照对变量求导次序的不同,我们有下列四种不同的二阶偏导数.

$f(x,y)$ 关于 x 的二阶偏导数 $\frac{\partial}{\partial x}\left(\frac{\partial z}{\partial x}\right)$,常记为 $\frac{\partial^2 z}{\partial x^2}, f_{xx}(x,y), z_{xx}$ 等.即

$$\frac{\partial^2 z}{\partial x^2}=f_{xx}(x,y)=z_{xx}=\frac{\partial}{\partial x}\left(\frac{\partial z}{\partial x}\right)$$

类似地,其他三种二阶偏导数记号及定义分别为

$$\frac{\partial^2 z}{\partial x \partial y}=f_{xy}(x,y)=z_{xy}=\frac{\partial}{\partial y}\left(\frac{\partial z}{\partial x}\right)$$

$$\frac{\partial^2 z}{\partial y \partial x}=f_{yx}(x,y)=z_{yx}=\frac{\partial}{\partial x}\left(\frac{\partial z}{\partial y}\right)$$

$$\frac{\partial^2 z}{\partial y^2}=f_{yy}(x,y)=z_{yy}=\frac{\partial}{\partial y}\left(\frac{\partial z}{\partial y}\right)$$

其中,第二、三两个二阶偏导数称为**混合偏导数**.同样可定义三阶、四阶等偏导数.二阶及二阶以上的偏导数统称为**高阶偏导数**.

例 7.2.6 求函数 $z=e^{xy}+x^2y^3+2x^3y^2-xy+1$ 的所有二阶偏导数及三阶偏导数 $\frac{\partial^3 z}{\partial y \partial x^2}$.

解 $\frac{\partial z}{\partial x}=ye^{xy}+2xy^3+6x^2y^2-y, \quad \frac{\partial z}{\partial y}=xe^{xy}+3x^2y^2+4x^3y-x$

$\frac{\partial^2 z}{\partial x^2}=y^2e^{xy}+2y^3+12xy, \quad \frac{\partial^2 z}{\partial x \partial y}=e^{xy}+xye^{xy}+6xy^2+12x^2y-1$

$\frac{\partial^2 z}{\partial y \partial x}=e^{xy}+xye^{xy}+6xy^2+12x^2y-1, \quad \frac{\partial^2 z}{\partial y^2}=x^2e^{xy}+6x^2y+4x^3$

$\frac{\partial^3 z}{\partial y \partial x^2}=\frac{\partial}{\partial x}\left(\frac{\partial^2 z}{\partial y \partial x}\right)=ye^{xy}+ye^{xy}+xy^2e^{xy}+6y^2+24xy$

在上例中,两个混合偏导数相等,这不是偶然的,事实上,我们有下述定理.

定理 7.2.1 如果二元函数 $z=f(x,y)$ 的两个二阶混合偏导数 z_{xy} 和 z_{yx} 在区域 D 内连续,则这两个二阶混合偏导数在区域 D 内有 $z_{xy}=z_{yx}$.

也就是说,在二阶混合偏导数连续的条件下,它的结果与求导的顺序无关.证明从略.

例 7.2.7 证明:函数 $u = \dfrac{1}{r}$,其中 $r = \sqrt{x^2+y^2+z^2}$ 满足拉普拉斯方程

$$\frac{\partial^2 u}{\partial x^2} + \frac{\partial^2 u}{\partial y^2} + \frac{\partial^2 u}{\partial z^2} = 0$$

证
$$\frac{\partial u}{\partial x} = -\frac{1}{r^2} \cdot \frac{\partial r}{\partial x} = -\frac{1}{r^2} \cdot \frac{x}{r} = -\frac{x}{r^3}$$

$$\frac{\partial^2 u}{\partial x^2} = -\frac{1}{r^3} + \frac{3x}{r^4} \cdot \frac{\partial r}{\partial x} = -\frac{1}{r^3} + \frac{3x^2}{r^5}$$

由于函数具有关于自变量的对称性,所以

$$\frac{\partial^2 u}{\partial y^2} = -\frac{1}{r^3} + \frac{3y^2}{r^5}, \quad \frac{\partial^2 u}{\partial z^2} = -\frac{1}{r^3} + \frac{3z^2}{r^5}$$

因此

$$\frac{\partial^2 u}{\partial x^2} + \frac{\partial^2 u}{\partial y^2} + \frac{\partial^2 u}{\partial z^2} = -\frac{3}{r^3} + \frac{3(x^2+y^2+z^2)}{r^5} = -\frac{3}{r^3} + \frac{3r^2}{r^5} = 0$$

习 题 7.2

1. 求下列函数的偏导数.

(1) $z = \dfrac{x}{\sqrt{x^2+y^2}}$; (2) $z = e^{\frac{x}{y}}$; (3) $u = x^{\frac{y}{z}}$.

2. 设 $z = e^{-(\frac{1}{x}+\frac{1}{y})}$,求证:$x^2 \dfrac{\partial z}{\partial x} + y^2 \dfrac{\partial z}{\partial y} = 2z$.

3. 求下列函数的二阶偏导数.

(1) $z = x^3 y^2 - 3xy^3 - xy + 1$; (2) $z = \sin^2(ax+by)$.

4. 设 $r = \sqrt{x^2+y^2+z^2}$,求证:$\dfrac{\partial^2 r}{\partial x^2} + \dfrac{\partial^2 r}{\partial y^2} + \dfrac{\partial^2 r}{\partial z^2} = \dfrac{2}{r}$.

7.3 全微分及其应用

7.3.1 全微分

对于二元函数,当函数 $z = f(x,y)$ 的自变量由 (x,y) 变到 $(x+\Delta x, y+\Delta y)$ 时,函数值从 $f(x,y)$ 变到 $f(x+\Delta x, y+\Delta y)$,其增量记为

$$\Delta z = f(x+\Delta x, y+\Delta y) - f(x,y) \tag{7.3.1}$$

定义 7.3.1 设二元函数 $z = f(x,y)$ 在点 $P(x,y)$ 及其邻域 $N(P)$ 内有定义,若有

$$\Delta z = A \cdot \Delta x + B \cdot \Delta y + o(\rho) \tag{7.3.2}$$

其中 A、B 不依赖于 Δx、Δy,$\rho = \sqrt{(\Delta x)^2 + (\Delta y)^2}$,则称函数 $z = f(x,y)$ 在点 $P(x,y)$ 处可微,而 $A \cdot \Delta x + B \cdot \Delta y$ 称为函数 $z = f(x,y)$ 在点 $P(x,y)$ 的全微分或微分,记为 $\mathrm{d}z$. 即

$$\mathrm{d}z = A \cdot \Delta x + B \cdot \Delta y$$

如果函数 $z = f(x,y)$ 在区域 D 内各点都可微,则称 $z = f(x,y)$ 在区域 D 内可微.

在上一节中,我们知道,多元函数在某点的偏导数存在,并不能保证函数在该点连续.但是,函数在某点可微时,则可推出函数在该点一定连续.事实上,由式(7.3.2) 可得

$$\lim_{\rho \to 0} \Delta z = 0$$

从而

$$\lim_{\substack{\Delta x \to 0 \\ \Delta y \to 0}} f(x + \Delta x, y + \Delta y) = \lim_{\substack{\Delta x \to 0 \\ \Delta y \to 0}} [f(x,y) + \Delta z] = f(x,y)$$

于是函数 $z = f(x,y)$ 在点 (x,y) 连续.

可微不仅推出连续,还可以推出偏导数存在.

定理 7.3.1 若函数 $z = f(x,y)$ 点 $P(x,y)$ 处可微,则 $f(x,y)$ 在该点的偏导数存在,且式(7.3.2) 中的系数 $A = \dfrac{\partial z}{\partial x}, B = \dfrac{\partial z}{\partial y}$,即 $z = f(x,y)$ 在点 $P(x,y)$ 的全微分为

$$\mathrm{d}z = \frac{\partial z}{\partial x} \cdot \Delta x + \frac{\partial z}{\partial y} \cdot \Delta y$$

证 在式(7.3.2)中,令 $\Delta y = 0$,则 $\rho = |\Delta x|$,且 $\Delta z = A \cdot \Delta x + o(|\Delta x|)$. 当 $\Delta x \neq 0$ 时,有

$$\frac{\Delta z}{\Delta x} = A + \frac{o(|\Delta x|)}{\Delta x}$$

故 $\lim\limits_{\Delta x \to 0} \dfrac{\Delta z}{\Delta x} = A$,从而 $\dfrac{\partial z}{\partial x}$ 存在,且 $\dfrac{\partial z}{\partial x} = A$. 同样可证 $\dfrac{\partial z}{\partial y}$ 存在,且 $\dfrac{\partial z}{\partial y} = B$.

通常将自变量的增量称为自变量的微分,并记为 $\mathrm{d}x, \mathrm{d}y$,从而全微分可为

$$\mathrm{d}z = \frac{\partial z}{\partial x} \cdot \mathrm{d}x + \frac{\partial z}{\partial y} \cdot \mathrm{d}y \tag{7.3.3}$$

我们知道,一元函数的可导与可微是等价的.但是对于多元函数来说,情形就不同了.例如,函数

$$f(x,y) = \sqrt{|xy|}$$

在点 $(0,0)$ 处有 $f_x(0,0) = 0$ 与 $f_y(0,0) = 0$.但它在点 $(0,0)$ 不可微.

反之,如果函数在$(0,0)$点可微,则
$$\Delta z - [f_x(0,0)\Delta x + f_y(0,0)\Delta y] = \sqrt{|\Delta x \Delta y|} = o(\rho)$$
其中 $\rho = \sqrt{(\Delta x)^2 + (\Delta y)^2}$. 然而,当点 $P(0+\Delta x, 0+\Delta y)$ 沿直线 $y = x$ 趋于点$(0,0)$时,
$$\frac{\sqrt{|\Delta x \Delta y|}}{\rho} = \frac{\sqrt{|\Delta x \Delta y|}}{\sqrt{(\Delta x)^2 + (\Delta y)^2}} = \frac{|\Delta x|}{\sqrt{2}|\Delta x|} = \frac{1}{\sqrt{2}}$$
即 $\Delta z - [f_x(0,0)\Delta x + f_y(0,0)\Delta y]$ 不是 ρ 的高阶无穷小. 因此, 该函数在点$(0,0)$不可微.

定理7.3.2(充分条件) 若函数 $z = f(x,y)$ 点 $P(x,y)$ 及其某个邻域内存在偏导数,且偏导数在点 $P(x,y)$ 处连续,则函数在该点可微.

证明从略.

以上关于二元函数全微分的定义和结论均可以推广到二元以上的多元函数.

例 7.3.1 求函数 $z = x^2 y^3 + e^{xy}$ 在点$(0,1)$处的全微.

解
$$z_x = 2xy^3 + ye^{xy}, \quad z_x(0,1) = 1$$
$$z_y = 3x^2 y^2 + xe^{xy}, \quad z_y(0,1) = 0$$

从而
$$dz\Big|_{\substack{x=0\\y=1}} = z_x(0,1)dx + z_y(0,1)dy = dx$$

例 7.3.2 求函数 $u = e^{x+y^2+z^3}$ 的全微分.

解 因为 $\dfrac{\partial u}{\partial x} = e^{x+y^2+z^3}$, $\dfrac{\partial u}{\partial y} = 2ye^{x+y^2+z^3}$, $\dfrac{\partial u}{\partial z} = 3z^2 e^{x+y^2+z^3}$, 所以
$$du = e^{x+y^2+z^3}(dx + 2ydy + 3z^2 dz)$$

7.3.2 全微分在近似计算中的应用

如果二元函数 $z = f(x,y)$ 在点(x,y) 的偏导数 $f_x(x,y)$、$f_y(x,y)$ 存在且连续,并且自变量增量的绝对值$|\Delta x|$、$|\Delta y|$都很小,则有近似计算公式
$$\Delta z \approx dz = f_x(x,y) \cdot \Delta x + f_y(x,y) \cdot \Delta y \tag{7.3.4}$$
由于 $\Delta z = f(x+\Delta x, y+\Delta y) - f(x,y)$,又得公式
$$f(x+\Delta x, y+\Delta y) \approx f(x,y) + f_x(x,y) \cdot \Delta x + f_y(x,y) \cdot \Delta y$$
$$\tag{7.3.5}$$

式(7.3.5)可以推广到三元以上的多元函数的近似计算.

例 7.3.3 计算$(1.05)^{2.03}$的近似值.

解 设函数 $f(x,y) = x^y$ 则需计算的值就是函数在 $x = 1.05, y = 2.03$ 的值. 取 $x=1, y=2, \Delta x=0.05, \Delta y=0.03$, 由于 $f(1,2) = 1^2 = 1, f_x(x,y) = yx^{y-1}$, 则 $f_x(1,2) = 2, f_y(x,y) = x^y \ln x$, 则 $f_y(1,2) = 0$. 用式(7.3.5), 得

$$(1.05)^{2.03} \approx 1 + 2 \times 0.05 + 0 \times 0.03 = 1.10$$

例 7.3.4 有一圆柱的高为 $H=20$ cm,半径为 $R=4$ cm,在其表面均匀镀上一层厚度为 0.1 cm 黄铜,设黄铜的密度 $\rho=8.5$ g/cm³,需要准备多少克(g)黄铜 W.

解 圆柱体的体积为 $V=\pi R^2 H$. 依题意,当 $R=4, H=20, \Delta R=0.1, \Delta H=0.2$ 时,求 ΔV. 由于

$$\frac{\partial V}{\partial R} = 2\pi RH, \quad \frac{\partial V}{\partial H} = \pi R^2$$

于是

$$\Delta V \approx dV = \frac{\partial V}{\partial R} \cdot \Delta R + \frac{\partial V}{\partial H} \cdot \Delta H$$
$$= 160\pi \times 0.1 + 16\pi \times 0.2$$
$$= 19.2\pi$$
$$W = \Delta V \cdot \rho \approx 19.2\pi \times 8.5 = 163.2\pi (\text{g})$$

习 题 7.3

1. 求下列函数的全微分.

(1) $z = e^{x^2+y^2}$; (2) $z = \dfrac{y}{\sqrt{x^2+y^2}}$; (3) $u = \ln(3x-2y+z)$.

2. 求下列函数在已知条件下全微分的值.

(1) $z = e^{xy}$,当 $x=1, y=1, \Delta x=0.15, \Delta y=0.1$;

(2) $z = x^2 y^3$,当 $x=2, y=-1, \Delta x=0.02, \Delta y=-0.01$.

3. 求 $\sqrt{(1.02)^3 + (1.97)^3}$ 的近似值.

7.4 多元复合函数与隐函数的求导法则

在一元函数微分学中,复合函数的求导法则起着重要作用. 现在我们把它推广到多元复合函数的情形.

7.4.1 多元复合函数的求导法则

1. 复合函数的中间变量均为一元函数的情形

定理 7.4.1 设函数 $u=\varphi(t)$ 及 $v=\psi(t)$ 都在点 t 可导,函数 $z=f(u,v)$ 在对应点 (u,v) 处具有连续的偏导数,则复合函数 $f[\varphi(t), \psi(t)]$ 在点 t 导数,且有

$$\frac{dz}{dt} = \frac{\partial z}{\partial u} \cdot \frac{du}{dt} + \frac{\partial z}{\partial v} \cdot \frac{dv}{dt} \tag{7.4.1}$$

此定理可推广到复合函数的中间变量多于两个的情形.

例如,设 $z=f(u,v,w), u=\varphi(t), v=\psi(t), w=\omega(t)$ 复合而得复合函数
$$z=f(\varphi(t),\psi(t),\omega(t))$$
则在与定理 7.4.1 相类似的条件下,这个复合函数在点 t 可导,且其导数可用下列公式计算:

$$\frac{dz}{dt}=\frac{\partial z}{\partial u}\cdot\frac{du}{dt}+\frac{\partial z}{\partial v}\cdot\frac{dv}{dt}+\frac{\partial z}{\partial w}\cdot\frac{dw}{dt} \tag{7.4.2}$$

式(7.4.1)及式(7.4.2)中的导数 $\dfrac{dz}{dt}$ 称为全导数.

例 7.4.1 设 $z=\sin(u-v), u=e^{-x^2}, v=4x^3$,求 $\dfrac{dz}{dx}$.

解
$$\begin{aligned}\frac{dz}{dx}&=\frac{\partial z}{\partial u}\cdot\frac{du}{dx}+\frac{\partial z}{\partial v}\cdot\frac{dv}{dx}\\&=\cos(u-v)e^{-x^2}(-2x)-\cos(u-v)12x^2\\&=-2x(e^{-x^2}+6x)\cos(e^{-x^2}-4x^3)\end{aligned}$$

例 7.4.2 设 $z=\tan(xy^2)$,而 $y=e^x$,求 $\dfrac{dz}{dx}$.

解
$$\begin{aligned}\frac{dz}{dx}&=\frac{\partial z}{\partial x}+\frac{\partial z}{\partial y}\cdot\frac{dy}{dx}\\&=\sec^2(xy^2)\cdot y^2+\sec^2(xy^2)\cdot 2xy\cdot e^x\\&=\sec^2(xe^{2x})\cdot e^{2x}(1+2x)\end{aligned}$$

注 7.4.1 上式中 $\dfrac{dz}{dx}$ 与 $\dfrac{\partial z}{\partial x}$ 的区别. $\dfrac{dz}{dx}$ 是将 y 作为 x 的函数后的一元复合函数 $z=f(x,y(x))$ 对 x 求导数;而 $\dfrac{\partial z}{\partial x}$ 是将 $z=f(x,y)$ 作为 x、y 的二元函数,视 y 为常量时,z 对 x 求导数.

2. 复合函数的中间变量均为多元函数的情形

定理 7.4.2 设函数 $u=\varphi(x,y)$ 和 $v=\psi(x,y)$ 在点 (x,y) 处有偏导数,函数 $z=f(u,v)$ 在对应点 (u,v) 具有连续的偏导数,则复合函数
$$z=f[\varphi(x,y),\psi(x,y)]$$
在点 (x,y) 的两个偏导数存在,且有

$$\frac{\partial z}{\partial x}=\frac{\partial z}{\partial u}\cdot\frac{\partial u}{\partial x}+\frac{\partial z}{\partial v}\cdot\frac{\partial v}{\partial x} \tag{7.4.3}$$

$$\frac{\partial z}{\partial y}=\frac{\partial z}{\partial u}\cdot\frac{\partial u}{\partial y}+\frac{\partial z}{\partial v}\cdot\frac{\partial v}{\partial y} \tag{7.4.4}$$

注 7.4.2 此定理关于偏导数的求导法则还可推广到其他形式的多元复合函数.下面通过例题说明.

例 7.4.3 设 $z = e^u \sin v$,而 $u = xy, v = x+y$,求 $\dfrac{\partial z}{\partial x}, \dfrac{\partial z}{\partial y}$.

解
$$\dfrac{\partial z}{\partial x} = \dfrac{\partial z}{\partial u} \cdot \dfrac{\partial u}{\partial x} + \dfrac{\partial z}{\partial v} \cdot \dfrac{\partial v}{\partial x} = e^u \cdot \sin v \cdot y + e^u \cdot \cos v \cdot 1$$
$$= e^{xy}[y\sin(x+y) + \cos(x+y)]$$
$$\dfrac{\partial z}{\partial y} = \dfrac{\partial z}{\partial u} \cdot \dfrac{\partial u}{\partial y} + \dfrac{\partial z}{\partial v} \cdot \dfrac{\partial v}{\partial y} = e^u \cdot \sin v \cdot x + e^u \cdot \cos v \cdot 1$$
$$= e^{xy}[x\sin(x+y) + \cos(x+y)]$$

例 7.4.4 设 $z = \dfrac{1}{\sqrt{u^2+v^2+w^2}}$,其中 $u = x^2+y^2, v = x^2-y^2, w = 2xy$,求 $\dfrac{\partial z}{\partial x}, \dfrac{\partial z}{\partial y}$.

解 这是以 x、y 为自变量,u、v、w 为中间变量的复合函数. 设 $r = \sqrt{u^2+v^2+w^2}$,则 $z = \dfrac{1}{r}$.

$$\dfrac{\partial z}{\partial x} = \dfrac{\partial z}{\partial u} \cdot \dfrac{\partial u}{\partial x} + \dfrac{\partial z}{\partial v} \cdot \dfrac{\partial v}{\partial x} + \dfrac{\partial z}{\partial w} \cdot \dfrac{\partial w}{\partial x}$$
$$= \dfrac{\mathrm{d}z}{\mathrm{d}r} \cdot \left(\dfrac{\partial r}{\partial u} \cdot \dfrac{\partial u}{\partial x} + \dfrac{\partial r}{\partial v} \cdot \dfrac{\partial v}{\partial x} + \dfrac{\partial r}{\partial w} \cdot \dfrac{\partial w}{\partial x}\right)$$
$$= -\dfrac{1}{r^2}\left(\dfrac{u}{r} \cdot 2x + \dfrac{v}{r} \cdot 2x + \dfrac{w}{r} \cdot 2y\right)$$
$$= -\dfrac{\sqrt{2}\,x}{(x^2+y^2)^2}$$

同理
$$\dfrac{\partial z}{\partial y} = -\dfrac{\sqrt{2}\,y}{(x^2+y^2)^2}$$

例 7.4.5 设 $z = f\left(\dfrac{y}{x}\right), f(u)$ 是可微函数,证明 $x\dfrac{\partial z}{\partial x} + y\dfrac{\partial z}{\partial y} = 0$.

解 令 $u = \dfrac{y}{x}$,则 z 是以 u 为中间变量,以 x、y 为自变量的复合函数. 因为 $f(u)$ 是可微函数,所以 $\dfrac{\mathrm{d}f}{\mathrm{d}u}$ 存在. 于是

$$\dfrac{\partial z}{\partial x} = \dfrac{\mathrm{d}f}{\mathrm{d}u} \cdot \dfrac{\partial u}{\partial x} = \dfrac{\mathrm{d}f}{\mathrm{d}u} \cdot \left(-\dfrac{y}{x^2}\right) = -\dfrac{y}{x^2} \cdot \dfrac{\mathrm{d}f}{\mathrm{d}u}$$
$$\dfrac{\partial z}{\partial y} = \dfrac{\mathrm{d}f}{\mathrm{d}u} \cdot \dfrac{\partial u}{\partial y} = \dfrac{\mathrm{d}f}{\mathrm{d}u} \cdot \left(\dfrac{1}{x}\right) = \dfrac{1}{x} \cdot \dfrac{\mathrm{d}f}{\mathrm{d}u}$$

故

$$x\frac{\partial z}{\partial x}+y\frac{\partial z}{\partial y}=-\frac{y}{x}\cdot\frac{\mathrm{d}f}{\mathrm{d}u}+\frac{y}{x}\cdot\frac{\mathrm{d}f}{\mathrm{d}u}=0$$

例 7.4.6 设 $w=f(x+y+z,xyz)$,求 $\dfrac{\partial w}{\partial x}$.

解 令 $u=x+y+z$, $v=xyz$,则 $w=f(u,v)$.为了表达简便起见,引入以下记号:
$$f'_1(u,v)=f'_u(u,v),\quad f'_2(u,v)=f'_v(u,v)$$
根据复合函数求导法则有
$$\frac{\partial w}{\partial x}=f'_1+yzf'_2$$

7.4.2 隐函数的求导公式

在一元函数微分学中给出了由方程 $F(x,y)=0$ 所确定的一元隐函数的求导方法.现在应用多元复合函数的求导法则来推出一元隐函数的求导公式.

定理 7.4.3 设函数 $F(x,y)$ 在点 $P_0(x_0,y_0)$ 的某一邻域内具有连续偏导数,且 $F(x_0,y_0)=0$, $F_y(x_0,y_0)\neq 0$,则方程 $F(x,y)=0$ 在点 (x_0,y_0) 的某个邻域内可以唯一地确定一个具有连续导数的函数 $y=f(x)$,它满足 $y_0=f(x_0)$,导数为
$$\frac{\mathrm{d}y}{\mathrm{d}x}=-\frac{F_x(x,y)}{F_y(x,y)} \tag{7.4.5}$$

证 函数 $y=f(x)$ 的存在性证明较复杂,略去.对于恒等式
$$F[x,f(x)]\equiv 0$$
两端对 x 求导,得
$$F_x(x,y)+F_y(x,y)f'(x)=0$$
当 $F_y(x_0,y_0)\neq 0$ 时,就得到
$$\frac{\mathrm{d}y}{\mathrm{d}x}=-\frac{F_x(x,y)}{F_y(x,y)}$$

例 7.4.7 设 y 作为 x 的函数由方程 $y-x\mathrm{e}^y+x=0$ 所确定,求 y 对 x 的导数.

解 令 $F(x,y)=y-x\mathrm{e}^y+x$,则
$$\frac{\partial F}{\partial x}=-\mathrm{e}^y+1,\quad \frac{\partial F}{\partial y}=1-x\mathrm{e}^y\neq 0$$
由式(7.4.5)得
$$\frac{\mathrm{d}y}{\mathrm{d}x}=-\frac{-\mathrm{e}^y+1}{1-x\mathrm{e}^y}=\frac{\mathrm{e}^y-1}{1-x\mathrm{e}^y}$$

类似地,设 $F(x,y,z)$ 是三元函数,由方程 $F(x,y,z)=0$ 所确定的二元隐函数 $z=f(x,y)$ 的偏导数的计算有下面公式.

定理 7.4.4 设函数 $F(x,y,z)$ 在点 $P_0(x_0,y_0,z_0)$ 的某一邻域内具有连续偏导数,且 $F(x_0,y_0,z_0)=0, F_z(x_0,y_0,z_0)\neq 0$,则方程 $F(x,y,z)=0$ 在点 (x_0,y_0,z_0) 的某一邻域内可以唯一地确定一个具有连续偏导数的函数 $z=f(x,y)$,它满足 $z_0=f(x_0,y_0)$,偏导数为

$$\frac{\partial z}{\partial x}=-\frac{F_x(x,y,z)}{F_z(x,y,z)}, \quad \frac{\partial z}{\partial y}=-\frac{F_y(x,y,z)}{F_z(x,y,z)} \tag{7.4.6}$$

例 7.4.8 求由方程 $x^2+y^2+z^2-4z=0$ 所确定的函数 $z=z(x,y)$ 的 $\frac{\partial z}{\partial x}$.

解 令 $F(x,y,z)=x^2+y^2+z^2-4z$,则 $F_x=2x, F_z=2z-4$,由式(7.4.6)得

$$\frac{\partial z}{\partial x}=-\frac{F_x}{F_z}=\frac{x}{2-z}.$$

习 题 7.4

1. 设 $z=f(u,v)$,而 $u=x^2+y^2, v=2xy$,求 $\frac{\partial z}{\partial x}, \frac{\partial z}{\partial y}$.

2. 设 $z=\mathrm{arccot}(xy)$,而 $y=\mathrm{e}^x$,求 $\frac{\mathrm{d}z}{\mathrm{d}x}$.

3. 设 $z=\frac{y}{1-x^2}$,而 $x=\sin t, y=\frac{1}{t}$,求 $\frac{\mathrm{d}z}{\mathrm{d}t}$.

4. 求下列函数的一阶偏导数(其中 f 具有一阶连续偏导数)

(1) $u=f\left(\frac{x}{y},\frac{y}{z}\right)$; (2) $u=f(x,xy,xyz)$.

5. 设 $\sin y+\mathrm{e}^x-xy^2=0$,求 $\frac{\mathrm{d}y}{\mathrm{d}x}$.

6. 设 $x+y+z=\mathrm{e}^{-(x+y+z)}$,求 $\frac{\partial z}{\partial x}, \frac{\partial z}{\partial y}$.

7.5 多元函数的极值

7.5.1 二元函数的极值

在实际问题中,往往会遇到多元函数的最大值、最小值问题.与一元函数相类似,多元函数最大值、最小值与极大值、极小值有着密切的关系.本节我们着重讨论二元函数的极值,其讨论的方法和得到的结论,大多可以推广到三元及以上的多元函数中.

定义 7.5.1 如果二元函数 $z=f(x,y)$ 对于点 (x_0,y_0) 的某一邻域内异于 (x_0,y_0) 的所有点 (x,y)，有
$$f(x,y) < f(x_0,y_0)$$
成立，则称函数 $f(x,y)$ 在点 (x_0,y_0) 取得**极大值** $f(x_0,y_0)$；如果有
$$f(x,y) > f(x_0,y_0)$$
成立，则称函数 $f(x,y)$ 在点 (x_0,y_0) 取得**极小值** $f(x_0,y_0)$. 极大值与极小值统称为**极值**，使函数取得极值的点称为**极值点**.

例 7.5.1 函数 $z=-\sqrt{x^2+y^2}$ 在点 $(0,0)$ 处有极大值 0.

例 7.5.2 函数 $z=xy$ 在点 $(0,0)$ 处既不取得极大值也不取得极小值. 因为函数在点 $(0,0)$ 的值为 0，但在点 $(0,0)$ 的任何邻域内，总有使得函数值为正的点，也总有使得函数值为负的点.

如何求二元函数的极值点或极值呢？一般可以利用偏导数来解决.

定理 7.5.1（必要条件） 如果二元函数 $z=f(x,y)$ 在点 (x_0,y_0) 取得极值，且两个一阶偏导数存在，则有
$$f_x(x_0,y_0)=0, \quad f_y(x_0,y_0)=0$$

证 不失一般性，不妨设 $z=f(x,y)$ 在点 (x_0,y_0) 取得极大值，则对于 $f(x,y)$ 在点 (x_0,y_0) 的某一邻域内异于 (x_0,y_0) 的点 (x,y) 都有 $f(x,y) < f(x_0,y_0)$. 特别地，在该邻域内取 $y=y_0$ 而 $x \neq x_0$ 的点，也应有
$$f(x,y_0) < f(x_0,y_0)$$

如果把 $f(x,y_0)$ 看成 x 的一元函数，由上式知 $f(x,y_0)$ 在 $x=x_0$ 处取到极大值，故有
$$\frac{d}{dx}f(x,y_0)\big|_{x=x_0}=0$$
即
$$f_x(x_0,y_0)=0$$

类似地可以证
$$f_y(x_0,y_0)=0$$

二元函数 $f(x,y)$ 的两个一阶偏导数都等于零的点叫做函数的**驻点**.

从定理 7.5.1 可知，具有偏导数的函数的极值点必然是驻点. 但函数的驻点不一定是极值点，例如，点 $(0,0)$ 是函数 $z=xy$ 的驻点，但不是函数的极值点.

判定二元函数的驻点是不是极值点，可依据下面的定理.

定理 7.5.2（充分条件） 设函数 $z=f(x,y)$ 在点 (x_0,y_0) 的某邻域内有连续的二阶偏导数，且 $f_x(x_0,y_0)=0, f_y(x_0,y_0)=0$，令 $A=f_{xx}(x_0,y_0), B=f_{xy}(x_0,y_0), C=f_{yy}(x_0,y_0)$，则

(1) 当 $B^2-AC<0$ 时，若 $A>0$，$f(x_0,y_0)$ 是极小值；若 $A<0$，$f(x_0,y_0)$ 是极大值；

(2) 当 $B^2-AC>0$ 时，$f(x_0,y_0)$ 不是极值；

(3) 当 $B^2-AC=0$ 时，$f(x_0,y_0)$ 可能是极值，也可能不是极值，还需另做讨论.

证明从略.

例 7.5.3　求函数 $f(x,y)=x^3-y^3+3x^2+3y^2-9x$ 的极值.

解　解方程组
$$\begin{cases} f_x(x,y)=3x^2+6x-9=0 \\ f_y(x,y)=-3y^2+6y=0 \end{cases}$$

得驻点 $(1,0)$、$(1,2)$、$(-3,0)$、$(-3,2)$.

函数的二阶偏导数
$$f_{xx}(x,y)=6x+6, \quad f_{xy}(x,y)=0, \quad f_{yy}(x,y)=-6y+6$$

在点 $(1,0)$ 处，$B^2-AC=0-12\times 6=-72<0$，$A=12>0$，故函数在点 $(1,0)$ 处取得极小值 $f(1,0)=-5$.

在点 $(1,2)$ 处，$B^2-AC=0-12\times(-6)=72>0$，故点 $(1,2)$ 不是函数的极值点.

在点 $(-3,0)$ 处，$B^2-AC=0-(-12)\times 6=72>0$，故点 $(-3,0)$ 不是函数的极值点.

在点 $(-3,2)$ 处，$B^2-AC=0-(-12)\times(-6)=-72<0$，$A=-12<0$，故在点 $(-3,2)$ 函数取得极大值 $f(-3,2)=31$.

例 7.5.4　求函数 $f(x,y)=\sqrt{x^2+y^2}$ 的极值.

解　函数的一阶偏导数为
$$f_x(x,y)=\frac{x}{\sqrt{x^2+y^2}}, \quad f_y(x,y)=\frac{y}{\sqrt{x^2+y^2}}$$

在点 $(0,0)$ 处，函数的两个一阶偏导数都不存在，故 $(0,0)$ 不是函数的驻点. 由于 $f(0,0)=0$，而对于在 $(0,0)$ 邻域内异于 $(0,0)$ 的所有点，都有 $f(x,y)>0$，所以，函数在不可导点 $(0,0)$ 处取得极小值.

因此，二元函数的极值点是它的驻点或不可导点.

7.5.2　二元函数的最大(小)值

在实际问题中，常常需要求一个二元函数在某一有界闭区域 D 上的最大值或最小值.

依据连续函数的性质，在有界闭区域 D 上连续的二元函数必定在 D 上取得最大值和最小值.

二元函数的最大值、最小值有可能在区域 D 内，也有可能在区域 D 的边界上取得.

因此，求二元函数界闭区域 D 上的最大值或最小值的步骤是：先求出函数

$f(x,y)$ 在区域 D 内的所有驻点和偏导数不存在的点的函数值以及在区域边界上的最大值和最小值；然后将这些函数值进行比较，其中最大者与最小者为所求函数在 D 上的最大值与最小值.

例 7.5.5 求函数 $f(x,y)=\sqrt{1-x^2-y^2}$ 在定义域 $x^2+y^2\leqslant 1$ 上的最大值.

解 首先，函数在区域的边界 $x^2+y^2=1$ 上每一点的值都是 0. 其次，由

$$\frac{\partial f}{\partial x}=-\frac{x}{\sqrt{1-x^2-y^2}}=0, \quad \frac{\partial f}{\partial y}=-\frac{y}{\sqrt{1-x^2-y^2}}=0$$

解得 $x=0, y=0$. 这是函数在圆内的唯一驻点，对应的函数值 $f(0,0)=1$.

因此，函数 $f(x,y)$ 在圆域 $x^2+y^2\leqslant 1$ 上的最大值为 $f(0,0)=1$.

一般地，求二元函数 $z=f(x,y)$ 在区域 D 的边界上的最值是个很复杂的问题. 但有些实际问题，可以根据问题本身的性质知道，函数 $z=f(x,y)$ 在区域 D 内一定能取得最大值(最小值)，此时，如果函数在区域 D 内只有一个驻点，则此驻点处的函数值就是函数 $f(x,y)$ 在 D 上的最大值(最小值).

例 7.5.6 某工厂生产 A、B 两种型号的产品，A 型产品的售价为 1 000 元 / 件，B 型产品的售价为 900 元 / 件，生产 x 件 A 型产品和 y 件 B 型产品的总成本为 $40\,000+200x+300y+3x^2+xy+3y^2$ 元. 求 A、B 两种产品各生产多少件时，利润最大？

解 设 $L(x,y)$ 为生产 x 件 A 型产品和 y 件 B 型产品时获得的总利润，则

$$L(x,y)=1\,000x+900y-(40\,000+200x+300y+3x^2+xy+3y^2)$$
$$=-3x^2-xy-3y^2+800x+600y-40\,000$$

解方程组

$$\begin{cases} L_x(x,y)=-6x-y+800=0 \\ L_y(x,y)=-x-6y+600=0 \end{cases}$$

得唯一驻点 (120,80)，故可断定，当 A、B 两种产品分别生产 120 件和 80 件时，利润最大，且最大利润为

$$L(120,80)=32\,000 \text{ 元}.$$

7.5.3 拉格朗日乘数法

在前面给出的求二元函数 $z=f(x,y)$ 的极值的方法中，除了限制函数在定义域内以外没有其他条件，所以有时候称为无条件极值. 但在实际问题中，往往会遇到对函数自变量有其他的附加条件的极值问题.

例如，将例 7.5.4 中的区域改为 $x^2+2y^2\leqslant 1$，则需要求函数 $f(x,y)=\sqrt{1-x^2-y^2}$ 在条件 $x^2+2y^2=1$ 下的极值.

一般的问题是，如果自变量 x 与 y 之间还有约束条件 $\varphi(x,y)=0$，使得它们不

独立,则称相应的极值问题为**条件极值**.

求解条件极值,最为直接的方法是**消元法**.即将一个变量,例如 y 从 $\varphi(x,y)=0$ 中解出 $y=g(x)$,代入到目标函数 $z=f(x,y)$ 中,使得问题转化为一元函数 $z=f[x,g(x)]$ 的无条件极值问题而求解.

然而在很多情形下,将条件极值化为无条件极值并不这样简单.我们另有一种直接求条件极值的方法,不必先把问题化为无条件极值,这就是下面要介绍的拉格朗日乘数法.

定理 7.5.3 设函数 $z=f(x,y)$ 和 $\varphi(x,y)=0$ 在点 (x_0,y_0) 的某个邻域内存在连续的一阶偏导数,$\varphi_y(x,y) \neq 0$,构造拉格朗日函数 $L(x,y)=f(x,y)+\lambda\varphi(x,y)$,其中 λ 为参数.则在约束条件 $\varphi(x,y)=0$ 下,二元函数 $z=f(x,y)$ 的极值点 (x_0,y_0) 满足以下方程组.

$$\begin{cases} L_x = f'_x(x,y) + \lambda\varphi'_x(x,y) = 0 \\ L_y = f'_y(x,y) + \lambda\varphi'_y(x,y) = 0 \\ \varphi(x,y) = 0 \end{cases}$$

对于一般的多元函数的条件极值问题,可以类似地解决.例如,对三元函数 $u=f(x,y,z)$ 在条件 $\varphi(x,y,z)=0$ 时的条件极值问题,可以构造拉格朗日函数

$$L(x,y,z) = f(x,y,z) + \lambda\varphi(x,y,z)$$

例 7.5.7 已知某厂商的生产函数 $Q=100L^{\frac{3}{4}}K^{\frac{1}{4}}$(见 9.5.2 小节),其中 L 表示劳动力的数量,K 表示资本数量,Q 表示生产量.又每个劳动力与单位资本的成本分别为 150 元及 250 元,该生产商预算是 50 000 元,问怎样分配这笔钱用于雇佣劳动力及投入资本使得产量最大.

解 依题意,求函数

$$Q = 100L^{\frac{3}{4}}K^{\frac{1}{4}}$$

在约束条件 $150L + 250K = 50\,000$ 下的最大值.

构造拉格朗日函数

$$F(L,K) = 100L^{\frac{3}{4}}K^{\frac{1}{4}} + \lambda(50\,000 - 150L - 250K)$$

令

$$F_L = 75L^{-\frac{1}{4}}K^{\frac{1}{4}} - 150\lambda = 0$$

$$F_K = 25L^{\frac{3}{4}}K^{-\frac{3}{4}} - 250\lambda = 0$$

与方程

$$150L + 250K = 50\,000$$

联立方程组,求解得 $L=250, K=50$.

因此,该生产商雇佣 250 个劳动力并投入 50 个单位资本时,可获得最大产量.

习 题 7.5

1. 求下列函数的极值.
   (1) $z = x^3 + y^3 - 2(x^2 + y^2)$;
   (2) $z = 4(x-y) - x^2 - y^2$;
   (3) $z = e^{2x}(x + y^2 + 2y)$.
2. 求函数 $z = xy$ 在适合附加条件 $x + y = 1$ 下的极大值.
3. 函数 $z = x^2 - y^2$ 在闭区域 $x^2 + 2y^2 \leqslant 4$ 上的最大值和最小值.
4. 求椭圆 $x^2 + 2xy + 3y^2 - 8y = 0$ 与直线 $x + y = 8$ 之间的最短距离.

第8章 二重积分

定积分是最基本的积分,用它可以解决不少实际问题.但由于定积分的被积函数是一元函数,它的应用范围受到一定的限制.例如,由空间曲面所围部分的体积,通常就不能用定积分解决.要解决这类问题需要将一元函数的定积分推广到多元函数的积分.本章只介绍其中的二元函数的积分即二重积分与广义二重积分.

8.1 二重积分概念与性质

8.1.1 二重积分的概念

1. 两个实例

(1) **曲顶柱体的体积计算** 以二元连续函数 $z = f(x,y)$ 所表示的曲面为顶面, Oxy 坐标面上的闭区域 D 为底面,以 D 的边界为准线而母线平行于 z 轴的柱面为侧面的柱体称为**曲顶柱体**.

下面讨论曲顶柱体的体积.将曲顶柱体底面所在区域 D 任意地**分割**成 n 个小区域:

$$\Delta D_1, \Delta D_2, \cdots, \Delta D_i, \cdots, \Delta D_n$$

分别用记号 $\Delta\sigma_i, \lambda_i (i=1,2,\cdots,n)$ 表示各小区域的面积和它的外接圆的直径.以各小区域的边界为准线,作母线平行于 z 轴的柱面,把原曲顶柱体分成 n 个小曲顶柱体,并用 ΔV_i $(i=1,2,\cdots,n)$ 表示这些小曲顶柱体的体积.

在每个小区域 ΔD_i 内分别任取一点 $P_i(\xi_i, \eta_i)$,以 $f(\xi_i, \eta_i)$ 为高,$\Delta\sigma_i$ 为底作平顶柱体(图 8.1.1).以这些平顶柱体的体积作为小曲顶柱体的体积的近似值,即

$$\Delta V_i \approx f(\xi_i, \eta_i) \Delta\sigma_i \quad (i=1,2,\cdots,n)$$

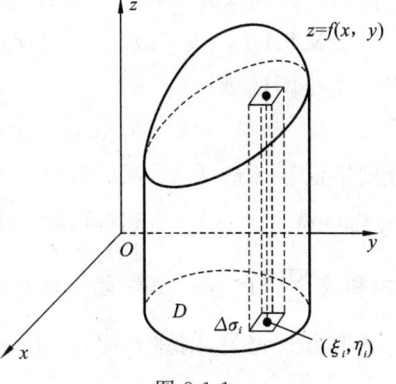

图 8.1.1

将这 n 个平顶柱体的体积相加,便得到曲顶柱体体积 V 的近似值

$$V = \sum_{i=1}^{n} \Delta V_i \approx \sum_{i=1}^{n} f(\xi_i, \eta_i) \Delta\sigma_i$$

显然,区域 D 分割得越细,近似程度越好. 记
$$\lambda = \max[\lambda_1, \lambda_2, \cdots, \lambda_i, \cdots, \lambda_n]$$
当 λ 趋近于零时,这些体积近似值逐渐趋近于一个常数,或者说这些近似值存在一个极限值. 这个极限值就是曲顶柱体的体积. 用数学符号表示即
$$V = \lim_{\lambda \to 0} \sum_{i=1}^{n} \Delta V_i = \lim_{\lambda \to 0} \sum_{i=1}^{n} f(\xi_i, \eta_i) \Delta \sigma_i$$

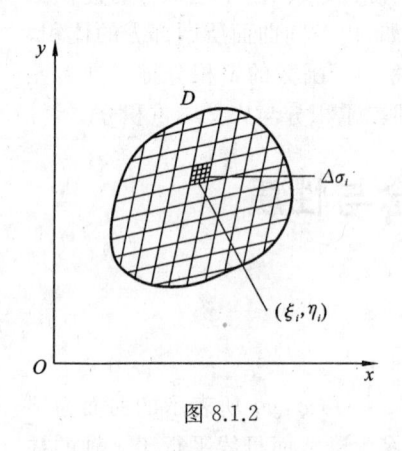

(2) **平面薄片的质量计算** 设有一平面薄片占据 Oxy 坐标面上的区域 D,它在点 (x,y) 处的面密度 $\mu(x,y)$ 为 D 上的恒正连续函数. 下面讨论平面薄片的质量. 我们保持上一问题中记号的含义. 将薄片任意地分割成 n 个小块(图 8.1.2):
$$\Delta D_1, \Delta D_2, \cdots, \Delta D_i, \cdots, \Delta D_n$$

在每个小区域 ΔD_i 内分别任取一点 $P_i(\xi_i, \eta_i)$,以 $\mu(\xi_i, \eta_i)$ 作为其平均密度,则第 i 小块的质量为 $\Delta m_i \approx \mu(\xi_i, \eta_i) \Delta \sigma_i$ $(i=1,2,\cdots,n)$. 通过求和、取极限,就可以求得平面薄片的质量
$$M = \lim_{\lambda \to 0} \sum_{i=1}^{n} \mu(\xi_i, \eta_i) \Delta \sigma_i$$

图 8.1.2

2. 二重积分的定义

上述两个问题的实际意义虽然不同,但所求量都归结为同一形式的和的极限. 这样的和式称为黎曼和. 还有许多实际问题的解决都可以归结为黎曼和的极限. 从上面的构造和式并求极限的过程中可以抽象出如下二重积分的定义.

定义 8.1.1 设 $f(x,y)$ 是 Oxy 平面上有界闭区域 D 上的有界函数. 将 D 划分成 n 个小闭区域
$$\Delta D_1, \Delta D_2, \cdots, \Delta D_i, \cdots, \Delta D_n$$
分别用记号 $\Delta \sigma_i, \lambda_i (i=1,2,\cdots,n)$ 表示各小闭区域的面积和它的直径,令 $\lambda = \max[\lambda_1, \lambda_2, \cdots, \lambda_i, \cdots, \lambda_n]$. 在每个小闭区域 ΔD_i 上选取一点 (ξ_i, η_i). 如果当 $\lambda \to 0$ 时,和式 $\sum_{i=1}^{n} f(\xi_i, \eta_i) \Delta \sigma_i$ 趋于常数 I,并且,常数 I 与区域 D 的分割方式和 (ξ_i, η_i) 的选取方式无关,则称 $f(x,y)$ 在区域 D 上可积,称 I 为函数 $f(x,y)$ 在闭区域 D 上的二重积分,记为 $\iint_D f(x,y) d\sigma$,即

$$\iint_D f(x,y) d\sigma = \lim_{\lambda \to 0} \sum_{i=1}^{n} f(\xi_i, \eta_i) \Delta \sigma_i \tag{8.1.1}$$

称 $f(x,y)$ 为被积函数，$f(x,y)\mathrm{d}\sigma$ 为被积表达式，$\mathrm{d}\sigma$ 为面积元，x 与 y 为积分变量，D 为积分区域.

在二重积分的定义中，对闭区域 D 的划分是任意的.通常在直角坐标系中我们用平行于坐标轴的直线构成的网格来划分 D.那么除了包含边界点的一些小闭区域外，其余的小区域都是矩形区域.设矩形区域 ΔD_i 的边长为 Δx_i 和 Δy_i，则其面积 $\Delta \sigma_i = \Delta x_i \Delta y_i$. 随着网格的不断加细，这些矩形区域的边长逐渐趋近于 0，而包含边界的小区域总面积也趋近于 0. 故在直角坐标系中，常将面积元写成 $\mathrm{d}\sigma = \mathrm{d}x\,\mathrm{d}y$. 于是二重积分写成

$$\iint\limits_D f(x,y)\mathrm{d}x\,\mathrm{d}y$$

其中 $\mathrm{d}x\,\mathrm{d}y$ 称为直角坐标系中的面积元.

由二重积分的定义可知，曲顶柱体的体积就是它的曲顶函数 $f(x,y)$ 在底面 D 上的二重积分，即

$$V = \iint\limits_D f(x,y)\mathrm{d}\sigma$$

同样地，平面薄片的质量就是它的密度函数 $\mu(x,y)$ 在薄片所占区域 D 上的二重积分，即

$$M = \iint\limits_D \mu(x,y)\mathrm{d}\sigma$$

注 8.1.1 当 $f(x,y) \geqslant 0$ 时，二重积分 $\iint\limits_D f(x,y)\mathrm{d}x\,\mathrm{d}y$ 的值等于曲顶柱体的体积.当 $f(x,y) < 0$ 时，二重积分 $\iint\limits_D f(x,y)\mathrm{d}x\,\mathrm{d}y$ 的值等于相应的曲底柱体体积的负数.

注 8.1.2 在二重积分定义中，我们讨论的函数 $f(x,y)$ 是有界闭区域 D 上的有界函数.式(8.1.1)右边的和式的极限是否存在，即二重积分的存在性，仅只要求被积函数在 D 上有界，有时候是不够的.我们不加证明地指出，函数 $f(x,y)$ 在有界闭区域 D 上连续是其二重积分存在的充分条件，对于其他某些不连续的二元有界函数，其二重积分也可能存在.

8.1.2 二重积分的性质

二重积分有着与定积分类似的性质.在以下讨论中，被积函数均为连续函数.

性质 1 积分号里的常数因子可以提到积分号外面，即

$$\iint\limits_D k f(x,y)\mathrm{d}\sigma = k \iint\limits_D f(x,y)\mathrm{d}\sigma$$

性质 2 两个函数和的积分等于它们积分的和，即

$$\iint\limits_{D}[f(x,y)+g(x,y)]\mathrm{d}\sigma = \iint\limits_{D}f(x,y)\mathrm{d}\sigma + \iint\limits_{D}g(x,y)\mathrm{d}\sigma$$

性质 3　如果积分区域 D 分成 D_1、D_2 两个区域,则

$$\iint\limits_{D}f(x,y)\mathrm{d}\sigma = \iint\limits_{D_1}f(x,y)\mathrm{d}\sigma + \iint\limits_{D_2}f(x,y)\mathrm{d}\sigma$$

性质 4　若 $f(x,y)=1$,以 σ 代表 D 的面积,则

$$\sigma = \iint\limits_{D}1 \cdot \mathrm{d}\sigma = \iint\limits_{D}\mathrm{d}\sigma$$

性质 4 的几何意义是很明显的,因为高为 1 的平顶柱体的体积在数值上等于柱体的底面积.

性质 5　如果在 D 上总有 $f(x,y) \leqslant g(x,y)$,则

$$\iint\limits_{D}f(x,y)\mathrm{d}\sigma \leqslant \iint\limits_{D}g(x,y)\mathrm{d}\sigma$$

特别地,因为

$$-|f(x,y)| \leqslant f(x,y) \leqslant |f(x,y)|$$

所以

$$\left|\iint\limits_{D}f(x,y)\mathrm{d}\sigma\right| \leqslant \iint\limits_{D}|f(x,y)|\mathrm{d}\sigma$$

性质 6　设 M 与 m 分别是函数 $f(x,y)$ 在闭区域 D 上的最大值和最小值,σ 为 D 的面积,则

$$m\sigma \leqslant \iint\limits_{D}f(x,y)\mathrm{d}\sigma \leqslant M\sigma$$

其实,$m \leqslant f(x,y) \leqslant M$,由性质 5 有

$$\iint\limits_{D}m\mathrm{d}\sigma \leqslant \iint\limits_{D}f(x,y)\mathrm{d}\sigma \leqslant \iint\limits_{D}M\mathrm{d}\sigma$$

再用性质 1 和性质 4,即可以证明不等式成立.

性质 7（二重积分的中值定理）　如果函数 $f(x,y)$ 在闭区域 D 上连续,σ 为 D 的面积,则在 D 上至少存在一点 (ξ,η),使得

$$\iint\limits_{D}f(x,y)\mathrm{d}\sigma = f(\xi,\eta)\sigma$$

证　只考虑 $\sigma \neq 0$ 的情况.将性质 6 中的估值不等式两边同除以 σ,有

$$m \leqslant \frac{1}{\sigma}\iint\limits_{D}f(x,y)\mathrm{d}\sigma \leqslant M$$

根据闭区域上连续函数的介值定理,在 D 上至少存在一点 (ξ,η),使得

$$f(\xi,\eta) = \frac{1}{\sigma}\iint\limits_{D}f(x,y)\mathrm{d}\sigma \tag{8.1.2}$$

上式两边同乘以 σ,性质 7 得证.

积分中值定理的几何含义是:曲顶柱体的体积必与一个以 D 为底,D 中某点 (ξ,η) 处的函数值 $f(\xi,\eta)$ 为高的平顶柱体的体积相等.

此外,类似于定积分的平均值,式(8.1.2)中的数值称为函数 $f(x,y)$ 在区域 D 上的**平均值**.

8.2 二重积分的计算

本节将分别讨论在直角坐标系下和极坐标系下二重积分的计算方法.

8.2.1 在直角坐标系下二重积分的计算

1. x 型区域、y 型区域

(1) **x 型区域** 区域 D 由两条直线 $x=a$、$x=b$ 及两条曲线 $y=\varphi_1(x)$、$y=\varphi_2(x)$ 围成;或者说区域 D 由不等式 $\varphi_1(x)\leqslant y\leqslant\varphi_2(x)$,$a\leqslant x\leqslant b$ 表示.其中 $\varphi_1(x)$、$\varphi_2(x)$ 是两个连续函数(图 8.2.1).

(2) **y 型区域** 区域 D 由两条直线 $y=c$、$y=d$ 及两条曲线 $x=\psi_1(y)$、$x=\psi_2(y)$ 围成;或者说区域 D 由不等式 $c\leqslant y\leqslant d$,$\psi_1(y)\leqslant x\leqslant\psi_2(y)$ 表示.其中 $\psi_1(y)$、$\psi_2(y)$ 是两个连续函数(图 8.2.2).

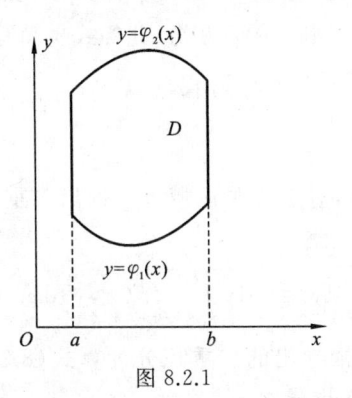

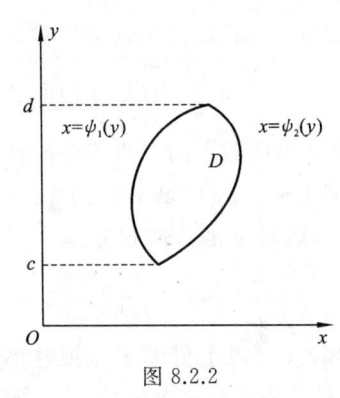

图 8.2.1

图 8.2.2

2. x 型区域、y 型区域上的二重积分的计算

(1) x 型区域上的二重积分的计算.

首先讨论当积分区域为 x 型区域时,二重积分的计算方法.假设 $f(x,y)\geqslant 0$. 由几何意义,二重积分 $\iint\limits_{D}f(x,y)\mathrm{d}\sigma$ 就是区域 D 上的以曲面 $z=f(x,y)$ 为顶的曲顶柱体的体积 V.以下用平行截面体的方法求其体积(图 8.2.3).

在区间 $[a,b]$ 上任取一点 x,作微小区间 $[x,x+\mathrm{d}x]$.对应着微小区间 $[x,x+\mathrm{d}x]$

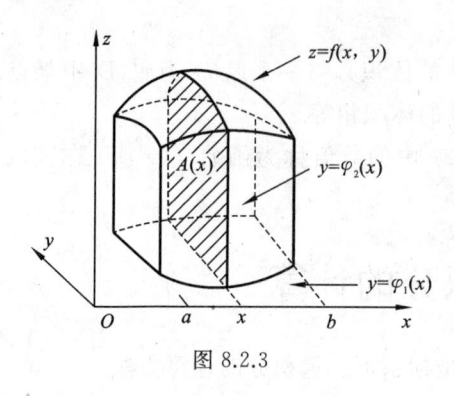

的立体薄片的体积就是我们所考虑的体积微元.过 x 作垂直于 x 轴的平面,此平面平行于 Oyz 坐标面,且其与曲顶柱体的截面是一个以 $[\varphi_1(x),\varphi_2(x)]$ 区间线段为底边、以曲线 $z=f(x,y)$(对任一固定 x,该曲线是 z 关于 y 的一元函数曲线)为上边的曲边梯形.根据定积分的几何意义,该截面的面积为

$$A(x)=\int_{\varphi_1(x)}^{\varphi_2(x)}f(x,y)\mathrm{d}y$$

图 8.2.3

于是体积微元 $\mathrm{d}V=A(x)\mathrm{d}x$,其中 x 在区间 $[a,b]$ 上移动而变化.积分后我们得到曲顶柱体的体积

$$V=\int_a^b A(x)\mathrm{d}x=\int_a^b\Big[\int_{\varphi_1(x)}^{\varphi_2(x)}f(x,y)\mathrm{d}y\Big]\mathrm{d}x$$

这个表达式就是所求二重积分的值.从而有

$$\iint_D f(x,y)\mathrm{d}\sigma=\int_a^b\Big[\int_{\varphi_1(x)}^{\varphi_2(x)}f(x,y)\mathrm{d}y\Big]\mathrm{d}x \tag{8.2.1}$$

上式右端的积分叫做先对 y,后对 x 的二次积分.具体地分为两步.先把 x 看成常数,这样 $f(x,y)$ 只看成 y 的函数,并对 y 计算从 $\varphi_1(x)$ 到 $\varphi_2(x)$ 的定积分,计算结果是 x 的函数;再用这结果对 x 计算从 a 到 b 的定积分.此等式也简写成

$$\iint_D f(x,y)\mathrm{d}\sigma=\int_a^b\mathrm{d}x\int_{\varphi_1(x)}^{\varphi_2(x)}f(x,y)\mathrm{d}y \tag{8.2.2}$$

(2) y 型区域上的二重积分的计算.

类似上面 x 型区域上的二重积分的计算,对于 y 型区域可以推出二重积分等于先对 x,后对 y 的二次积分:

$$\iint_D f(x,y)\mathrm{d}\sigma=\int_c^d\Big[\int_{\psi_1(y)}^{\psi_2(y)}f(x,y)\mathrm{d}x\Big]\mathrm{d}y=\int_c^d\mathrm{d}y\int_{\psi_1(y)}^{\psi_2(y)}f(x,y)\mathrm{d}x \tag{8.2.3}$$

注 8.2.1 以上借助于曲顶柱体的体积推导出的二重积分计算式(8.2.2),式(8.2.3)对于一般的连续函数(不一定要非负)也成立.

3. 其他特殊区域上的二重积分的计算

(1) 如果积分区域既是 x 型区域,又是 y 型区域,由式(8.2.2)、式(8.2.3)得到的两个不同次序的二次积分均与二重积分相等.于是有换序式:

$$\iint_D f(x,y)\mathrm{d}\sigma=\int_a^b\mathrm{d}x\int_{\varphi_1(x)}^{\varphi_2(x)}f(x,y)\mathrm{d}y=\int_c^d\mathrm{d}y\int_{\psi_1(y)}^{\psi_2(y)}f(x,y)\mathrm{d}x \tag{8.2.4}$$

(2) 如果积分区域 $D=\{(x,y)|a\leqslant x\leqslant b,c\leqslant y\leqslant d\}$ 是矩形区域,则确定积分限相对简单.积分区域既是 x 型又是 y 型.积分变量 x,y 的范围都是从常数到

常数. 于是

$$\iint_D f(x,y)\mathrm{d}x\mathrm{d}y = \int_a^b \mathrm{d}x \int_c^d f(x,y)\mathrm{d}y = \int_c^d \mathrm{d}y \int_a^b f(x,y)\mathrm{d}x$$

注 8.2.2 如果积分区域 $D = \{(x,y) \mid a \leqslant x \leqslant b, c \leqslant y \leqslant d\}$ 是矩形区域, 并且被积函数具有特殊形式 $f(x,y) = g(x)h(y)$, 则有公式

$$\iint_D f(x,y)\mathrm{d}x\mathrm{d}y = \int_a^b g(x)\mathrm{d}x \cdot \int_c^d h(y)\mathrm{d}y \tag{8.2.5}$$

成立. 于是二重积分表达为两个定积分的乘积.

4. 一般区域上的二重积分的计算

下面考虑积分区域为一般情况的处理方法. 假设区域 D 既非 x 型, 也非 y 型, 如图 8.2.4 所示. 则可把 D 划分为若干子区域, 其中每个子区域属于 x 型或者 y 型. 然后根据积分的区域可加性进行计算.

$$\iint_D f(x,y)\mathrm{d}x\mathrm{d}y = \iint_{D_1} f(x,y)\mathrm{d}x\mathrm{d}y + \iint_{D_2} f(x,y)\mathrm{d}x\mathrm{d}y + \iint_{D_3} f(x,y)\mathrm{d}x\mathrm{d}y$$

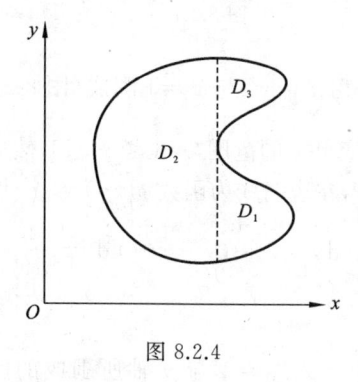

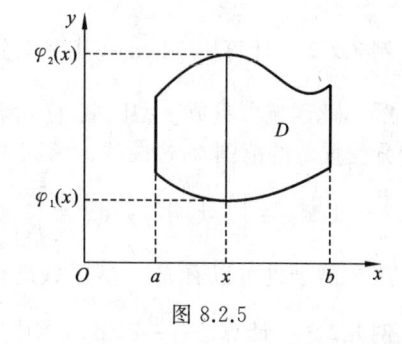

图 8.2.4

图 8.2.5

注 8.2.3 将二重积分化为二次积分时, 根据积分区域 D 确定积分上下限是一个关键步骤. 先画出积分区域 D 的图形, 确定 D 的类型. 假如积分区域 D 是 x 型的, 如图 8.2.5 所示, 我们可以这样确定积分限. 首先确定 x 的范围在区间 $[a,b]$ 上. 接着任意取定一个 x 值, 则积分区域上以这个 x 值为横坐标的点在一条直线段上. 该直线段平行于 y 轴, 该线段上点的纵坐标从 $\varphi_1(x)$ 变到 $\varphi_2(x)$, 这就是式(8.2.2)中对 y 积分的下限与上限. 类似地对于 y 型区域也可以确定相应的积分限. 在确定积分限以后, 进行两次定积分的计算就可以得到二重积分的值.

例 8.2.1 计算 $\iint_D xy\mathrm{d}x\mathrm{d}y$, 其中 D 是由 $y = x^2$ 以及 $x = y^2$ 所围成的区域(图8.2.6).

解 D 可看成 x 型区域. 由方程组 $\begin{cases} y = x^2 \\ x = y^2 \end{cases}$ 解出交点 $(0,0)$ 和 $(1,1)$, 故 $0 \leqslant x \leqslant 1$. 绘制曲线比较大小后可知, 上方曲线函数为 $\varphi_2(x) = \sqrt{x}$, 下方曲线函数为

$\varphi_1(x)=x^2$. 因此

$$\iint\limits_{D} xy\,dx\,dy = \int_0^1 dx \int_{x^2}^{\sqrt{x}} xy\,dy = \int_0^1 \left[\frac{xy^2}{2}\right]_{x^2}^{\sqrt{x}} dx$$

$$= \frac{1}{2}\int_0^1 (x^2 - x^5)\,dx = \frac{1}{2}\left(\frac{1}{3} - \frac{1}{6}\right) = \frac{1}{12}$$

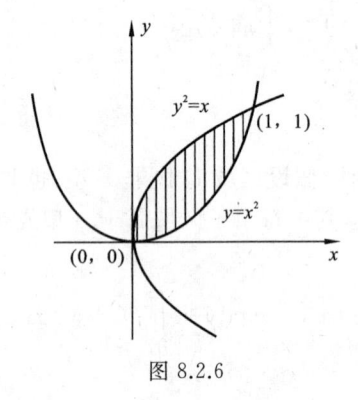

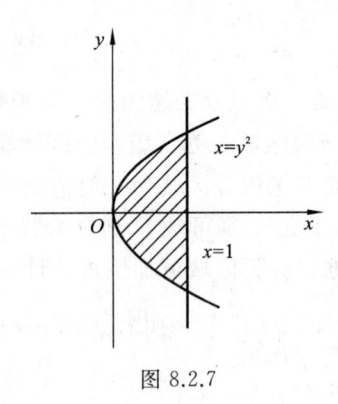

图 8.2.6

图 8.2.7

例 8.2.2 计算 $\iint\limits_{D} y^2\,dx\,dy$，其中积分区域 D 由 $x = y^2$ 与 $x = 1$ 围成(图 8.2.7)。

解 此区域可看成 y 型区域。首先确定积分变量 y 的范围，$-1 \leqslant y \leqslant 1$。然后确定积分变量 x 的范围。右边曲线为函数 $\psi_2(y) = 1$，左边曲线为函数 $\psi_1(y) = y^2$。因此

$$\iint\limits_{D} y^2\,dx\,dy = \int_{-1}^{1} dy \int_{y^2}^{1} y^2\,dx = \int_{-1}^{1} (y^2 - y^4)\,dy = 2\int_0^1 (y^2 - y^4)\,dy = \frac{4}{15}$$

这个例子也可以看成 x 型区域进行积分。

例 8.2.3 计算 $\iint\limits_{D} \frac{\sin y}{y}\,dx\,dy$，其中 D 是由 $y = x$、$y = 1$ 与 y 轴所围成的区域(图 8.2.8)。

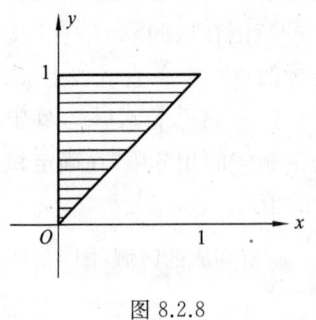

解 如果先对 y 后对 x 积分，则

$$\iint\limits_{D} \frac{\sin y}{y}\,dx\,dy = \int_0^1 dx \int_x^1 \frac{\sin y}{y}\,dy$$

由于函数 $\frac{\sin y}{y}$ 的原函数不是初等函数，因此这样无法计算该二次积分。于是考虑先对 x 后对 y 的积分，则有

图 8.2.8

$$\iint\limits_{D} \frac{\sin y}{y}\,dx\,dy = \int_0^1 dy \int_0^y \frac{\sin y}{y}\,dx = \int_0^1 \sin y\,dy = 1 - \cos 1$$

可以看到，在二重积分的计算中，积分次序也是关键因素。选择积分次序的依据有两条：一是积分区域分割得越少越好；二是被积函数容易进行积分。

例 8.2.4 更换二次积分 $\int_{-1}^{0} \mathrm{d}x \int_{1+x}^{\sqrt{1-x^2}} f(x,y)\mathrm{d}y$ 的次序.

解 首先根据二重积分表达式确定积分区域. 根据内层积分的积分下限 $y=1+x$, 积分上限 $y=\sqrt{1-x^2}$. 两曲线的交点为 $(-1,0)$ 和 $(0,1)$. 因此, 积分区域 D 为图 8.2.9 中的阴影部分.

然后交换积分次序. 首先确定 $0 \leqslant y \leqslant 1$. 由 $y=1+x$ 解得 $x=y-1$; 由 $y=\sqrt{1-x^2}$ 解得 $x=-\sqrt{1-y^2}$, 注意 x 取负值. 于是有

图 8.2.9

$$\int_{-1}^{0} \mathrm{d}x \int_{1+x}^{\sqrt{1-x^2}} f(x,y)\mathrm{d}y = \int_{0}^{1} \mathrm{d}y \int_{-\sqrt{1-y^2}}^{y-1} f(x,y)\mathrm{d}x$$

8.2.2 极坐标系下的二重积分的计算

对于积分区域为圆、扇形区域或圆环区域等一些与圆有关的特殊区域, 或者被积函数由极坐标变量 ρ,θ 表示较为简单, 例如包含 x^2+y^2 的形式, 则通常考虑利用极坐标来计算二重积分. 下面介绍极坐标系下二重积分的计算方法.

平面上从极坐标 (ρ,θ) 转换为直角坐标 (x,y) 的变换关系为 $x=\rho\cos\theta$, $y=\rho\sin\theta$.

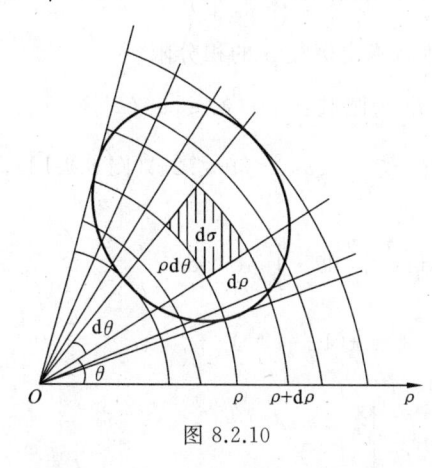

使用射线和同心圆将区域 D 分割成小块 (图 8.2.10). 考虑阴影所示的小块, 将其看成矩形而求出其面积的近似值 $\mathrm{d}\sigma = \rho\mathrm{d}\theta\mathrm{d}\rho$. 由此在极坐标下二重积分可以表示为

$$\iint_D f(x,y)\mathrm{d}\sigma = \iint_D f(\rho\cos\theta,\rho\sin\theta)\rho\,\mathrm{d}\theta\,\mathrm{d}\rho$$

在极坐标系下同样需要确定变量 ρ,θ 的积分限. 下面根据区域 D 的不同特征来确定积分限, 然后将二重积分化为关于极坐标 (ρ,θ) 的二次积分.

图 8.2.10

(1) 极点 O 在区域 D 内部 (图 8.2.11).

设区域 D 的边界曲线为 $\rho=\rho(\theta)$, 这时区域 D 可以表示为

$$D = \{(\rho,\theta) \mid 0 \leqslant \rho \leqslant \rho(\theta), 0 \leqslant \theta \leqslant 2\pi\}$$

于是有

$$\iint_D f(\rho\cos\theta,\rho\sin\theta)\rho\,\mathrm{d}\rho\,\mathrm{d}\theta = \int_0^{2\pi} \mathrm{d}\theta \int_0^{\rho(\theta)} f(\rho\cos\theta,\rho\sin\theta)\rho\,\mathrm{d}\rho$$

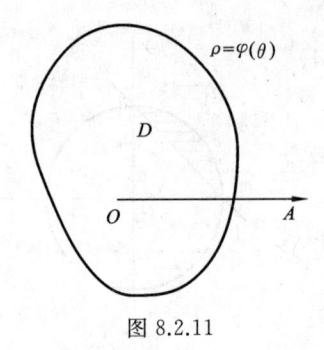

图 8.2.11 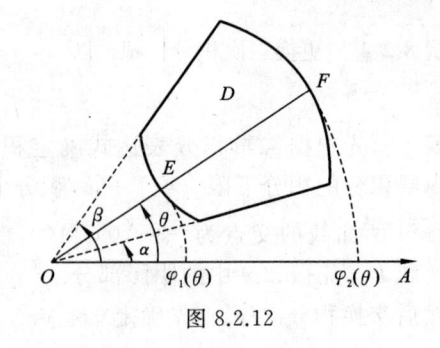　　　　　　　　　　图 8.2.12

（2）极点 O 在区域 D 外部（图 8.2.12）．

区域 D 可以表示为
$$D = \{(\rho,\theta) \mid \rho_1(\theta) \leqslant \rho \leqslant \rho_2(\theta), \alpha \leqslant \theta \leqslant \beta\}$$

于是
$$\iint\limits_{D} f(\rho\cos\theta,\rho\sin\theta)\rho\,d\rho\,d\theta = \int_{\alpha}^{\beta} d\theta \int_{\rho_1(\theta)}^{\rho_2(\theta)} f(\rho\cos\theta,\rho\sin\theta)\rho\,d\rho$$

（3）极点 O 在区域 D 的边界上．

区域 D 可以表示为
$$D = \{(\rho,\theta) \mid 0 \leqslant \rho \leqslant \rho(\theta), \alpha \leqslant \theta \leqslant \beta\}$$

于是
$$\iint\limits_{D} f(\rho\cos\theta,\rho\sin\theta)\rho\,d\rho\,d\theta = \int_{\alpha}^{\beta} d\theta \int_{0}^{\rho(\theta)} f(\rho\cos\theta,\rho\sin\theta)\rho\,d\rho$$

对这三种区域都首先确定 θ 的积分限，然后确定极径 ρ 的积分限．

例 8.2.5　计算积分 $\iint\limits_{D} e^{-x^2-y^2}\,dx\,dy$，其中 D 为圆域：$x^2+y^2 \leqslant a^2 (a>0)$．

解　在极坐标系中，圆域 D 表示为 $\{(\rho,\theta) \mid 0 \leqslant \rho \leqslant a, 0 \leqslant \theta \leqslant 2\pi\}$（图 8.2.13），被积函数 $e^{-x^2-y^2} = e^{-\rho^2}$．于是

$$\iint\limits_{D} e^{-x^2-y^2}\,dx\,dy = \int_{0}^{2\pi} d\theta \int_{0}^{a} e^{-\rho^2}\rho\,d\rho = \int_{0}^{2\pi} d\theta \cdot \int_{0}^{a} \rho e^{-\rho^2}\,d\rho$$

$$= 2\pi \cdot -\frac{1}{2}\left[e^{-\rho^2}\right]_{0}^{a} = \pi(1-e^{-a^2})$$

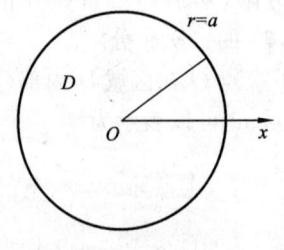

图 8.2.13 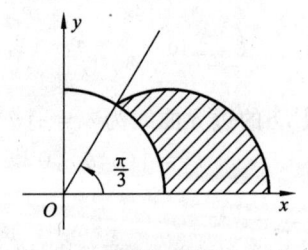　　　　　　　　　　图 8.2.14

例 8.2.6 计算二重积分 $\iint_D \dfrac{\mathrm{d}x\,\mathrm{d}y}{\sqrt{x^2+y^2}}$,其中 D 由直线 $y=0$(的上方)及圆 $x^2+y^2=1$(的外部)和 $x^2+y^2-2x=0$(的内部)围成的闭区域,如图 8.2.14 所示.

解 圆 $x^2+y^2=1$ 的极坐标方程为 $\rho=1$;圆 $x^2+y^2-2x=0$ 的极坐标方程为 $\rho=2\cos\theta$;直线 $y=0$ 的极坐标方程为 $\theta=0$.

联立 $\rho=1$ 与 $\rho=2\cos\theta$,解得两圆交点为 $\left(1,\dfrac{\pi}{3}\right)$. 由此,积分区域可表示为

$$D=\left\{(\rho,\theta)\mid 1\leqslant\rho\leqslant 2\cos\theta,0\leqslant\theta\leqslant\dfrac{\pi}{3}\right\}$$

故

$$\iint_D \dfrac{\mathrm{d}x\,\mathrm{d}y}{\sqrt{x^2+y^2}}=\int_0^{\frac{\pi}{3}}\mathrm{d}\theta\int_1^{2\cos\theta}\dfrac{1}{\rho}\cdot\rho\,\mathrm{d}\rho=\int_0^{\frac{\pi}{3}}\mathrm{d}\theta\int_1^{2\cos\theta}\mathrm{d}\rho$$

$$=\int_0^{\frac{\pi}{3}}(2\cos\theta-1)\,\mathrm{d}\theta=[2\sin\theta-\theta]_0^{\frac{\pi}{3}}$$

$$=\sqrt{3}-\dfrac{\pi}{3}$$

例 8.2.7 计算二重积分 $\iint_D \mathrm{d}x\,\mathrm{d}y$,其中 D 由曲线 $x^2+y^2-2x=0$ 围成.

解 配方后知 $x^2+y^2-2x=0$ 为一个圆(图 8.2.15),其极坐标方程为 $\rho=2\cos\theta$.

根据极径 ρ 的变化可知 θ 从 $-\dfrac{\pi}{2}$ 变化到 $\dfrac{\pi}{2}$. 于是

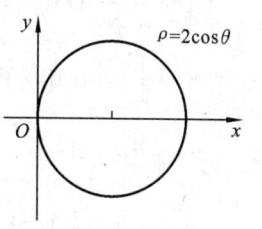

图 8.2.15

$$\iint_D \mathrm{d}x\,\mathrm{d}y=\int_{-\frac{\pi}{2}}^{\frac{\pi}{2}}\mathrm{d}\theta\int_0^{2\cos\theta}\rho\,\mathrm{d}\rho=2\int_{-\frac{\pi}{2}}^{\frac{\pi}{2}}\cos^2\theta\,\mathrm{d}\theta=2\int_0^{\frac{\pi}{2}}(1+\cos 2\theta)\,\mathrm{d}\theta=\pi$$

习 题 8.2

1. 将二重积分 $I=\iint_D f(x,y)\,\mathrm{d}x\,\mathrm{d}y$ 化为直角坐标下的二次积分,包括两种不同的积分次序. 其中积分区域 D 是:

(1) 由直线 $y=3x,y=0,x=1$ 所围成的区域;

(2) 直线 $x+y=1,x-y=1,x=0$ 所围成的区域;

(3) 抛物线 $y=x^2,y=4-x^2$ 所围成的区域;

(4) 由直线 $y=x,x=2$ 及 $y=\dfrac{1}{x}(x>0)$ 所围成的区域.

2. 改变下列各积分的次序.

(1) $\int_0^1 dy \int_y^{\sqrt{y}} f(x,y) dx$；

(2) $\int_0^1 dx \int_0^{x^2} f(x,y) dy + \int_1^3 dx \int_0^{\frac{3-x}{2}} f(x,y) dy$；

(3) $\int_{-1}^1 dx \int_{-\sqrt{1-x^2}}^{\sqrt{1-x^2}} f(x,y) dy$；

(4) $\int_1^2 dx \int_{2-x}^{\sqrt{2x-x^2}} f(x,y) dy$

3. 计算下列二重积分.

(1) $\iint_D x \cos y \, dx \, dy$，其中 $D: 0 \leqslant x \leqslant 1, 0 \leqslant y \leqslant 1$；

(2) $\iint_D x \cos y \, dx \, dy$，其中 D 是顶点分别为 $(0,0), (\pi, 0)$ 和 (π, π) 的三角形闭区域；

(3) $\iint_D xy \, dx \, dy$，其中 D 是由抛物线 $x = y^2$ 与直线 $y = x - 2$ 围成的区域；

(4) $\iint_D \frac{x^2}{y^2} dx \, dy$，其中 D 是由直线 $y = x, x = 2$ 及曲线 $xy = 1$ 所围成的区域；

(5) $\iint_D xy \, dx \, dy$，其中 D 是由直线 $y = x, y = x + 1, y = 1$ 与 $y = 3$ 围成的区域；

(6) $\iint_D e^{-y^2} dx \, dy$，其中 D 是由 $y = x, y = 1$ 与 y 轴围成的三角形区域.

4. 画出积分区域，把积分 $I = \iint_D f(x,y) dx \, dy$ 表示为极坐标形式的二次积分，其中积分区域 D 是：

(1) $\{(x,y) \mid x^2 + y^2 \leqslant a^2\} (a > 0)$；

(2) $\{(x,y) \mid x^2 + y^2 \leqslant 2y\}$；

(3) $\{(x,y) \mid a^2 \leqslant x^2 + y^2 \leqslant b^2\}$，其中 $0 < a < b$；

(4) $\{(x,y) \mid 0 \leqslant y \leqslant 1 - x, 0 \leqslant x \leqslant 1\}$.

5. 用极坐标计算下列各题.

(1) $\iint_D y \, dx \, dy$，其中 D 是由 $x^2 + y^2 = a^2$ 所围成位于上半平面的半圆；

(2) $\iint_D \sqrt{R^2 - x^2 - y^2} \, dx \, dy$，其中 D 是由 $x^2 + y^2 = Rx$ 所围成的区域；

(3) $\iint_D \frac{1}{1 + x^2 + y^2} dx \, dy$，其中 D 是由 $x^2 + y^2 = 1$ 所围成的圆域；

(4) $\iint_D \arctan \frac{y}{x} dx \, dy$，其中 D 是由圆周 $x^2 + y^2 = 4, x^2 + y^2 = 1$ 及直线 $y = 0$，

$y=x$ 所围成的在第一象限内的区域.

6. 设区域 D 位于直线 $y=0$ 的上方,圆 $x^2+y^2=1$ 的外部和 $x^2+y^2-2x=0$ 的内部.求区域 D 的面积.

7. 设平面薄片所占的闭区域 D 由直线 $x+y=2,y=x$ 和 x 轴所围成.它的面密度函数为 $\mu(x,y)=x^2+y^2$.求该薄片的质量.

8.3 广义二重积分

在二重积分定义中,我们要求积分区域为有界闭区域,以及被积函数在积分区域上有界.在一些实际问题中常遇到积分区域为无界区域或被积函数为无界函数的积分,因此,需要将二重积分的定义进行如下的推广,称推广后的积分为广义二重积分.

8.3.1 无界区域上的广义二重积分

定义 8.3.1 设函数 $z=f(x,y)$ 在无界区域 D 上连续.设有界闭区域 $R \subset D$. 函数 $f(x,y)$ 在 R 上的二重积分可表示为

$$I_R = \iint\limits_R f(x,y) \mathrm{d}\sigma$$

若当任意 $R \to D$ 时以下极限存在,称其为函数 $f(x,y)$ 在区域 D 上的**广义二重积分**,仍记为 $\iint\limits_D f(x,y)\mathrm{d}\sigma$. 即

$$\iint\limits_D f(x,y)\mathrm{d}\sigma = \lim_{R \to D} I_R = \lim_{R \to D} \iint\limits_R f(x,y)\mathrm{d}\sigma$$

此时也称广义二重积分收敛.若此极限不存在,则称 $f(x,y)$ 在 D 上的广义二重积分发散.

注 8.3.1 无界区域上的广义二重积分的敛散性问题很复杂,以下讨论的广义二重积分均假定收敛.

例 8.3.1 证明 $\iint\limits_D \mathrm{e}^{-x^2-y^2} \mathrm{d}x \mathrm{d}y = \pi$,积分区域 D 是整个 Oxy 面.

证 在 Oxy 面上取圆域 $C: x^2+y^2 \leqslant a^2 (a>0)$.由例 8.2.5 知

$$\iint\limits_C \mathrm{e}^{-x^2-y^2} \mathrm{d}x \mathrm{d}y = \pi(1-\mathrm{e}^{-a^2})$$

当 $a \to +\infty$ 时,$C \to D$. 故

$$\iint\limits_D \mathrm{e}^{-x^2-y^2} \mathrm{d}x \mathrm{d}y = \lim_{C \to D} \iint\limits_C \mathrm{e}^{-x^2-y^2} \mathrm{d}x \mathrm{d}y = \lim_{a \to +\infty} [\pi(1-\mathrm{e}^{-a^2})] = \pi$$

由此例的结果,我们可以求取如下经典的单变量广义积分.

例 8.3.2 计算 $\int_{-\infty}^{+\infty} e^{-x^2} dx$

解 由于 e^{-x^2} 的原函数不是初等函数,所以不能直接计算这个广义积分. 现用 D 表示整个 Oxy 面. 在 Oxy 面上取正方形积分区域 $R: -a \leqslant x \leqslant a, -a \leqslant y \leqslant a$. 则

$$\iint_R e^{-x^2-y^2} dx dy = \int_{-a}^{a} e^{-x^2} dx \int_{-a}^{a} e^{-y^2} dy = \left(\int_{-a}^{a} e^{-x^2} dx\right)^2$$

当 $a \to +\infty$ 时, $R \to D$. 综合例 8.3.1 的结果, 可得

$$\left(\int_{-\infty}^{+\infty} e^{-x^2} dx\right)^2 = \lim_{a \to +\infty} \left(\int_{-a}^{a} e^{-x^2} dx\right)^2 = \lim_{a \to +\infty} \iint_R e^{-x^2-y^2} dx dy = \iint_D e^{-x^2-y^2} dx dy = \pi$$

于是

$$\int_{-\infty}^{+\infty} e^{-x^2} dx = \sqrt{\pi}$$

这个结果在概率论中经常应用.

例 8.3.3 设函数 $f(x,y) = \begin{cases} \dfrac{1}{x^3 y^2}, & \dfrac{1}{x} < y < x, x > 1 \\ 0, & \text{其他} \end{cases}$, 计算

$$\int_{-\infty}^{+\infty} \int_{-\infty}^{+\infty} f(x,y) dx dy$$

解 $\int_{-\infty}^{+\infty} \int_{-\infty}^{+\infty} f(x,y) dx dy = \int_{1}^{+\infty} dx \int_{\frac{1}{x}}^{x} \dfrac{1}{x^3 y^2} dy = \int_{1}^{+\infty} \dfrac{1}{x^3} \cdot \left[-\dfrac{1}{y}\right]_{\frac{1}{x}}^{x} dx$

$= -\int_{1}^{+\infty} \dfrac{1}{x^4} dx + \int_{1}^{+\infty} \dfrac{1}{x^2} dx = \dfrac{2}{3}$

8.3.2 无界函数的广义二重积分

定义 8.3.2 设函数 $z = f(x,y)$ 在平面有界区域 D 内除去无穷型不连续点 $P_0(x_0, y_0)$ 外,在 D 中处处连续. 设 Δ 是在 D 内包含点 P_0 的任意区域,当 Δ 无限缩小而趋于点 P_0 时,称以下极限为无界函数 $f(x,y)$ 在 D 上的广义二重积分. 仍记为 $\iint_D f(x,y) d\sigma$, 即

$$\iint_D f(x,y) d\sigma = \lim_{\Delta \to P_0} \iint_{D-\Delta} f(x,y) d\sigma$$

若上述极限存在,则称 $f(x,y)$ 在 D 上的广义二重积分收敛. 若极限不存在,则称 $f(x,y)$ 在 D 上的广义二重积分发散.

注 8.3.2 无界函数的广义二重积分的敛散性问题在这里也不讨论,以下假定无界函数的广义二重积分是收敛的.

例 8.3.4 计算 $\iint_D \dfrac{(y+1) dx dy}{\sqrt{x}}$, 其中 D 为正方形区域 $0 < x \leqslant 1, 0 \leqslant y \leqslant 1$.

解 注意到积分区域非闭区域,被积函数 $f(x,y) = \dfrac{y+1}{\sqrt{x}}$ 在区域 D 上无界. 设 $0 < \varepsilon < 1$. 取 D_ε 为矩形区域 $\varepsilon \leqslant x \leqslant 1, 0 \leqslant y \leqslant 1$. 当 $\varepsilon \to 0$ 时, $D_\varepsilon \to D$. 先计算区域 D_ε 上的二重积分.

$$\iint_{D_\varepsilon} \frac{y+1}{\sqrt{x}} dx\, dy = \int_\varepsilon^1 \frac{dx}{\sqrt{x}} \int_0^1 (y+1) dy = \int_\varepsilon^1 \frac{3}{2\sqrt{x}} dx = 3 - 3\sqrt{\varepsilon}$$

于是

$$\iint_D \frac{(y+1) dx\, dy}{\sqrt{x}} = \lim_{\varepsilon \to 0} \iint_{D_\varepsilon} \frac{(y+1) dx\, dy}{\sqrt{x}} = \lim_{\varepsilon \to 0} (3 - 3\sqrt{\varepsilon}) = 3$$

习 题 8.3

1. 计算广义积分 $\iint\limits_D e^{-x^2-y^2} dx\, dy$,其中 D 为坐标面 xOy 的上半平面.

2. 设二元函数 $f(x,y) = \begin{cases} 3e^{-y}, & 0 < x < y < +\infty \\ 0, & \text{其他} \end{cases}$,求

$$\int_{-\infty}^{+\infty} \int_{-\infty}^{+\infty} f(x,y) dx\, dy$$

3. 计算广义积分 $\iint\limits_D \ln\sqrt{x^2+y^2}\, dx\, dy$,其中 $D = \{(x,y) \mid 0 < x^2 + y^2 \leqslant 1\}$.

4. 计算广义积分 $\displaystyle\int_{-\infty}^{+\infty} \int_{-\infty}^{+\infty} (x^2+y^2) \cdot \frac{1}{2\pi} e^{-\frac{x^2+y^2}{2}} dx\, dy$.

5. 讨论广义积分 $\iint\limits_D \dfrac{dx\, dy}{(x^2+y^2)^n}$ 的敛散性, D 是以原点为圆心,半径为 1 的圆的外部.

第 9 章 常微分方程及其应用

人们对客观事物的规律性进行探讨,往往是先要找到客观事物内部联系在数量方面的反映的函数关系.在许多问题求解中,常常不能直接找到所需要的函数关系,但是根据问题的条件往往可以找出自变量、未知函数及其导数(或微分)之间的关系,即可以列出含有自变量、未知函数及其导数(或微分)的方程.此时对客观事规律的认识往往就转化为对此类方程进行讨论,这就逐步地形成了微分方程的理论.

9.1 微分方程的基本概念

9.1.1 微分方程的引入

例 9.1.1 已知曲线上任一点 $P(x,y)$ 处的切线斜率为该点横坐标的两倍,且曲线过点 $(0,1)$,求此曲线方程.

解 设所求曲线方程为 $y=f(x)$,根据导数的几何意义,未知函数 $f(x)$ 满足关系式

$$\frac{\mathrm{d}f(x)}{\mathrm{d}x}=2x, \tag{9.1.1}$$

且还要满足条件
$$f(0)=1 \tag{9.1.2}$$

这是一个含有未知函数的导数的等式,式(9.1.1)两边同时积分

$$\int f'(x)\mathrm{d}x = \int 2x\,\mathrm{d}x$$

得
$$f(x)=x^2+C, \quad C\text{ 为任意常数}$$

这表明满足式(9.1.1)的函数是抛物线,有无穷多条(含有一个任意常数).将 $f(0)=1$,代入上式,得 $C=1$,于是所求曲线方程为 $f(x)=x^2+1$.

例 9.1.2 物体在重力作用下自由下落(不计空气阻力),下落的初始位置 $s(0)=0$,初始速度 $v_0=0$,试确定物体下落的距离 s 与时间 t 的函数关系.

解 设物体下落的距离与时间的关系为 $s(t)$,自由落体的加速度为 g,由牛顿第二定律可知,$s(t)$ 应满足关系式

$$\frac{d^2 s}{dt^2} = g \tag{9.1.3}$$

还应满足下列条件：

$$s(0) = 0, \quad s'(0) = v_0 = 0 \tag{9.1.4}$$

将式(9.1.3)两端积分一次,得

$$V = \frac{ds}{dt} = gt + C_1, \quad C_1 \text{ 为任意常数}$$

再积分一次,得

$$s = \frac{1}{2}gt^2 + C_1 t + C_2, \quad \text{其中 } C_1, C_2 \text{ 为任意常数}. \tag{9.1.5}$$

把条件 $s(0) = 0, \quad s'(0) = v_0 = 0$,代入式(9.1.5),得 $C_1 = 0, C_2 = 0$,所以

$$s = \frac{1}{2}gt^2$$

这正是我们所熟悉的物理学中的自由落体运动公式.

以上两个问题的背景不同,但解决问题的方法是一样的.首先建立方程(9.1.1)或方程(9.1.3),然后对其方程进行求解.为了得到此类方程的系统的解法,我们引进以下概念.

9.1.2 微分方程的基本概念

1. 微分方程

含有自变量 x、因变量 y 及 y 的各阶导数或微分的关系的方程,叫做微分方程.例如,方程(9.1.1)与方程(9.1.3).

2. 微分方程的阶

微分方程中所含未知函数的导数(或微分)的最高阶数称为微分方程的阶.例如,方程(9.1.1)、方程(9.1.3)分别为一阶、二阶微分方程.

3. 微分方程的解

若将函数代入微分方程使该方程成为恒等式,这个函数就叫微分方程的解.
容易验证：

$$y = x^2 + C, \quad C \text{ 为任意常数}. \tag{9.1.6}$$

是方程(9.1.1)的解；

$$s = \frac{1}{2}gt^2 + C_1 t + C_2, \quad \text{其中 } C_1, C_2 \text{ 为任意常数} \tag{9.1.7}$$

是方程(9.1.3)的解.

4. 通解

若解中含有相互独立的任意常数,且任意常数的个数与微分方程的阶数相同,

这样的解称为微分方程的通解. 例如, 式(9.1.6)为方程(9.1.1)的通解, 式(9.1.7)为方程(9.1.3)的通解.

5. 初始条件

在一些实际问题中, 微分方程的解 $y(x)$ 还需在 $x = x_0$ 时满足条件, 如式(9.1.2)和式(9.1.4), 这些条件称为初始条件. 它们用来确定通解中的任意常数.

6. 特解

在通解中利用初始条件, 求出任意常数的值, 就得到微分方程的一个确定的解, 这样的解称为特解.

例 9.1.3 判断下列函数是否为微分方程 $y' + 4xy = 0$ 的解, 并确定是否为通解.

(1) $y = -6e^{-2x^2}$;   (2) $y = Ce^{-2x^2}$ (C 为任意常数).

解 (1) 将 $y = -6e^{-2x^2}$ 及它的导数 $y' = 24xe^{-2x^2}$ 代入微分方程, 得
$$24xe^{-2x^2} + 4x(-6e^{-2x^2}) = 24xe^{-2x^2} - 24xe^{-2x^2} \equiv 0$$

因此, $y = -6e^{-2x^2}$ 是微分方程的解. 由于它不含任意常数, 故它不是通解.

(2) 将 $y = Ce^{-2x^2}$ 及它的导数 $y' = -4Cxe^{-2x^2}$ 代入微分方程, 得
$$-4Cxe^{-2x^2} + 4x(Ce^{-2x^2}) = -4Cxe^{-2x^2} + 4Cxe^{-2x^2} \equiv 0$$

因此, $y = Ce^{-2x^2}$ 是微分方程的解. 由于它含一个任意常数, 与微分方程的阶数相同, 所以它是微分方程的通解.

习 题 9.1

1. 什么叫微分方程? 微分方程的通解与特解的区别与联系?

2. 指出下列微分方程的阶.

(1) $(y')^2 + 2xy^{\frac{1}{2}} = x^2$;   (2) $y''' + 2xy = x^2$;   (3) $y''' + \sin^3 y' = x^3$.

3. 设曲线上任一点 $P(x, y)$ 处的法线与 x 轴的交点为 Q, 且线段 PQ 被 y 轴平分, 求此曲线满足的微分方程.

9.2 一阶微分方程

一阶微分方程的一般形式为
$$F(x, y, y') = 0$$

如果上式关于 y' 可解出, 则方程可写成
$$y' = f(x, y) \quad \text{或} \quad \frac{dy}{dx} = f(x, y)$$

本节介绍几种特殊类型的一阶微分方程及其解法.

9.2.1 可分离变量的微分方程

1. 可分离变量的微分方程

如果一阶微分方程 $\dfrac{\mathrm{d}y}{\mathrm{d}x} = f(x,y)$ 的右端可以表示成一个只与 x 有关的函数 $f(x)$ 和一个只与 y 有关的函数 $g(y)$ 的乘积,即

$$\frac{\mathrm{d}y}{\mathrm{d}x} = f(x)g(y) \tag{9.2.1}$$

则称其为可分离变量的微分方程.

2. 可分离变量的微分方程的求解

把方程(9.2.1)写成

$$\frac{\mathrm{d}y}{g(y)} = f(x)\mathrm{d}x \tag{9.2.2}$$

上式左端只与 y 有关,是某个以 y 为变量的函数的微分;右端只与 x 有关,是某个以 x 为变量的函数的微分.方程(9.2.2)两端积分

$$\int \frac{\mathrm{d}y}{g(y)} = \int f(x)\mathrm{d}x$$

由此可得到微分方程的通解.

例 9.2.1　求微分方程 $\dfrac{\mathrm{d}y}{\mathrm{d}x} = -\dfrac{x}{y}$ 的通解和满足初始条件 $y(1)=1$ 的特解.

解　将方程分离变量,得

$$y\mathrm{d}y = -x\mathrm{d}x$$

两端积分,得

$$\frac{1}{2}y^2 = -\frac{1}{2}x^2 + C$$

从而

$$x^2 + y^2 = C \quad (C \text{ 为任意常数})$$

这便是方程的通解.

将初始条件 $x=1, y=1$ 代入通解中,得 $C=2$,于是所求的特解为

$$x^2 + y^2 = 2$$

注 9.2.1　例 9.2.1 中的变量 x 和 y 是对称的,因此,解函数可以看成是 $y(x)$,也可以看成是 $x(y)$.

例 9.2.2　求微分方程 $y' = \dfrac{x^2 + \cos x}{y + \mathrm{e}^y}$ 的通解.

解　这是可分离变量的微分方程.分离变量,得

$$(y + \mathrm{e}^y)\mathrm{d}y = (x^2 + \cos x)\mathrm{d}x$$

两端积分,得

$$\frac{1}{2}y^2 + e^y = \frac{1}{3}x^3 + \sin x + C_1$$

于是,方程的通解为

$$3y^2 + 6e^y - 2x^2 - 6\sin x = C \quad (C = 6C_1 \text{ 为任意常数})$$

注 9.2.2 例 9.2.2 中的变量 x 和 y 均无法从解的关系式中解出,称这样的解称为微分方程的隐式解.

例 9.2.3 假定某产品的纯利润 L 与广告费支出 x 之间的关系为

$$\frac{dL}{dx} = k(A - L) \tag{9.2.3}$$

其中 $K > 0, A > 0$. 若不做广告,即 $x = 0$ 时的纯利润为 $L_0 (0 < L_0 < A)$,求 $L(x)$.

解 由分离变量法求得方程(9.2.3)通解为

$$L(x) = A + Ce^{-kx}$$

又

$$L(0) = L_0$$

得

$$C = L_0 - A$$

故

$$L(x) = A + (L_0 - A)e^{-kx} \tag{9.2.4}$$

注 9.2.3 由式(9..2.3)有 $\frac{dL}{dx} > 0$,这表明随着广告费地增加,纯利润相应地不断增加.另由式(9.2.4)有 $\lim\limits_{x \to \infty} L(x) = A$,这又表明不是广告费越大纯利润会无限制地增加. A 的经济学意义是纯利润的极限值.

3. 齐次微分方程及其求解

若一阶微分方程可表示为

$$\frac{dy}{dx} = f\left(\frac{y}{x}\right)$$

称它为**齐次微分方程**.

齐次微分方程的一般解法是:通过代换 $u = \frac{y}{x}$,可以将它化为可分离变量的方程,得到通解后,再将原变量代回.举例如下.

例 9.2.4 求解微分方程 $\dfrac{dy}{dx} = \dfrac{y^2}{xy - x^2}$.

解 这是一个齐次微分方程,令 $y = ux$ 代入原方程,得

$$x\frac{du}{dx} + u = \frac{u^2}{u - 1}$$

亦即

$$\frac{u - 1}{u}du = \frac{dx}{x}$$

两端积分,得

或
$$u - \ln|u| = \ln|x| - C$$
$$\ln|ux| = u + C \quad (C \text{ 为任意常数})$$

将 $u = \dfrac{y}{x}$ 代回上式，便得所给微分方程的通解

$$\ln|y| = \dfrac{y}{x} + C, \quad C \text{ 为任意常数}$$

9.2.2 一阶线性微分方程

1. 一阶线性微分方程

微分方程
$$y' + P(x)y = Q(x) \tag{9.2.5}$$

叫做一阶线性微分方程. 当 $Q(x) \equiv 0$ 时，称方程(9.2.5)为线性齐次微分方程，否则称为线性非齐次微分方程.

2. 一阶线性齐次微分方程的求解

我们先对下面线性齐次微分方程进行求解
$$y' + P(x)y = 0 \tag{9.2.6}$$

分离变量后，得
$$\dfrac{\mathrm{d}y}{y} = -P(x)\mathrm{d}x$$

两端积分，得
$$\ln|y| = -\int P(x)\mathrm{d}x + C_1$$

或
$$y = C\mathrm{e}^{-\int P(x)\mathrm{d}x}, \quad C = \pm \mathrm{e}^{C_1} \text{ 为任意常数} \tag{9.2.7}$$

式(9.2.7)就是线性齐次微分方程(9.2.6)的通解.

3. 一阶线性非齐次微分方程的通解公式

现在我们用所谓的**常数变易法**求线性非齐次微分方程(9.2.5)的通解.

首先，令式(9.2.7)中的 $C = C(x)$，得
$$y = C(x)\mathrm{e}^{-\int P(x)\mathrm{d}x} \tag{9.2.8}$$

将式(9.2.8)视为方程(9.2.5)的解，其中 $C(x)$ 为待定函数.

其次，将式(9.2.8)两边对 x 求导，得
$$\dfrac{\mathrm{d}y}{\mathrm{d}x} = C'(x)\mathrm{e}^{-\int P(x)\mathrm{d}x} - C(x)P(x)\mathrm{e}^{-\int P(x)\mathrm{d}x} \tag{9.2.9}$$

将式(9.2.8)、式(9.2.9)代入式(9.2.5)，得
$$C'(x)\mathrm{e}^{-\int P(x)\mathrm{d}x} - C(x)P(x)\mathrm{e}^{-\int P(x)\mathrm{d}x} + C(x)P(x)\mathrm{e}^{-\int P(x)\mathrm{d}x} = Q(x)$$

即
$$C'(x) = Q(x)\mathrm{e}^{\int P(x)\mathrm{d}x}$$

两端积分，得

$$C(x) = \int Q(x) e^{\int P(x) dx} dx + C, \quad \text{其中 } C \text{ 为任意常数}$$

将此式代入式(9.2.8),得线性非齐次微分方程(9.2.5)的通解

$$y = e^{-\int P(x) dx} \left(\int Q(x) e^{\int P(x) dx} dx + C \right) \quad (C \text{ 为任意常数}) \tag{9.2.10}$$

例 9.2.5 求微分方程 $x \dfrac{dy}{dx} - y = x^3$ 的通解.

解 方程为一阶线性微分方程,为了应用公式(9.2.10),先化为标准形式

$$\frac{dy}{dx} - \frac{y}{x} = x^3$$

因为

$$P(x) = -\frac{1}{x}, \quad Q(x) = x^2$$

所以

$$\int P(x) dx = -\int \frac{dx}{x} = -\ln x$$

由公式(9.2.10)有

$$\begin{aligned} y &= e^{-\int P(x) dx} \left(\int e^{\int P(x) dx} Q(x) dx + C \right) \\ &= e^{\ln x} \left(\int x^2 e^{-\ln x} dx + C \right) = e^{-\ln x} \left(\int x^2 \frac{1}{x} dx + C \right) \\ &= e^{-\ln x} \left(\frac{x^2}{2} + C \right) = \frac{x^3}{2} + Cx \end{aligned}$$

于是,微分方程的通解为

$$y = \frac{x^3}{2} + Cx, \quad C \text{ 为任意常数}$$

例 9.2.6 假设降落伞下降时受到的阻力 f 与下降速度 $v = v(t)$ 的 n 次方成正比,即 $f = kv^n$(n 为与降落伞的形状、大小、质料等有关的常数).求降落伞下降速度函数(设 $n = 1$).

解 降落伞下降时所受到的力 $F = mg - f$,又 $f = kv$,得 $F = mg - kv$.根据牛顿第二定律,得微分方程

$$m \frac{dv}{dt} = mg - kv$$

或

$$\frac{dv}{dt} + \frac{k}{m} v = g \tag{9.2.11}$$

依题意还有初始条件

$$v(0) = 0$$

用一阶线性微分方程的通解公式(9.2.10),求得微分方程(9.2.11)的通解为

$$v = \frac{mg}{k} + Ce^{-\frac{k}{m}t}$$

由初始条件 $t=0, v=0$,得 $C = -\frac{mg}{k}$.于是降落伞的下降速度函数为

$$v = \frac{mg}{k}(1 - e^{-\frac{k}{m}t})$$

注 9.2.4 由于 $t \to +\infty$ 时,$e^{-\frac{k}{m}t} \to 0, v \to \frac{mg}{k}$.即经过足够长的时间后,降落伞的下降速度趋于常数 $\frac{mg}{k}$.

习 题 9.2

1. 什么叫线性齐次及线性非齐次微分方程?
2. 在下列一阶线性微分方程中哪些是齐次的,哪些是非齐次的?

(1) $x^3 \frac{dy}{dx} + y = 0$; (2) $\frac{dy}{dx} + 2y + x = 0$; (3) $y' = \frac{1}{x\cos y + \sin 2y}$.

3. 求解下列微分方程.

(1) $\frac{dy}{dx} = 2xy$; (2) $\sqrt{1-y^2} = 3x^2 yy'$;

(3) $\frac{dy}{dx} - \frac{2y}{1+x} = (1+x)^{\frac{5}{2}}$; (4) $y' + y = e^{-x}$.

4. 求下列满足已给初始条件的微分方程的特解.

(1) $y' = e^{2x-y}, y|_{x=0} = 0$; (2) $xy' + y = \sin x, y|_{x=\pi} = 1$.

5. 牛顿冷却定律指出,物体的冷却速度与物体同外界的温度差成正比.当外界温度恒为 20 ℃ 时,一物体在 20 min 内由 100 ℃ 冷却到 60 ℃,求:(1) 物体温度随时间而变化的规律;(2) 40 min 时物体的温度;(3) 经过多少时间温度降到 30℃.

6. 一曲线过原点,其曲线上任一点处的切线斜率等于该点的横坐标与纵坐标三倍之和,求曲线方程.

9.3 可降阶的二阶微分方程

二阶及二阶以上的微分方程称为高阶微分方程.有些高阶微分方程可以通过变量代换化为低阶微分方程方程来解,本节介绍的某些特殊类型的二阶微分方程,应用降阶法,通过适当的变换,转化成一阶微分方程求解.

1. $y'' = f(x)$ 型微分方程

通过积分可将这类方程化为一阶方程,再积分便得通解.即

$$y' = \int f(x) dx + C_1$$

将此式两端再积分一次,得方程的通解

$$y = \int \left[\int f(x) dx \right] dx + C_1 x + C_2, \quad C_1, C_2 \text{ 为任意常数}$$

例 9.3.1 求微分方程 $y'' = x + e^x$ 的通解.

解 通解为

$$\begin{aligned}
y &= \int \left[\int (x + e^x) dx \right] dx + C_1 x + C_2 \\
&= \int \left(\frac{1}{2} x^2 + e^x \right) dx + C_1 x + C_2 \\
&= \frac{1}{6} x^3 + e^x + C_1 x + C_2 \quad (C_1, C_2 \text{ 为任意常数})
\end{aligned}$$

2. $y'' = f(x, y')$ 型的微分方程

这类微分方程的特点是方程右端不显含未知函数 y. 如果我们设 $y' = p(x)$,则 $y'' = p'(x)$,代入原方程后,原二阶方程就转化为 $p(x)$ 的一阶微分方程

$$p'(x) = f(x, p) \tag{9.3.1}$$

如果我们求出它的通解为 $p = p(x, C_1)$. 则可以得到一阶微分方程

$$\frac{dy}{dx} = p(x, C_1)$$

对它的两端再进行积分,便得方程(9.3.1)的通解为

$$y = \int p(x, C_1) dx + C_2, \quad C_1, C_2 \text{ 为任意常数}$$

例 9.3.2 求微分方程 $xy'' + 2y' = x^2$ 的通解.

解 设 $y' = p(x)$,则 $y'' = p'(x)$,代入原方程后,得一阶微分方程

$$xp' + 2p = x^2 \quad \text{或} \quad p' + 2x^{-1} p = x$$

这是一阶线性微分方程,应用通解公式得

$$p = \frac{C_1}{x^2} + \frac{x^2}{4} \quad \text{或} \quad y' = \frac{C_1}{x^2} + \frac{x^2}{4}$$

两端再积分,得微分方程的通解

$$y = -\frac{C_1}{x} + \frac{x^3}{12} + C_2, \quad C_1, C_2 \text{ 为任意常数}$$

习 题 9.3

求解下列高阶微分方程.

(1) $xy'' + (x-1)y' = x^3$;　(2) $y''' = 2x e^x$

(3) $y'' + y'^2 = 1, y(0) = 1, y'(0) = 0$.

9.4 二阶线性微分方程

在实际应用中,常用到下面的二阶线性微分方程
$$y'' + p(x)y' + q(x)y = f(x) \tag{9.4.1}$$
若 $f(x) \equiv 0$,即方程
$$y'' + p(x)y' + q(x)y = 0 \tag{9.4.2}$$
称为齐次的,否则称为非齐次的,$f(x)$ 称为非齐次项.

9.4.1 二阶线性微分方程解的结构

我们先讨论二阶线性微分方程的解之间的关系.

定理 9.4.1 若 $y_1(x), y_2(x)$ 是方程(9.4.2)的两个解,则 $y(x) = C_1 y_1(x) + C_2 y_2(x)$ 也是微分方程(9.4.2)的解,其中 C_1 和 C_2 是任意常数.

证 由于 $y_1(x), y_2(x)$ 都是微分方程(9.4.2)的解,所以
$$y''_1 + p(x)y'_1 + q(x)y_1 = 0, \quad y''_2 + p(x)y'_2 + q(x)y_2 = 0$$
将
$$y = C_1 y_1(x) + C_2 y_2(x), \quad y' = C_1 y'_1(x) + C_2 y'_2(x), \quad y'' = C_1 y''_1(x) + C_2 y''_2(x)$$
代入方程(9.4.1)的左端,得
$$(C_1 y''_1 + C_2 y''_2) + p(x)(C_1 y'_1 + C_{21} y'_2) + q(x)(C_1 y_1 + C_2 y_2)$$
$$= C_1 [y''_1 + p(x)y'_1 + q(x)y_1] + C_2 [y''_2 + p(x)y'_2 + q(x)y_2]$$
$$= 0$$
故 $y(x) = C_1 y_1(x) + C_2 y_2(x)$ 是微分方程(9.4.2)的解.

注 9.4.1 定理 9.4.1 中的 $y = C_1 y_1 + C_2 y_2$ 是二阶线性齐次微分方程(9.4.2)的含有两个任意常数的解,但是它不一定是微分方程的通解.

例如,当 $y_1 = k y_2$ 时,
$$y = C_1 y_1 + C_2 y_2 = C_1 k y_2 + C_2 y_2 = (C_1 k + C_2) y_2 = C y_2 \quad (C = C_1 k + C_2)$$
即 y 实际上只含一个任意常数,它就不是微分方程的通解. 事实上,只有当 $\dfrac{y_1}{y_2} \neq k$ (k 为常数)时,$y = C_1 y_1 + C_2 y_2$ 才是微分方程的通解.

定理 9.4.2 若 $y_1(x)$、$y_2(x)$ 是二阶齐次线性微分方程(9.4.2)的两个不成比例的解,则 $y(x) = C_1 y_1(x) + C_2 y_2(x)$ 是微分方程(9.4.2)的通解,其中 C_1 和 C_2 为任意常数.

由定理 9.4.2 以及类似定理 9.4.2 上面的讨论易得:

定理 9.4.3 若 $y^*(x)$ 是非齐次线性微分方程(9.4.1)的一个特解,$Y(x)$ 是与

它对应的线性齐次微分方程(9.4.2)的通解,则 $y(x)=Y(x)+y^*(x)$ 是二阶非齐次线性微分方程(9.4.1)的通解.

对于一般的微分方程(9.4.2),还没有一个有效的方法求得通解,但对于下面的二阶常系数线性齐次方程,则有一个较简易的解法.

9.4.2 二阶常系数线性齐次微分方程

当方程(9.4.2)中 p,q 为常数,即
$$y'' + py' + qy = 0 \tag{9.4.3}$$
称为二阶常系数线性齐次方程.

为了求方程(9.4.3)的通解,根据定理 9.4.2,必须找出它的两个不成比例的解. 我们用函数来试探,在我们所熟悉的基本初等函数中,结合方程(9.4.3),指数函数的这种可能性最大.

我们能否选择常数 r 使得 $y=e^{rx}$ 为方程(9.4.3)的解,等同于把 $y=e^{rx}, y'=re^{rx}, y''=r^2e^{rx}$ 代入方程(9.4.3),得
$$(r^2+pr+q)e^{rx}=0$$
由于 $e^{rx} \neq 0$,上式等同于
$$r^2+pr+q=0 \tag{9.4.4}$$

这说明只要 r 是方程(9.4.4)的根,$y=e^{rx}$ 就是方程(9.4.3)的解. 我们把代数方程(9.4.4)叫做微分方程(9.4.3)的特征方程. 它的根
$$r_{1,2}=\frac{-p \pm \sqrt{p^2-4q}}{2}$$
称为方程(9.4.3)的特征根. 下面根据特征根的不同情况来确定方程(9.4.3)的通解.

(1) 两个不相等的实数根.

判别式 $p^2-4q>0$,此时特征方程有两个不相等的实根 $r_1 \neq r_2$.

由于 $\frac{e^{r_1 x}}{e^{r_2 x}}=e^{(r_1-r_2)x} \neq$ 常数,所以微分方程(9.4.3)有两个线性无关的特解: $y_1=e^{r_1 x}$ 和 $y_2=e^{r_2 x}$.

于是,微分方程(9.4.3)的通解为
$$y=C_1 e^{r_1 x}+C_2 e^{r_2 x}, \quad C_1, C_2 \text{ 为任意常数}$$

(2) 两个相等的实数根.

判别式 $p^2-4q=0$,此时特征方程有两个相等的实根 $r_1=r_2=-\frac{p}{2}$.

由特征方程只能得到方程(9.4.3)的一个特解 $y_1=e^{rx}=e^{-\frac{p}{2}}$. 可以验证,$y_2=xe^{rx}$ 可以作为另一个特解.

于是，微分方程(9.4.3)的通解为
$$y=(C_1+C_2x)\mathrm{e}^{rx}, \quad C_1,C_2 \text{ 为任意常数}$$

(3) 一对共轭复根.

判别式 $p^2-4q<0$，此时特征方程有一对共轭复根
$$r_{1,2}=\frac{-p\pm\mathrm{i}\sqrt{4q-p^2}}{2}=\alpha\pm\mathrm{i}\beta$$

我们得到微分方程(9.4.3)的两个线性无关的特解：
$$y_1=\mathrm{e}^{(\alpha+\mathrm{i}\beta)x} \quad \text{和} \quad y_2=\mathrm{e}^{(\alpha-\mathrm{i}\beta)x}$$

为了避开复数，借助欧拉公式 $\mathrm{e}^{\mathrm{i}\theta}=\cos\theta+\mathrm{i}\sin\theta$，将 y_1、y_2 表示为
$$y_1=\mathrm{e}^{(\alpha+\mathrm{i}\beta)x}=\mathrm{e}^{\alpha x}(\cos\beta x+\mathrm{i}\sin\beta x)$$
$$y_2=\mathrm{e}^{(\alpha-\mathrm{i}\beta)x}=\mathrm{e}^{\alpha x}(\cos\beta x-\mathrm{i}\sin\beta x)$$

将 y_1、y_2 线性组合，便得到不使用复数的解函数：
$$\bar{y}_1=\frac{y_1+y_2}{2}=\mathrm{e}^{\alpha x}\cos\beta x$$
$$\bar{y}_2=\frac{y_1-y_2}{2\mathrm{i}}=\mathrm{e}^{\alpha x}\sin\beta x$$

容易看出它们不成比例. 于是，微分方程(9.4.3)的通解为
$$y=\mathrm{e}^{\alpha x}(C_1\cos\beta x+C_2\sin\beta x), \quad C_1,C_2 \text{ 为任意常数}$$

根据以上讨论，求二阶常系数线性齐次微分方程的通解，主要是计算其特征方程的特征根.

例 9.4.1 求微分方程 $y''+y'=0$ 的通解.

解 特征方程为
$$r^2+r=0$$
解得特征根为 $r_1=0, r_2=-1$，于是，原方程通解为
$$y=C_1+C_2\mathrm{e}^{-x}, \quad C_1,C_2 \text{ 为任意常数}$$

例 9.4.2 求方程 $4s''(t)+4s'(t)+s(t)=0$ 满足初始条件 $s|_{t=0}=2, s'|_{t=0}=-2$ 的特解.

解 特征方程为
$$4r^2+4r+1=0$$
解得特征根为 $r_1=r_2=-0.5$，于是，方程通解为
$$s=\mathrm{e}^{-0.5t}(C_1t+C_2), \quad C_1,C_2 \text{ 为任意常数}$$
又
$$s'=\mathrm{e}^{-0.5t}(C_1-0.5C_1t-0.5C_2)$$

将初始条件代入 s 与 s'，得 $C_2=2$，及 $-2=C_1-0.5C_2$，求得 $C_1=8$.

将 $C_1=8$ 与 $C_2=2$ 代入通解，便得满足所给初始条件的特解
$$s=4(2t+1)\mathrm{e}^{-0.5t}$$

例 9.4.3 求微分方程 $y'' + 2y' + 5y = 0$ 的通解.

解 特征方程为
$$r^2 + 2r + 5 = 0$$
解得特征根 $r_1 = -1 + 2i$, $r_2 = -1 - 2i$. 于是,原方程的通解为
$$y = e^{-x}(C_1 \cos 2x + C_2 \sin 2x), \quad C_1, C_2 \text{ 为任意常数}$$

9.4.3 二阶常系数线性非齐次微分方程

二阶常系数线性非齐次微分方程的一般形式为
$$y'' + py' + qy = f(x) \tag{9.4.5}$$
其中, p、q 为常数. 由定理 9.4.3,它的通解由与它对应的常系数线性齐次微分方程的通解加上方程(9.4.5)的一个特解组成. 由于我们已能求得对应的二阶常系数线性齐次微分方程的通解,因此只需再求出微分方程(9.4.5)的一个特解即可.

微分方程(9.4.5)的特解与它的非齐次项 $f(x)$ 有关. 我们给出 $f(x)$ 的两种常见形式的特解 $y^*(x)$ 求法.

1. $f(x) = e^{\alpha x} P_m(x)$ ($P_m(x)$ 为 m 次多项式, α 为常数)

(1) 当 α 不是特征方程的根时, $y^*(x) = e^{\alpha x} R(x)$;

(2) 当 α 是特征方程的单根时, $y^*(x) = x e^{\alpha x} R(x)$;

(3) 当 α 是特征方程的重根时, $y^*(x) = x^2 e^{\alpha x} R(x)$,其中 $R(x)$ 为 m 次多项式,系数待定.

例 9.4.4 求 $y'' + 2y' - 3y = 2e^x$ 的通解.

解 首先,求相应齐次方程 $y'' + 2y' - 3y = 0$ 的通解.其特征方程为
$$r^2 + 2r - 3 = 0$$
特征根为 $r_1 = -3, r_2 = 1$,因此,齐次方程通解为
$$Y = C_1 e^{-3x} + C_2 e^x, \quad C_1, C_2 \text{ 为任意常数}$$

其次,求非齐次方程的特解 y^*,由于 $\alpha = 1$ 为特征根,因此设 $y^* = xAe^{-x}$,代入原方程可得 $A = \dfrac{1}{2}$,即有 $y^* = \dfrac{1}{2} x e^{-x}$. 于是,原方程的通解为
$$y = C_1 e^{-3x} + C_2 e^x + \frac{1}{2} x e^x, \quad C_1, C_2 \text{ 为任意常数}$$

2. $f(x) = e^{\alpha x}[P_m(x)\cos\beta x + Q_n(x)\sin\beta x]$,其中 $P_m(x)$、$Q_n(x)$ 分别为 m、n 次多项.

(1) 当 $\alpha \pm i\beta$ 不是特征方程的根时, $y^*(x) = e^{\alpha x}[R(x)\cos\beta x + S(x)\sin\beta x]$;

(2) $\alpha \pm i\beta$ 是特征方程的根时, $y^*(x) = x e^{\alpha x}[R(x)\cos\beta x + S(x)\sin\beta x]$,其中 $R(x) S(x)$ 为 l 次多项式,系数待定, $l = \text{Max}\{m, n\}$.

例 9.4.5 求微分方程 $y'' + y' - 2y = 2\cos 2x$ 的通解.

解 先求相应的齐次方程 $y'' + y' - 2y = 0$ 的通解,其特征方程为 $r^2 + r - 2 = 0$,特征根为 $r_1 = -2, r_2 = 1$,因此齐次方程的通解为
$$Y = C_1 e^{-2x} + C_2 e^x$$

再求非齐次方程的特解 y^*,由于题目中 $\alpha = 0, \beta = 2, \alpha + i\beta = 2i$ 不是特征根,因此设 $y^* = A\cos 2x + B\sin 2x$,代入原方程可得
$$(-2A + 2B - 4A)\cos 2x + (-2B - 2A - 4B)\sin 2x \equiv 2\cos 2x$$

比较系数有
$$\begin{cases} -6A + 2B = 2 \\ -6B - 2A = 0 \end{cases}$$

解方程组得 $A = -\dfrac{3}{10}, B = \dfrac{1}{10}$,于是求得原方程的一个特解为
$$y^* = -\frac{3}{10}\cos 2x + \frac{1}{10}\sin 2x$$

于是,原方程的通解为
$$y = C_1 e^{-2x} + C_2 e^x - \frac{3}{10}\cos 2x + \frac{1}{10}\sin 2x, \quad C_1, C_2 \text{ 为任意常数}$$

习 题 9.4

求解下列二阶常系数线性微分方程.

(1) $y'' - y' - 20y = 0$; (2) $y'' - 8y' + 16y = 0$;

(3) $3\dfrac{d^2 y}{dt^2} - 2\dfrac{dy}{dt} - 8y = 0$; (4) $4\dfrac{d^2 x}{dt^2} - 8\dfrac{dx}{dt} + 5x = 0$;

(5) $y'' - 2y' + 2y = e^x \cos x$; (6) $2y'' - 5y' = 5x^2 - 2x - 1$.

9.5 微分方程的应用

微分方程在科学研究以及生产实践中有着非常广泛的应用.本节介绍它在生态学、经济学中的几个简单应用,其中建立数学模型的思想、方法、过程具有代表性.

9.5.1 人口模型与商品的销售量模型

1. 马尔萨斯(Malthus)人口模型

马尔萨斯(1766~1834,英国经济学家和社会学家)在研究百余年的人口统计

数据时发现:单位时间内人口的增加量与当时人口总数成正比.于是1798年,他提出了下面的著名的人口指数增长模型.

假设 t 时刻的人口数为 $N(t)$,初始人口数为 N_0,则

$$\frac{\mathrm{d}N(t)}{\mathrm{d}t}=kN(t), \quad N(0)=N_0 \tag{9.5.1}$$

其中,称 k 为人口增长率.

方程(9.5.1)称为**马尔萨斯人口发展方程**.

求解方程(9.5.1)得

$$N(t)=N_0 e^{kt}$$

注 9.5.1 马尔萨斯的人口按几何级数增加(或按指数增长)的结论就是源于此解函数的表达式.

2. 逻辑斯谛(Logistic)人口模型

马尔萨斯人口模型没有考虑人类的生存环境而有明显的局限性,人类不可能无限制地增加其数量,人口增长率 k 不会始终保持不变.

如果记 N_m 为自然资源和环境条件所能允许的最大人口数.荷兰数学家威赫尔斯特(Verhulst)提出一个较为接近现实情况的假设:人口增长率随着 $N(t)$ 的增加而减小,且当 $N(t) \to N_m$ 时,净增长率趋于零.

于是,让人口增长率取作变量 $k=r\left(1-\dfrac{N(t)}{N_m}\right)$,则人口方程改进为

$$\frac{\mathrm{d}N(t)}{\mathrm{d}t}=r\left(1-\frac{N(t)}{N_m}\right)N(t) \tag{9.5.2}$$

其中 r 为常数.模型(9.5.2)称为**逻辑斯谛人口模型**.

方程(9.5.2)是可分离变量的方程,分离变量后,得

$$\frac{\mathrm{d}N(t)}{N(t)(N_m-N(t))}=\frac{r}{N_m}\mathrm{d}t \quad \text{或} \quad \left[\frac{1}{N(t)}+\frac{1}{N_m-N(t)}\right]\mathrm{d}N=r\,\mathrm{d}t$$

两端积分,得

$$\ln\frac{N(t)}{N_m-N(t)}=rt+\ln C$$

由 $N(0)=N_0$,得 $C=\dfrac{N_0}{N_m-N_0}$,代入上式并整理后,得

$$N(t)=\frac{N_m N_0}{N_0+(N_m-N_0)e^{-rt}}$$

注 9.5.2 历史统计资料表明:马尔萨斯模型对于1800年以前的欧洲人口统计数据拟合得较好;逻辑斯谛模型对于 1790～1930 年间的美国人口统计数据拟合得较好.

3. 商品的销售量模型

假设某产品的销量为 $x(t)$，它关于时间 t 是可导的，其增长速率 $\dfrac{dx}{dt}$ 与销量 $x(t)$ 及销量接近于饱和水平的程度 $N-x(t)$ 之积成正比（N 为饱和水平，比例常数为 $k>0$），且设 $x(0)=0.25N$，则有

$$\frac{dx(t)}{dt}=k(N-x)x(t) \tag{9.5.3}$$

方程(9.5.3)与方程(9.5.2)是一样的，类似方程(9.5.2)的求解，可得

$$x(t)=\frac{N}{1+Ce^{-Nkt}} \quad (C \text{ 为常数}) \tag{9.5.4}$$

由 $x(0)=0.25N$，得 $C=3$，于是

$$x(t)=\frac{N}{1+3e^{-Nkt}}$$

下面讨论 $x(t)$ 什么时候增长最快.

由于

$$\frac{dx(t)}{dt}=\frac{3N^2 k e^{-Nkt}}{(1+3e^{-Nkt})^2}, \quad \frac{d^2 x(t)}{d^2 t}=\frac{-3N^3 k^2 e^{-Nkt}(1-3e^{-Nkt})}{(1+3e^{-Nkt})^2}$$

令 $\dfrac{d^2 x(t)}{d^2 t}=0$，得 $T=\dfrac{\ln 3}{Nk}$. 当 $t<T$ 时，$\dfrac{d^2 x(t)}{d^2 t}>0$；当 $t>T$ 时，$\dfrac{d^2 x(t)}{d^2 t}<0$. 故 $t=T=\dfrac{\ln 3}{Nk}$ 时，$x(t)$ 增长最快.

注 9.5.3 微分方程(9.5.2)与方程(9.5.3)称为**逻辑斯谛方程**，其解曲线称为**逻辑斯谛曲线**.

9.5.2 投资与劳动力增长的经济增长模型

发展经济、增加生产有两个重要因素：增加投资（扩大厂房、购买设备、技术革新等）与雇用更多的人力. 恰当调节投资增长与劳动力的关系，使增加的产量不致被劳动力的增长抵消. 下面介绍一个描述生产量、劳动力和投资之间的变化规律的模型来探讨这些问题.

1. 道格拉斯(Douglas)生产函数

用 $Q(t)$、$L(t)$、$K(t)$ 分别表示某一单位（地区、部门、企业等）在时刻 t（单位为年）的产量、劳动力和资金.

为了讨论其增长量，我们定义

$$i_Q(t)=\frac{Q(t)}{Q(0)}, \quad i_L(t)=\frac{L(t)}{L(0)}, \quad i_K(t)=\frac{K(t)}{K(0)} \tag{9.5.5}$$

分别为产量指数、劳动力指数和投资指数.

在经济发展过程中,以上三个指数之间的关系很复杂,为了方便找到它们之间的关系,令

$$x(t)=\ln\frac{i_L(t)}{i_K(t)}, \quad y(t)=\ln\frac{i_Q(t)}{i_K(t)} \tag{9.5.6}$$

有足够的统计数据显示,在 Oxy 平面上大多数点 $(x(t),y(t))$ 靠近在一条过原点 $(t=0,x(0)=y(0)=0)$ 的直线,其直线斜率记为 γ,且 $0<\gamma<1$.即可假定

$$\frac{\mathrm{d}y(t)}{\mathrm{d}x(t)}=\gamma \tag{9.5.7}$$

求解微分方程(9.5.7),并用初始条件 $t=0,x(0)=y(0)=0$,得

$$y(t)=\gamma x(t) \tag{9.5.8}$$

将(9.5.6)代入(9.5.8)式得

$$i_Q(t)=i_L{}^\gamma(t)i_K{}^{1-\gamma}(t) \tag{9.5.9}$$

再记 $\alpha=Q(0)L^{-\gamma}(0)K^{\gamma-1}(0)$,由式(9.5.5)、式(9.5.9)得

$$Q(t)=\alpha L^\gamma(t)K^{1-\gamma}(t), \quad 0<\gamma<1, \alpha>0 \tag{9.5.10}$$

注 9.5.4 式(9.5.10)是经济学中有名的科布-道格拉斯(Cobb-Douglas)生产函数,记为 $Q(L,K)$,它表明了生产量与劳动力和投资间的关系.

将式(9.5.10)对 t 求导,得

$$\frac{Q'(t)}{Q}=\gamma\frac{L'(t)}{L}+(1-\gamma)\frac{K'(t)}{K} \tag{9.5.11}$$

此明了年相对增长量 $\frac{Q'(t)}{Q}$、$\frac{L'(t)}{L}$、$\frac{K'(t)}{K}$ 之间的线性关系,易得

$$\gamma=\frac{\frac{\partial Q}{\partial L}}{\frac{Q}{L}} \tag{9.5.12}$$

式(9.5.12)表示产量增长中取决于劳动力部分的比值,称产量对劳动力的弹性系数.

注 9.5.5 由(9.5.12)式可知:$\gamma\to 1$ 说明产量增长主要靠劳动力的增长;$\gamma\to 0$ 说明产量增长主要靠投资的增长.

2. 劳动生产率增长的条件

为了进一步讨论产量随劳动力和投资的增长而增长的规律,我引进劳动生产率 $Z(t)=\dfrac{Q(t)}{L(t)}$,它表示每个劳动力占有的产量.

下面讨论 $Z(t)$ 的增长的条件,为此还需要对劳动力和投资的增长做出如下合理的假设:

劳动力的每年的相对增长率是常数(记为 ρ),即有

$$\frac{\mathrm{d}L}{\mathrm{d}t} = \rho L \tag{9.5.13}$$

投资的年增长率与产量成正比,比例系数为 σ,即有

$$\frac{\mathrm{d}K}{\mathrm{d}t} = \sigma Q \tag{9.5.14}$$

方程(9.5.13)的解为 $L(t) = L(0)\mathrm{e}^{\rho t}$,将此式与式(9.5.10)代入式(9.5.14),得

$$\frac{\mathrm{d}K}{\mathrm{d}t} = \sigma \alpha L^{\gamma}(0)\mathrm{e}^{\rho \gamma t} K^{1-\gamma} \tag{9.5.15}$$

方程(9.5.15)的解为

$$K^{\gamma}(t) = K^{\gamma}(0) + \frac{\sigma \alpha}{\rho} L^{\gamma}(0)(\mathrm{e}^{\rho \gamma t} - 1) \tag{9.5.16}$$

根据 $Z(t)$ 的定义,易得

$$\frac{Z'(t)}{Z} = \frac{Q'(t)}{Q} - \frac{L'(t)}{L}$$

将代(9.5.11)入上式,得

$$\frac{Z'(t)}{Z} = (1-\gamma)\left(\frac{K'(t)}{K} - \frac{L'(t)}{L}\right) \tag{9.5.17}$$

将式(9.5.14)至式(9.5.16)代入(9.5.17),化简得

$$\frac{Z'(t)}{Z} = (1-\gamma)[K'(0) - \rho K(0)]K^{(\gamma-1)}(0)K^{-\gamma}$$

此式表明:一方面,当 $\frac{K'(0)}{K(0)} > \rho = \frac{L'(t)}{L}$ 时,$Z'(t) > 0$.即初始投资的相对增长率大于劳动力(常数 ρ),就有劳动生产率 $Z(t)$ 的不断增长;另一方面,由式(9.5.14)与式(9.5.16)知,$K(t)$ 是增加的,且 $t \to \infty$ 时,$K(t) \to \infty$,所以 $Z'(t)$ 递减,且 $Z'(t) \to 0$,即 $Z(t)$ 的增长率不断减小,劳动生产率趋于常数.

第 10 章 数据的搜集与描述

人们购买香水喜欢什么味道？人们购买汽车喜欢什么品牌？人们每天观看电视节目最集中的时间段是哪些？这些都是我们感兴趣而又难以凭直觉得到答案的问题.为了解决这些问题,我们需要搜集数据并对收集到的相关数据进行分析、整理及推断.

10.1 数　　据

在日常生活中,经常会看到各种统计数字.例如,下面几条来自报纸和杂志的摘录.

- "资料显示,每天吃三次谷物食品的人中风的风险可减少 37%."
- "吸烟对健康是有害的,吸香烟的男性寿命减少 2 250 天."
- "国际石油价格近三个月上涨了一倍."

上面这三条陈述都是建立在数据收集的基础之上.数据的一般定义如下：

数据是对现象进行测量的结果,由通过观察、计数、测量或问答而得到的信息组成.

统计数据按照所采用的计量尺度的不同可分为数值型数据、分类型数据、顺序型数据三种类型.

数值型数据是指用数字尺度测量的观察值,其结果表现为具体的数值.如某地流动人口数量.

分类型数据是指能归于某一类别的非数字型数据,它是对事物进行分类的结果,数据表现为类别.如人口按照性别分为男、女两类.

顺序型数据是指能归于某一有序类别的非数字型数据,即数据不仅是分类型的,而且其类别是有序的.如满意度调查表中的选项有"非常满意""满意""比较满意""不满意""非常不满意"等.

全部数据组成的集合简称**数据集**.

下面我们介绍两种类型的重要数据：集总体与样本.

总体是根据研究目的而确定的具有相同性质的个体所构成的全体,包含有限个体的总体称为有限总体,包含无限多个个体的总体称为无限总体.从总体中抽取部分个体的过程就叫做**抽样**.

样本是从总体中抽取的部分个体所组成的集合.样本中所包含的个体的数量,称为样本容量.

例如,要检查一批灯泡的使用寿命,这一批灯泡构成的集合就是总体,每个灯泡就是一个个体.从这批灯泡中随机抽取 100 只,这 100 只灯泡就构成了一个样本,其样本容量为 100.

又如,要计算全国高中生的平均身高,全国高中生构成的集合就是总体,每个高中生就是一个个体.从全国高中生中随机抽取 10 所高中进行测量,共 90 000 名高中生,这 90 000 名高中生就构成一个样本,其样本容量为 90 000.如果要计算这 10 所高中的 90 000 名高中生平均身高,那么,这 90 000 名高中生就构成一个总体,从中随机抽取 1 000 名高中生,这 1 000 名高中生就构成一个样本,其样本容量为 1 000.

因此,样本和总体是相对概念,依据不同的研究目的而变化.在实际研究中,我们要分清总体和样本,避免混淆概念.

样本数据可以用来得到关于总体的结论,样本数据必须以适当的方法搜集,例如随机选取.如果没有以适当的方式搜集,数据将没有价值.

10.2 数据搜集简介

10.2.1 数据的来源

从数据本身的来源看,它最初都是来源于直接的调查实验.如果从使用者的角度来看,数据主要有两种来源:一是来源于直接的调查实验,这是数据的直接来源,也称为第一手数据或直接数据;二是来源于其他人已有的调查实验,这是数据的间接来源,也称为第二手数据或间接数据.

1. 数据的直接来源

数据的直接来源主要有两种渠道:一是调查或观察;二是实验.调查是获得社会经济数据的重要手段和方法.例如,经济普查,人口普查等;当然也包括以商业利润为目的而展开的市场调查.实验是获得自然科学数据的重要手段,例如,物理实验,化学实验,生物实验等.通过调查获得的数据称之为调查数据,通过实验获得的数据称之为实验数据.

调查通常是对社会现象而言的,一般包括以下三种类型:普查、统计报表和抽样调查.

(1) 普查.

普查是专门组织的一次性全面调查,例如,我国定期组织的人口普查、经济普查、农业普查、工业普查等.普查数据非常全面、完整,而且一般比较准确、规范.可以为抽样调查或其他调查提供基本的依据,但普查耗时耗力,适用范围比较窄.

(2) 统计报表

统计报表是按照国家有关法规的规定,自上而下地统一布置、逐级提供基本统计数据的调查方式.在我国几十年的政府统计工作中,已形成一套比较完备的统计报表制度,统计报表已成为国家和地方政府部门统计数据的主要来源.

(3) 抽样调查

抽样抽查从总体中抽取一部分作为调查对象.抽样调查是不全面的调查,它通过调查部分数据来得知总体.例如,要想知道武汉市民对武汉交通的意见,不可能去调查所有的武汉市民,只能够通过调查一部分的武汉市民,并根据这一部分的数据来了解武汉市民对武汉交通整体的意见.由于抽样调查省时省力、易于操作,因此,抽样调查成为了实际生活中应用最广泛的调查方式.在抽样调查的过程中,一方面,我们要注意选取的样本具有足够的代表性,另一方面,我们还要提高调查的准确性,在成本范围内提高数据的估计精度.

抽样调查有许多种方式,可大致分为两类:概率抽样和非概率抽样.概率抽样也称为随机抽样,是遵循随机原则进行的抽样,即总体中的每个个体被选入样本的概率已知.非概率抽样与概率抽样相反,它不遵循随机原则进行,特点是简单高效、成本低.但由于非概率抽样不遵循随机原则进行,所以无法根据样本信息来对总体进行推断.

直接数据除了通过调查得到以外,还可以通过实验得到.例如,化学家通过实验研究不同元素结合时所产生的化学效果;农学家通过实验研究温度、水分对农产品产量的影响;医药学家通过实验研究新药是否会产生副作用等.同时实验作为搜集数据的一种科学的方法,也被广泛应用于社会科学中,例如,心理学、教育学、经济学等.

2. 数据的间接来源

有些数据对于大部分使用者来说,根本没有必要去做实际调查.我们可以使用前人通过调查或者实验所得到的数据,对我们感兴趣的那部分内容进行重新加工、整理,使之成为我们进行统计分析时所使用的数据,这些数据成为第二手数据或间接数据.

间接数据的来源主要有:统计部门和各级政府部门公布的有关资料,例如,定期发布的统计公报,定期出版的各种统计年鉴;各类专业期刊、书籍所提供的文献资料;从互联网或图书馆查阅的相关资料等.随着互联网的飞速发展,大量的电子版数据公布在各种网络平台上,为我们日常搜集数据节省了人力物力,并且快捷方便.

但是,第二手数据也有很大的局限性,我们在使用第二手数据时一定要弄清楚,这些数据是否权威,是否具有时效性,是否与我们研究的问题相关,否则会给后期的研究带来重大的影响.

10.2.2 数据的误差

数据误差是指通过调查搜集到的数据与研究对象真实值之间的差异.数据误差有两类:抽样误差和非抽样误差.

1. 抽样误差

抽样误差是由于抽样的随机性引起的样本结果与研究对象真实结果之间的差异.它并不是调查过程中哪一环节出错而造成的,而是指同样的调查再进行一次,结果未必与上次一模一样.例如,在概率抽样中,依据随机性的原则抽取样本,可能抽中这些单位组成的样本,也可能抽中另外一些单位组成的其他样本,而不同的样本显然具有不同的观测结果.

抽样误差不是针对某一个样本或某一些样本与总体真实结果之间的差异而言的,它表示的是所有样本可能的结果与总体真实结果之间的平均差异.虽然在概率抽样中,抽样误差不可避免,但是,我们可以通过样本(第 11 章)估计出抽样误差,同样,也可以通过控制各种与之相关的因素尽量降低抽样误差.

抽样误差的大小与许多因素有关,最重要的因素就是样本量的大小,很显然,样本量越大,抽样误差越小.最极端的情况,当样本量与总体单位相同时,抽样调查变成普查,这时已经不存在抽取样本的随机性选择过程,当然抽样误差也降低到零.

2. 非抽样误差

非抽样误差是除了抽样误差以外,由于其他各种原因引起的误差.非抽样误差存在于各种抽样和调查中,与抽样误差不同,非抽样误差无法通过样本进行估计,也不能通过增大样本量来加以控制.按非抽样误差的来源、性质和处理方法的不同常可分为三类:抽样框误差、无回答误差、计量误差.

抽样框是有关总体全部单元的名录、地图等的框架.一般情况下,抽样总体和目标总体一致.如果不一致,就会产生**抽样框误差**.通常会存在以下四种抽样框误差:丢失目标总体单元;包含非目标总体单元;两总体单元不完全一一对应;辅助信息不完全或不正确.

无回答误差指是被调查者拒绝回答或其他原因没有收集到回答.由于种种原因没有能够对被抽取的样本单元进行计量,没有获得有关这些单元的数据.无回答误差主要影响有效样本量,会造成估计量方差的增大和估计的偏倚.

计量误差包括抽样方案设计阶段有缺陷的问卷设计、数据收集阶段有错误的调查数据和数据处理阶段工作上的差错所带来的误差,也就是调查性误差.

10.3　数据的直观显示

上一节我们简单地讨论了数据的搜集,面对我们搜集到的杂乱枯燥的数据,虽然我们可以直观感觉到它们的存在,但它们不会主动告诉我们任何想要的信息.为了挖掘出这些数据背后隐藏的信息,我们必须采用一些方法对搜集到的数据加以整理描述,例如,统计分组、分布数列、统计图、统计表等,将数据转化为我们可理解的形式,并从中获得我们想要的信息.

10.3.1　统计分组

将数据按标志的特征分组和按分组标志数量分组称为**统计分组**.

按分组标志多少不同,可分为简单分组和复合分组.

简单分组是对研究对象按照一个标志进行的分组.例如,某高校职工按照性别或者职称进行的分组,如表 10.3.1、表 10.3.2 所示.

表 10.3.1　按性别分组

按性别分组	职工人数(人)
男	750
女	650
合计	1 400

表 10.3.2　按职称分组

按职称分组	职工人数(人)
副教授或副教授以上	600
副教授以下	800
合计	1 400

复合分组是对研究对象按两个或两个以上的标志层叠起来进行的分组.即先按一个标志进行分组,然后再按另一个标志在已分好的各个组内划分成若干个小组.例如企业职工按性别分组后,在每组内再按年龄分组,如表 10.3.3 所示.

表 10.3.3　某高校按性别和年龄分组

按性别和年龄分组		职工人数(人)
男	50 岁以下	450
	50（含 50）岁以上	150
女	50 岁以下	260
	50（含 50）岁以上	60
合计		920

10.3.2 分布数列

将统计总体按某一标志分组后,用来反映总体单位在各组中分配情况的数列叫分配数列,也叫分布数列.分配在各组的总体单位数叫次数或频数(通常用 f 表示).各组次数与总次数的比值称为频率.根据分组标志的不同,分配数列可以分为品质分配数列和变量分配数列两种.

按品质标志分组所形成的分数列称品质分配数列或属性分配数列,简称品质数列.它是由总体各组名称及各组总体单位数(次数)组成,如表 10.3.4 所示.

表 10.3.4 某高校学生的性别分布

按性别分组	人数	比例(%)
女生	5 158	37.8
男生	8 504	62.2
合计	13 662	100.0

（分组名称）　（频数）　（频率）

按数量标志分组形成的分配数列,称为变量分配数列,简称变量数列.它由各组变量值及各组总体单位数(次数)组成.变量数列按照用以分组的变量的表现形式,可分为单项数列和组距数列两种.单项数列就是指以一个变量值代表一组而编制的变量数列,如表 10.3.5 所示.

表 10.3.5 某企业职工人数统计表

按性别分组	按年龄分组			合计
	30 以下	30～50	50 以上	
男	600	300	200	1 100
女	200	200	100	500
合计	800	500	300	1 600

按照组距的不同可将分布数列分为等距分组和异距分组.等距分组即各组组距相等的分组.异距分组即各组组距不相等的分组.在标志值变动比较均匀的条件下,可采用等距分组.当标志值变动很不均匀,如急剧的增大、下降,变动幅度大时,可采用异距分组.

10.3.3 统计表

统计表是描述数据的一种基本工具,实际上,在数据的收集、整理、描述和分析的过程中都需要用到统计表.把许多杂乱无章的数据按照一定的规定和要求组织在相应的表格中,就形成了一张统计表.

1. 统计表的结构

统计表是由纵横交叉的直线组成的左右两边不封口的表格.从形式上看,统计表由总标题、横行标题、纵栏标题、统计数据所组成.如图 10.3.1 所示.

表题(总标题)	
横行标题	纵栏标题
	指标数值
主词	宾词

图 10.3.1 统计表结构的一般形式

例 10.3.1   2001 年我国工业增加值的一个统计表(图 10.3.2).

2001年全国工业增加值			表题
项目	工业增加值		纵栏标题
	产值(亿元)	比重(%)	
轻工业	10649	39.5	指标数值
重工业	16301	60.5	
合计	26950	100.0	

横行标题

图 10.3.2 2001 年我国工业增加值的一个统计表截图

资料来源:《中国统计摘要》,中国统计出版社,2002 年版,第 114 页

2. 统计表的种类

按照统计表的主词是否分组和分组的程度,分为简单表、分组表和复合表三种.简单表是统计表的主词未经任何分组的统计表.分组表指统计表的主词按某一标志进行分组.复合表指统计表的主词按两个或两个以上标志进行复合分组.

10.3.4 统计图

描述数据的另一种方法是将它们画出来,这就是所谓的统计图.因为图形包含了大量的数据信息,并且便于直观理解,因此,统计图是数据的直观显现的一种形式.

1. 条形图

条形图常用于描述离散型数据的情况,是我们经常见到的一种图形,它是用宽度相等而高度为频数(率)来表示各类数据的大小.

例 10.3.2   某高校 2011 年各院教师在国内核心杂志上发表论文情况,如表 10.3.6 所示.

表 10.3.6　某高校 2011 年各学院教师发表核心期刊论文情况

院编号	院名	论文数
一院	光电学院	280
二院	管理学院	240
三院	经济学院	200
四院	信息科学与技术学院	160
五院	数学与统计学院	80
六院	公共卫生学院	120

解　由表 10.3.6 中的数据应用 Excel 软件中的"插入"功能中的"图表"功能绘成的条形图如图 10.3.3 所示.

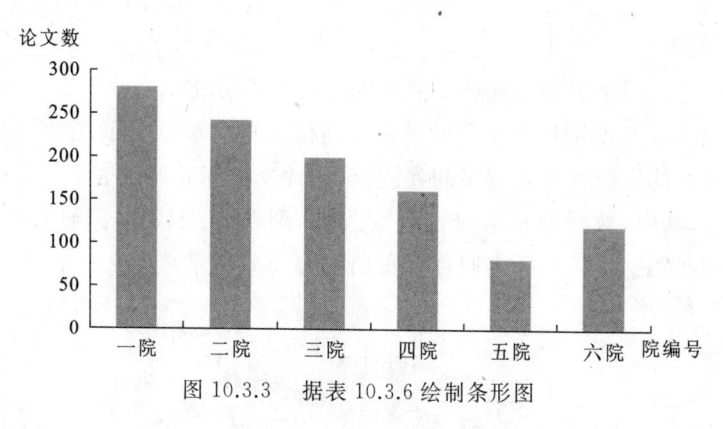

图 10.3.3　据表 10.3.6 绘制条形图

2. 直方图

直方图表征数据的频数分布特征,它与条形图在形式上有类似之处,都是用条形来表示数据特征,但直方图中的条形之间是没有间隔的.

例 10.3.3　某连锁企业 2011 年度各分公司完成销售计划如表 10.3.7 所示,试绘制直方图.

表 10.3.7　销售计划完成程度的变量分配数列

分组名	按销售计划完成程度分组(%)	企业数
0	60～80	3
1	80～100	5
2	100～120	6
3	120～140	11
4	140～160	5

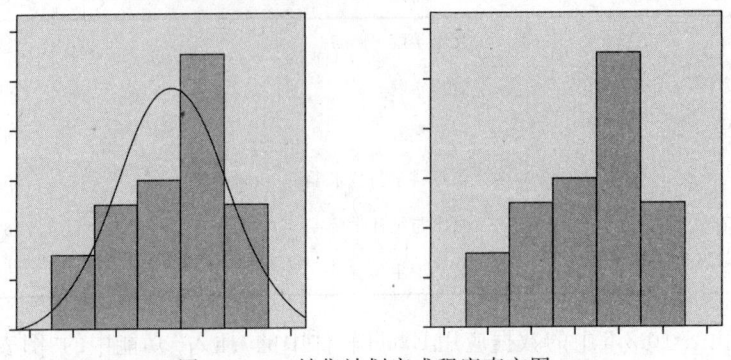

解 根据表 10.3.7 的数据绘制直方图 10.3.4 如下：

图 10.3.4　销售计划完成程度直方图

3. 饼形图

饼形图经常用来表示各成分在总体中所占的百分比．

例 10.3.4 某课题组为了科学评价某高校学科建设项目的绩效，对构建的学科建设绩效评估指标权重进行了问卷调查，累计发放问卷调查表 243 份，回收有效问卷 223 份，其中，教授占 65%，研究员占 1%，副教授占 12%，副研究员占 1%，讲师占 20%，助教占 1%，则样本职称分布如图 10.3.5 所示．

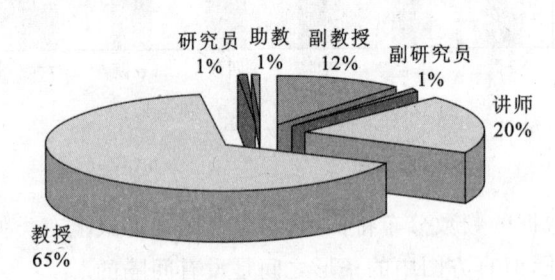

图 10.3.5　学科建设项目绩效评估指标权重问卷调查样本分布图

4. 箱形图

我们先介绍中位数与四分位数．

中位数是指将数据按小到大的顺序排列形成的数列，居于数列正中间位置的那个数值，通常记为 M_e．

四分位数是将数据按小到大的顺序排列形成的数列并分成四等份，处于三个分割点位置的数值就是四分位数，分别记为 Q_1, Q_2, Q_3．最小的四分位数 Q_1 叫下四分位数，最大的四分位数 Q_3 叫上四分位数，Q_2 就是中位数 M_e．

计算四分位数，首先应求出其临界点，也叫位置点，然后根据位置确定分位数的数值. Q_1 的位置点为 $(n+1)\div 4$,Q_2 的位置点为 $2(n+1)\div 4=(n+1)\div 2$,Q_3 的位置点为 $3(n+1)\div 4$.

例 10.3.5 在一个企业中随机抽取 9 名员工,得到每个员工的月工资收入(单位:元)的数据分别为:1 500、750、780、1 080、850、960、2 000、1 250、1 630.求它们的中位数和四分位数.

解 中位数 M_e 的位置点 $(9+1)\div 2=5$,$M_e=850$.

Q_1 的位置点 $(9+1)\div 4=2.5$,$Q_1=750+(780-750)\times 0.5=765$;

Q_3 的位置点 $3(9+1)\div 4=7.5$,$Q_3=2\ 000+(1\ 250-2\ 000)\times 0.5=1\ 625$.

箱形图也称箱线图,是由一组数据的最大值、最小值、中位数和下、上两个四分位数五个特征值绘制的一个箱子和两条线段的图形.如图 10.3.6 所示.

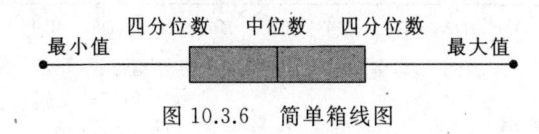

图 10.3.6 简单箱线图

例 10.3.6 某高中实验班有学生 10 人,共进行 8 次数学测验,得分数据如表 10.3.8 所示.

表 10.3.8 得分数据

学生编号	测验次数							
	1	2	3	4	5	6	7	8
D1	93	95	94	93	94	96	95	94
D2	91	94	90	93	90	92	92	91
D3	91	93	92	88	89	91	93	90
D4	89	87	88	89	91	89	90	92
D5	90	89	89	88	90	91	90	89
D6	87	85	84	87	88	87	82	88
D7	91	91	90	89	92	90	89	88
D8	89	89	88	91	88	89	92	90
D9	96	95	95	97	94	93	95	92
D10	83	84	86	87	88	84	86	81

解 图 10.3.7 是 10 名学生数学得分的箱形图.图上能直观明了地识别学生考试中的异常情况.

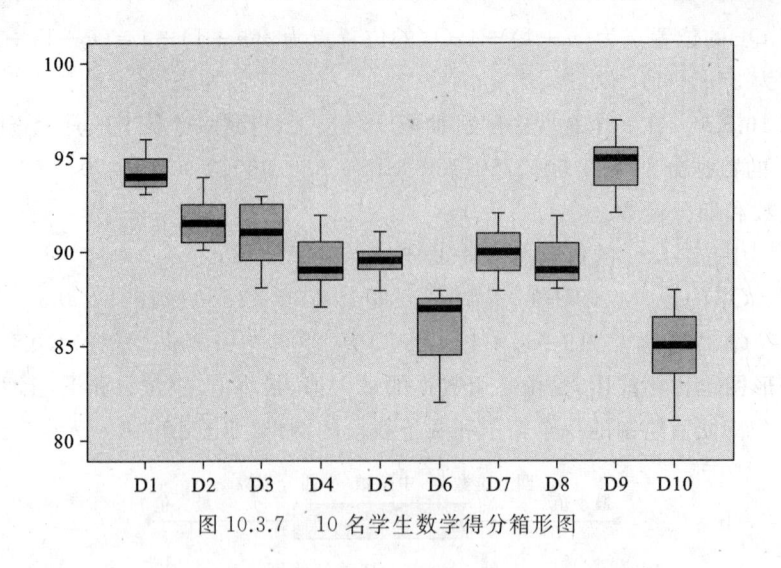

图 10.3.7　10 名学生数学得分箱形图

10.4　数据的概括性度量

上一节我们对数据分布的特征进行直观的展示,本节我们通过计算一些重要的统计量,将从集中趋势和离散程度两个角度来描述数据.

10.4.1　数据集中趋势的度量

面对收集的数据,我们怎样表达和概括这一组数据,也就是对数据的集中趋势(即数据的中心位置)如何度量的问题.人们常用算术平均数、调和平均数、几何平均数、中位数和众数等五种平均指标来反映数据的集中趋势.

1. 算术平均数

算术平均数是全部数据的算术平均值,又称均值.算术平均数是集中趋势的主要测度值,在统计学中具有重要地位,是进行统计分析和统计推断的基础.其计算公式为

$$算术平均数 = \frac{总体标志总量}{总体单位总数} \qquad (10.4.1)$$

算术平均数分为**简单算术平均数**和**加权算术平均数**,加权算术平均数是不同比重数据的平均数,就是把原始数据按照合理的比例来计算.简单算术平均数是加权算术平均数的特殊情况,即各单位权重相等.设数据为 $x_1, x_2, \cdots, x_n$,它们的计算公式分别如下:

简单算术平均数(记为 $\overline{x}$)

$$\overline{x} = \frac{x_1 + x_2 + x_3 + \cdots + x_n}{n} = \frac{\sum_{i=1}^{n} x_i}{n} \qquad (10.4.2)$$

加权算术平均数（记为 $\overline{x}$）

$$\overline{x} = \frac{x_1 f_1 + x_2 f_2 + x_3 f_3 + \cdots + x_n f_n}{f_1 + f_2 + \cdots + f_n} = \frac{\sum_{j=1}^{n} x_j f_j}{\sum_{j=1}^{n} f_j} \qquad (10.4.3)$$

例 10.4.1 表 10.4.1 为某企业职工月平均工资的分组数据，试计算职工的月平均工资．

表 10.4.1 某公司员工月平均工资分统计表

职工按工资分组/元	职工数/人 f_j	组中值/元 x_j	各组职工工资额/元 $x_j f_j$
1 000 以下	12	900	10 800
1 000～1 200	16	1 100	17 600
1 200～1 400	26	1 300	7 500
1 400～1 600	29	1 500	33 800
1 600～1 800	11	1 700	18 700
1 800 以上	13	1 900	24 700
合计	107	—	149 100

解 员工月平均工资．

$$\overline{x} = \frac{\sum_{i=1}^{n} x_j f_j}{\sum_{j=1}^{n} f_j} = \frac{149\,100}{107} = 1\,393.36(\text{元})$$

2. 调和平均数

调和平均数也称"倒数平均数"，它是 n 个数据的倒数求平均，然后再取倒数而得到的平均数，记为 $\overline{x}_H$，计算公式为

$$\overline{x}_H = \frac{n}{\frac{1}{x_1} + \frac{1}{x_2} + \cdots + \frac{1}{x_n}} = \frac{n}{\sum \frac{1}{x_i}} \qquad (10.4.4)$$

3. 几何平均数

简单几何平均数是 n 个数据连乘积的 n 次方根，记为 M_G，公式为

$$M_G = \sqrt[n]{x_1 x_2 \cdots x_n} = \sqrt[n]{\prod_{i=1}^{n} x_i} \qquad (10.4.5)$$

例 10.4.2　某高校自 2001～2005 年学生人数如表 10.4.2 所示，求该校平均发展速度．

表 10.4.2　某高校发展速度统计表

年份	学生人数	逐年发展速度
2000	3 760	—
2001	5 900	156.9
2002	7 600	128.8
2003	9 900	130.3
2004	10 200	103.0
2005	11 000	107.8

解　平均发展速度为

$$M_G = \sqrt[n]{x_1 x_2 \cdots x_n} = \sqrt[n]{\prod_{i=1}^{n} x_i} = \sqrt[5]{156.9\% \times 128.8\% \times 130.3\% \times 107.8\%} = 123.9\%$$

4. 中位数

中位数 是将数据集按上升顺序排列为 $x_1, x_2, \cdots, x_n$，居于数列正中间的数值，用 M_e 表示，计算公式为

$$M_e = \begin{cases} x_{\frac{n+1}{2}}, & n \text{ 为奇数} \\ \dfrac{1}{2}(x_{\frac{n}{2}} + x_{\frac{n}{2}+1}), & n \text{ 为偶数} \end{cases} \tag{10.4.6}$$

例 10.4.3　7 名工人的日产量依次从小到大排列为 16 件、18 件、22 件、23 件、26 件、29 件、31 件；8 名工人的日产量依次从小到大排列为 16 件、18 件、22 件、24 件、26 件、29 件、31 件、33 件，分别求其中位数．

解　7 名工人的日产量的中位数为 $M_e = 23$（件）；8 名工人的日产量的中位数为 $M_e = \dfrac{24+26}{2} = 25$（件）．

5. 众数

众数 是数据集中出现次数最多的数值，它能够直观地说明客观现象分配中的集中趋势．

例 10.4.4　某房地产公司 2010 年售出的住房情况如下（单位：套）：两室两厅一卫 123 套；三室两厅两卫有 356 套；四室两厅两卫有 99 套，求该数据集的众数．

解　在这里数据集按类分组了，由于三室两厅两卫售出 356 套，其他户型售出数都少于 356 套，因此，三室两厅两卫户型是这组数据集的众数．

6. 各种平均数的适用范围及其相互关系

算术平均数在统计学上的优点，就是它较中位数、众数更少受到随机因素的影响，缺点是它更容易受到极端值的影响．

几何平均数适用于各个变量值的连乘积等于其发展总速度时,求其平均数.

调和平均数易受极端值的影响,且受极小值的影响比受极大值的影响更大,其应用的范围较小.

中位数属于位置平均数,它与众数一样,都是从数据位置的角度来反映数据的代表水平,中位数不受极端值的影响,各个变量值相对其中位数的绝对离差之和为最小.

众数适用于总体的单位数较多,各标志值的次数分配又有明显的集中趋势的的情况.例如它能告诉我们最普遍、最流行的款式、尺寸、颜色等产品特征.

平均数、众数和中位数都是描述一组数据的集中趋势的特征数,但描述的角度和适用范围有所不同:平均数的大小与一组数据里的每个数据均有关系;众数则着眼于对各数据出现的次数的考察,其大小只与这组数据中的部分数据有关;中位数则仅与数据排列位置有关.

一般来说,平均数、中位数和众数都是一组数据的代表,分别代表这组数据的"一般水平"、"中等水平"和"多数水平".

10.4.2 数据离散程度的度量

一个数据集中各数据的分散情况或离散程度也是该数据集的重要特征,下面介绍度量数据离散程度的几种方法,例如,极差、方差、标准差、变异系数.

1. 极差

极差也称全距,是指数据集中最大数值与最小数值之差,用以说明数据集数值变动范围的大小,通常用 R 来表示,其计算公式为

$$极差 R = 最大值 - 最小值 \tag{10.4.7}$$

例 10.4.5 为了考察两个品牌的手机显示屏的质量,我们随机从两个品牌的手机显示屏中抽取了 10 个,测得它们的寿命如表 10.4.3 所示,试考察它们的质量优劣.

表 10.4.3 两个品牌的手机显示屏寿命　　　　　　　　　　　单位:天

品牌1	995	1 010	1 005	990	1 015	985	1 010	1 010	975	1 005
品牌2	1 020	890	1 130	1 050	920	870	1 100	930	1 070	1 020

解 决定手机显示屏的质量的一个重要指标就是手机显示屏的平均寿命.通过计算两组显示屏的平均寿命都是 1 000(天).所以,仅从寿命上看,这两组品牌的手机显示屏的质量难分上下.

然而,品牌 1 寿命的极差 $R_1 = 1015 - 975 = 40$(天);品牌 2 寿命的极差 $R_2 = $

1130−870＝260（天）．这说明品牌 2 的寿命数据变化幅度比品牌 1 的寿命数据变化幅度大得多，即说明品牌 2 的质量不如品牌 1 稳定．

极差作为数据离散趋势的度量具有简单、直观、易计算等优点，但是它极易受极端值的影响．

2. 方差和标准差

设数据为 $x_1, x_1, \cdots x_n$，我们用所有数据与平均数之差平方的平均值来度量数据集中数据的分散程度，这就是方差，记为 σ^2，而 σ 称为标准差．

方差与标准差的计算公式为

$$\sigma^2 = \frac{1}{n}\sum_{i=1}^{n}(x_i - \overline{x})^2 \tag{10.4.8}$$

$$\sigma = \sqrt{\frac{1}{n}\sum_{i=1}^{n}(x_i - \overline{x})^2} \tag{10.4.9}$$

例 10.4.5 某高校理学院中的 0901 和 0902 班各有 9 名学生选修了量子力学课程，考试成绩如表 10.4.4 所示，试计算各班量子力学成绩的平均值和标准差．

表 10.4.4 　 0901、0902 班量子力学课程学生成绩统计表

0901 班		0902 班	
学生序号	分数 x	学生序号	分数 x
1	68	1	56
2	71	2	62
3	73	3	78
4	82	4	85
5	83	5	92
6	91	6	95
7	90	7	97
8	89	8	92
9	76	9	66

解 根据表 10.4.4 的数据资料计算得

$$\overline{x}_{0901} = \frac{1}{n}\sum_{i=1}^{9} x_i = \frac{723}{9} = 80.3(\text{分}), \quad \overline{x}_{0402} = \frac{1}{n}\sum_{i=1}^{9} x_i = \frac{723}{9} = 80.3(\text{分})$$

$$\sigma_{0901} = \sqrt{\frac{1}{n}\sum_{i=1}^{n}(x_i - \overline{x})^2} = \sqrt{\frac{1}{10}\sum_{i=1}^{9}(x_i - 80.3)^2} = 8.19$$

$$\sigma_{0902} = \sqrt{\frac{1}{n}\sum_{i=1}^{n}(x_i - \overline{x})^2} = \sqrt{\frac{1}{10}\sum_{i=1}^{9}(x_i - 80.3)^2} = 14.63$$

两个班量子力学课程的平均成绩是一样的,但是 0902 班高低分差异明显比 0901 班大得多,而标准差的反映也是 σ_{0902} 比 σ_{0901} 大很多.

3. 变异系数

方差、标准差、极差只能比较同一属性的两组数据的离散程度,当两组数据的平均值相等时,我们可以直接用方差或标准差来说明数据的离散程度.然而,方差的大小不仅与数据本身有关,还与平均值的大小有关.所以,当两组数据的平均值不相等时,我们就不能直接用方差或标准差来进行比较,此时应当计算变异系数.

变异系数是标准差与平均数的比值,记为 v_σ,即有公式

$$v_\sigma = \frac{\sigma}{\bar{x}} \times 100\% \tag{10.4.10}$$

例 10.4.6 某公司员工平均工资为 13 500 元,标准差为 1 395 元.这些员工受教育的平均年数为 16 年,标准差为 3 年.员工工资与受教育的年数中哪一个的差异大些?

解 员工工资与受教育年数具有不同的度量单位,我们通过计算用变异系数来比较.

$$v_{\text{工资}} = \frac{\sigma}{\bar{x}} \times 100\% = \frac{1\,395}{13\,500} \times 100\% = 10.33\%$$

$$v_{\text{受教育年数}} = \frac{\sigma}{\bar{x}} \times 100\% = \frac{3}{16} \times 100\% = 18.75\%$$

工资的变异系数小于受教育年数的变异系数,即是工资的变化程度小于受教育的变化程度.

习 题 10.4

1. 设第一组工人的平均工龄为 6 年,占工人总数的 30%;第二组平均工龄为 8 年,占工人总数的 50%;第三组平均工龄为 12 年.试计算全部工人的平均工龄.

2. 刘老师在某个学期教授统计学课程的 358 名学生的期末考试成绩是:60 分以下,18 人;60～70 分,73 人;70～80 分,135 人;80～90 分,97 人;90 分以上,35 人.根据以上数据,计算学生的平均成绩及标准差.

3. 现有 16 袋糖果,称得重量(g)如下:

506,508,499,503,504,510,497,512,514,505,493,496,506,502,509,496

(1) 试给 16 袋糖果的重量按升序排列;

(2) 试求这批糖果重量的极差、众数、中位数.

4. 某企业生产某种机床配件,需要经过三道工序,各加工工序的合格率分别为:97.45%,95.25%,96.35%.

(1) 计算三道工序的平均合格率;

(2) 说明所采用的计算方法及原因.

第 11 章 概率论与统计推断初步

统计推断的主要内容有参数估计和假设检验.参数估计和假设检验都是在总体不很了解的条件下,利用样本观测值(数据)所提供的信息,对总体的数量特征进行具有一定可靠程度的估计和推断.统计推断的基础是概率论.

11.1 概率论基础

11.1.1 概率论的基本概念

1. 随机事件与样本空间

现实世界里普遍存在一类现象,在相同条件下对其进行重复观察或实验,会出现多种不同结果,这种带有偶然性的现象称为随机现象,对随机现象进行观察或试验称为随机试验,而随机试验的结果称为随机事件,通常用 A、B、C… 表示.在试验中肯定出现的事件称为必然事件,记为 Ω;在实验中肯定不出现的事件称为不可能事件,记为 $\varnothing$.

在随机事件中,有些事件可以看成是由某些事件复合而成的,而有些事件则不能分解为其他事件的组合,我们称不可再分的事件为基本事件,如抛掷一枚均匀的骰子,出现的点数,"1 点"、"2 点"等都是基本事件.

由所有基本事件对应的全部元素组成的集合称为样本空间,记为 Ω.基本事件对应样本空间中一个样本点,所以,以全部样本点为元素的集合就是样本空间 Ω.

如把一个结构均匀的硬币随机抛掷一次,并把结果记录下来,即完成一次试验.面向结果有可能是正面、反面两种情况,每种情况对应一个样本点,样本空间 $\Omega = \{$正面、反面$\}$.

2. 事件之间的关系与运算

随机试验的不同结果之间存在一定的联系,下面讨论事件之间的关系和运算.

(1) 事件的包含与相等.

若事件 A 发生必导致事件 B 发生,则称事件 A 包含于事件 B,或称事件 B 包含事件 A,记为 $A \subset B$,或 $B \supset A$.若 $A \subset B$ 且 $B \supset A$,则称事件 A 与事件 B 相等,记为 $A = B$.

(2) 事件的和、差、积.

事件"A 或 B"称为事件 A 与事件 B 的和,记为 $A + B$ 或 $A \cup B$;事件 A 发生而

事件 B 不发生称为事件 A 与事件 B 的差,记为 $A-B$;事件"A 且 B"称为事件 A 与事件 B 的积,记为 AB.

(3) 互不相容关系.

事件 A 与事件 B 不可能同时发生,称事件 A 与事件 B 互不相容或互斥.

(4) 互逆关系.

若事件 A、B 满足 $A+B=\Omega$,且 $AB=\varnothing$,称事件 A 与事件 B 为互逆事件或对立事件.

随机事件的关系和运算与集合的关系与运算是完全相似的.

例 11.1.1 设 A、B、C 为三个事件,一些事件的表示方法如下:

(1) "A、B、C 中不多于一个发生"可表示为 $\overline{A}\,\overline{B}\,\overline{C} \cup A\overline{B}\,\overline{C} \cup \overline{A}B\overline{C} \cup \overline{A}\,\overline{B}C$;

(2) "A、B、C 三个事件中恰好发生一个"的事件可表示为 $A\overline{B}\,\overline{C} \cup \overline{A}B\overline{C} \cup \overline{A}\,\overline{B}C$;

(3) "A、B、C 三个事件至少发生一个"可表示为 $A \cup B \cup C$;

(4) "A 发生,B 与 C 都不发生"可表示为 $A\overline{B}\,\overline{C}$ 或 $A-B-C$ 或 $A-(B \cup C)$;

(5) "A 不发生,B、C 均发生"的事件可表示为 $\overline{A} \cap B \cap C$,或 $(B \cap C)-A$.

3. 频率与概率的统计定义

随机事件在一次试验中是否发生是不确定的,但在大量重复试验中,它的发生具有统计规律性.

(1) 频率.

在 n 次重复试验中,若事件 A 发生了 m 次,则称 $\dfrac{m}{n}$ 为事件 A 的**频率**,记为

$$f_n(A) = \dfrac{m}{n}$$

前人掷硬币试验的一些结果列于表 11.1.1.

表 11.1.1 掷硬币试验结果表

试验者	投掷次数 n	正面朝上次数 k	正面朝上的频率 $\dfrac{k}{n}$
布丰	4 040	2 048	0.506 9
德·摩根	4 092	2 048	0.505 5
费勒	10 000	4 979	0.497 9
皮尔逊	12 000	6 019	0.501 6
罗曼诺夫斯基	80 640	49 699	0.492 3

由表 11.1.1 看出,出现正面朝上的频率接近 0.5,并且抛掷的次数越多,频率越

接近 0.5. 经验告诉人们，多次重复同一试验，随机现象呈现出一定的规律，这便是概率概念的经验基础.

(2) 概率.

设在同一条件下重复进行 n 次试验，事件 A 出现 m 次，若试验次数 n 足够大，频率 $\dfrac{m}{n}$ 稳定地在某一确定值 p 的附近摆动，则称 p 为事件 A 的概率，记为 $P(A)=p$. 概率 p 就是在试验中事件 A 发生的可能性大小.

概率具有如下性质：

(i) 对任何事件 A，恒有 $0 \leqslant P(A) \leqslant 1$；

(ii) 必然事件的概率为 1，不可能事件的概率为 0，即 $P(\Omega)=1$，概率 $P(\varnothing)=0$.

(3) 概率的古典定义与古典概型.

等概基本事件组：事件 $E_1, E_2, \cdots, E_n$ 称为等概基本事件组，如果满足

(1) $\sum\limits_{i=1}^{n} E_i = \Omega$；

(2) $E_i E_j = \varnothing \ (i \neq j)$；

(3) $P(E_i) = \dfrac{1}{n} \ (i=1,2,\cdots,n)$.

古典概型：设 $E_1, E_2, \cdots, E_n$ 是等概基本事件组，其中事件 A 所包含的基本事件数为 m，则事件 A 的概率为

$$P(A) = \frac{\text{事件 } A \text{ 包含的基本事件数}}{\text{基本事件的总数}} = \frac{m}{n}$$

该定义称为概率的古典定义，也称古典概型.

例 11.1.2 袋中有 5 个白球，3 个红球，求：

(1) 从中任取 4 个，恰有 3 个白球的概率是多少；

(2) 任取 2 个，取得两球颜色相同的概率是多少.

解 (1) 记 $A=$ "任取 4 个，恰有 3 个白球"，从 8 个球中任取 4 球，基本事件总数为 C_8^4. "恰有 3 个白球"只能是从 5 个白球中取得 3 个，同时从 3 个红球中取得 1 个，其取法有 $C_5^3 \cdot C_3^1$ 种. 故

$$P(A) = \frac{C_5^3 \cdot C_3^1}{C_8^4} = \frac{3}{7}$$

(2) 记 $B=$ "任取 2 球颜色相同"，从 8 个球中任取 2 个，则基本事件总数为 C_8^2. "两球颜色相同"的取法是从 5 个白球中取得 2 个白球或者从 3 个红球中取得 2 个红球，有 $C_5^2 + C_3^2$ 种取法，故两球颜色相同的概率为

$$P(B) = \frac{C_5^2 + C_3^2}{C_8^2} = \frac{13}{28}$$

4. 条件概率与事件的独立性

(1) 条件概率.

我们先看一个例子:假设袋中装 10 个白球,11 个黑球,从中任取 5 个球,发现 5 个球同色,试求全是白球的概率.

设事件 A 表示"5 个球同色",事件 B 表示"5 个球全为白球"."5 个球颜色相同"所包含的取法有 $C_{10}^5 + C_{11}^5$ 种,"5 个全为白球"所含的取法有 C_{10}^5 种,因此所求概率为

$$\frac{C_{10}^5}{C_{10}^5 + C_{11}^5} = \frac{6}{17}$$

显然,此概率就是求在事件 A 发生条件下,事件 B 发生的概率,这就是所谓的条件概率.

对事件 A 和 B,若 $P(A) \neq 0$,则称 $P(B \mid A) = \dfrac{P(AB)}{P(A)}$ 为在事件 A 发生的条件下事件 B 发生的**条件概率**.

(2) 事件的独立性.

对事件 A 和 B,若 $P(AB) = P(A)P(B)$,则称事件 AB **独立**.

5. 概率的基本公式

(1) 概率的加法公式.

对任意事件 A、B,总有 $P(A+B) = P(A) + P(B) - P(AB)$.

(2) 概率的乘法公式.

对任意事件 A、B,有

$P(AB) = P(B \mid A)P(A) \ (P(A) \neq 0)$ 或 $P(AB) = P(A \mid B)P(B) \ (P(B) \neq 0)$

(3) 全概率公式.

若事件 $A_1, A_2, \cdots, A_n$ 两两互不相容,且 $P(A_i) > 0 \ (i=1,2,\cdots,n)$,$\sum_{i=1}^{n} A_i = \Omega$,则对任意事件 B,都有全概率公式:

$$P(B) = \sum_{i=1}^{n} P(A_i) P(B \mid A_i)$$

(4) 贝叶斯公式.

若事件 $A_1, A_2, \cdots, A_n$ 两两互不相容,且 $P(A_i) > 0 \ (i=1,2,\cdots,n)$,$\sum_{i=1}^{n} A_i = \Omega$,$P(B) \neq 0$,则下式称为贝叶斯公式:

$$P(A_i \mid B) = \frac{P(A_i) P(B \mid A_i)}{\sum_{j=1}^{n} P(A_j) P(B \mid A_j)}$$

例 11.1.3 已知 $P(A) = 0.4$,$P(B) = 0.3$,$P(A \cup B) = 0.6$,求 $P(A \bar{B})$.

解 $P(A \cup B) = P(A) + P(B) - P(AB)$

所以
$$P(AB) = P(A) + P(B) - P(A \cup B) = 0.1$$
$$P(A\overline{B}) = P(A) - P(AB) = 0.4 - 0.1 = 0.3$$

例 11.1.4 设一个仓库中有 10 箱同样规格的产品,已知其中有 5 箱是甲厂生产,其次品率为 $\frac{1}{10}$,3 箱是乙厂生产,其次品率为 $\frac{1}{15}$,2 箱是丙厂生产,其次品率是 $\frac{1}{20}$.现从 10 箱中任取一箱,再从取得的箱子中任取一个产品.(1) 求取得正品的概率;(2) 若抽到的产品是正品,求所抽到的箱子是甲厂产品的概率.

解 设 B="抽得的产品为正品",A_1="产品为甲厂生产",A_2="产品为乙厂生产",A_3="产品为丙厂生产",则 A_1, A_2, A_3 是完备事件组,且

$$P(A_1) = \frac{5}{10}, \quad P(A_2) = \frac{3}{10}, \quad P(A_3) = \frac{2}{10}$$

$$P(B|A_1) = \frac{9}{10}, \quad P(B|A_2) = \frac{14}{15}, \quad P(B|A_3) = \frac{19}{20}$$

(1) 全概率公式可得取得正品的概率为:
$$P(B) = P(A_1)P(B|A_1) + P(A_2)P(B|A_2) + P(A_3)P(B|A_3)$$
$$= \frac{5}{10} \times \frac{9}{10} + \frac{3}{10} \times \frac{14}{15} + \frac{2}{10} \times \frac{19}{20} = 0.92$$

(2) 抽到的产品是正品,且为甲厂产品的概率为
$$P(A_1|B) = \frac{P(A_1)P(B|A_1)}{P(B)} = \frac{\frac{5}{10} \times \frac{9}{10}}{0.92} = \frac{45}{92}$$

6. 伯努利概型

满足以下四个特征的试验称为 n 重伯努利试验:
(1) 每次试验都在相同条件下进行;
(2) 各次试验是相互独立的;
(3) 每次试验只有两种结果:A 与 $\overline{A}$;
(4) 每次试验的结果发生的概率相同:$P(A) = p, P(\overline{A}) = 1 - p = q$.

n 重伯努利试验中,事件 A 出现 k 次的概率为
$$P_n(k) = C_n^k p^k q^{n-k} \quad (k = 0, 1, 2, \cdots, n)$$

11.1.2 随机变量及其分布函数

1. 随机变量

随机试验的结果可以用数量来表示.例如,掷一颗骰子出现的点数,电话交换

台在一定时间内收到的呼叫次数,随机抽查的一个人的身高等.

一个随机试验的可能结果(基本事件)的全体组成一个样本空间 Ω. **随机变量** ξ 是定义于 Ω 上的函数,即对每一基本事件 $\omega \in \Omega$,有一数值 $\xi(\omega)$ 与之对应.

随机变量通过随机事件与概率联系起来了,我们讨论随机事件发生的概率等同于讨论随机变量取某个数值的概率.

概率论的核心问题之一是:随机变量 ξ 怎样在整体上以统一的数学形式,把自己的取值状态与概率对应起来,对一切实数 x,事件 $\xi \leqslant x$ 的概率是否有一致的表达.

2. 概率分布函数

设 ξ 为一随机变量,对任意的 $x \in (-\infty, +\infty)$,其累积概率 $P(\xi \leqslant x)$ 称为 ξ 的分布函数,记为

$$F(x) = P(\xi \leqslant x)$$

概率分布函数具有以下性质:

(1) $0 \leqslant F(x) \leqslant 1$;

(2) $P(x_1 < x \leqslant x_2) = F(x_2) - F(x_1)$;

(3) $F(x)$ 为非减函数,即若 $x_1 < x_2$,则 $F(x_1) \leqslant F(x_2)$;

(4) $F(-\infty) = \lim\limits_{x \to -\infty} F(x) = 0, F(+\infty) = \lim\limits_{x \to +\infty} F(x) = 1.$

3. 离散型随机变量及其概率分布

(1) 离散型随机变量及其概率分布.

若随机变量 ξ 可能取有限个值或可列个值,则称 ξ 为离散型随机变量.若离散型随机变量 ξ 的可能取值为 $x_1, x_2, \cdots, x_k, \cdots$,则称 $P(\xi = x_k) = p_k$ $(k = 1, 2, \cdots)$ 为离散型随机变量 ξ 的概率分布,简称分布列.

(2) 两点分布.

随机变量 ξ 取值为 $0, 1$,且有概率分布

$$P(\xi = 1) = p, \quad P(\xi = 0) = q = 1 - p$$

则称 ξ 为服从以 p 为参数的两点分布.

(3) 二项分布.

若随机变量 ξ 的概率分布为

$$P(\xi = k) = C_n^k p^k q^{n-k} \quad (k = 0, 1, 2, \cdots, n), \quad \text{其中} \ 0 < p < 1, q = 1 - p$$

则称 ξ 服从参数为 n, p 的二项分布,记为 $\xi \sim B(n, p)$.事实上,二项分布是 n 个独立的两点分布之和.

(4) 泊松分布.

若随机变量 ξ 的概率分布为

$$P(\xi = k) = \frac{\lambda^k}{k!}e^{-\lambda} \quad (k = 0, 1, 2, \cdots; \lambda > 0)$$

则称 ξ 服从参数为 λ（$\lambda > 0$）的泊松分布，记为 $\xi \sim P(\lambda)$.

4. 连续型随机变量及其概率密度函数

(1) 连续型随机变量及其概率密度函数.

对于随机变量 ξ，若存在非负函数 $f(x)$（$-\infty < x < +\infty$），使得对任意 $a < b$，有

$$P(a < x \leqslant b) = \int_a^b f(x) \mathrm{d}x$$

则称 ξ 为连续型随机变量，$f(x)$ 为 ξ 的概率密度函数，简称密度函数.

概率密度函数有以下性质：

(i) $f(x) \geqslant 0$；

(ii) $\int_{-\infty}^{+\infty} f(x) \mathrm{d}x = 1$；

(iii) $\int_a^b f(x) \mathrm{d}x = P(a < x \leqslant b) = F(b) - F(a)$.

(2) 均匀分布.

若随机变量 ξ 的概率密度函数为

$$f(x) = \begin{cases} \dfrac{1}{b-a}, & a \leqslant x \leqslant b \\ 0, & \text{其他} \end{cases}$$

则称 ξ 在 $[a, b]$ 上服从均匀分布，记为 $\xi \sim U[a, b]$.

(3) 指数分布.

若随机变量 ξ 的概率密度函数为

$$f(x) = \begin{cases} \lambda e^{-\lambda x}, & x \geqslant 0 \\ 0, & x < 0 \end{cases} \quad (\lambda > 0)$$

则称 ξ 服从参数为 λ 的指数分布. 其概率分布函数为

$$F(x) = \begin{cases} 1 - e^{-\lambda x}, & x \geqslant 0 \\ 0, & x < 0 \end{cases} \quad (\lambda > 0)$$

(4) 正态分布与标准正态分布.

若随机变量 ξ 的概率密度函数为

$$f(x) = \frac{1}{\sqrt{2\pi}\sigma} e^{-\frac{(x-\mu)^2}{2\sigma^2}} \quad (-\infty < x < +\infty)$$

则称 ξ 服从参数为 μ 和 σ 的正态分布，记为 $\xi \sim N(\mu, \sigma^2)$.

特别地，当 $\mu = 0$ 且 $\sigma = 1$ 时，称 ξ 服从标准正态分布，记为 $\xi \sim N(0, 1)$.

标准正态分布的分布函数为

$$F(x)=\Phi(x)=\frac{1}{\sqrt{2\pi}}\int_{-\infty}^{x}e^{-\frac{t^2}{2}}dt$$

一般正态分布 $\xi \sim N(\mu,\sigma^2)$ 的分布函数为

$$F(x)=P(\xi \leqslant x)=P\left(\eta \leqslant \frac{x-\mu}{\sigma}\right)=\Phi\left(\frac{x-\mu}{\sigma}\right)$$

例 11.1.5 设随机变量 ξ 的分布函数为

$$F(x)=\begin{cases}1-(1+x)e^{-x}, & x \geqslant 0 \\ 0, & x < 0\end{cases}$$

求概率密度函数,并求 $P(\xi \leqslant 1), P(\xi > 2), P(1 < \xi \leqslant 2)$.

解 概率密度函数为

$$f(x)=F'(x)=\begin{cases}-e^{-x}+(1+x)e^{-x}=xe^{-x}, & x \geqslant 0 \\ 0, & x < 0\end{cases}$$

$$P(\xi \leqslant 1)=F(1)=1-2e^{-1}, \quad P(\xi > 2)=1-P(\xi \leqslant 2)=1-F(2)=3e^{-2}$$

$$P(1 < \xi \leqslant 2)=\int_1^2 f(x)dx=F(2)-F(1)=2e^{-1}-3e^{-2}$$

11.1.3 随机变量的数字特征

前面我们讨论了随机变量及其分布,分布函数能够完整描述随机变量的统计特征.但在一些实际问题中,分布函数很难确定的,在很多情况下,人们往往并不需要知道随机变量的一切概率性质,而只需要知道随机变量的某些特征,例如,下面将要介绍的随机变量的均值(数学期望)以及度量随机变量与均值的偏差程度(方差)两类数字特征.

1. 数学期望

(1) 离散型随机变量的数学期望.

设离散型随机变量 ξ 的可能取值为 $x_1, x_2, \cdots, x_k, \cdots$,概率分布为

$$P(\xi=x_k)=p_k \quad (k=1,2,\cdots)$$

若 $\sum_{k=1}^{\infty}|x_k|p_k$ 收敛,则称 $\sum_{k=1}^{\infty}x_k p_k$ 为离散型随机变量的数学期望或均值,记为 $E\xi$.

(2) 连续型随机变量的数学期望.

若随机变量 ξ 的概率密度函数为 $f(x)$,若积分 $\int_{-\infty}^{+\infty}|x|f(x)dx$ 收敛,则称 $\int_{-\infty}^{+\infty}xf(x)dx$ 为 ξ 的数学期望,记为 $E\xi$.

2. 方差与标准差

若随机变量 ξ 的数学期望为 $E\xi$,且 $E(\xi-E\xi)^2$ 存在,则称其为 ξ 的**方差**,记为 $D\xi$,又称 $\sqrt{D\xi}$ 为 ξ 的**标准差**.

方差也可用公式 $D\xi=E\xi^2-(E\xi)^2$ 求得.

3. 几个常用分布的数学期望与方差

(1) 若 ξ 服从两点分布,则 $E\xi=p,D\xi=p(1-p)$.

(2) 若 $\xi \sim B(n,p)$ 为二项分布,则 $E\xi=np,D\xi=np(1-p)$.

(3) 若 $\xi \sim P(\lambda)$ 为泊松分布,则 $E\xi=\lambda,D\xi=\lambda$.

(4) 若 $\xi \sim U[a,b]$ 为均匀分布,则 $E\xi=\dfrac{a+b}{2},D\xi=\dfrac{(b-a)^2}{12}$.

(5) 若 ξ 服从指数分布,则 $E\xi=\dfrac{1}{\lambda},D\xi=\dfrac{1}{\lambda^2}$.

(6) 若 $\xi \sim N(\mu,\sigma^2)$ 为正态分布,则 $E\xi=\mu,D\xi=\sigma^2$.

例 11.1.6 在某项有奖销售中,每 10 万份奖券中有 1 个头奖(奖金 10 000 元),2 个二等奖(奖金 5 000 元),500 个三等奖(奖金 100 元),10 000 个四等奖(奖金 5 元). 试求每张奖券的期望值,如果每张奖券 3 元,销售一张奖券平均获得多少?(假设奖券全部卖光).

解 设一张奖券的奖金数为 ξ,则 ξ 的分布如下:

ξ	10^4	5×10^3	10^2	5	0
P	10^{-5}	2×10^{-5}	5×10^{-5}	$10\,000 \times 10^{-5}$	$89\,497 \times 10^{-5}$

奖金的期望值

$E\xi = 10^{-5} \times (10^4 + 2 \times 5 \times 10^3 + 5 \times 10^2 + 10^4 \times 5 + 89\,497 \times 0) = 1.20(元)$

销售一张奖券平均获利 $3 - E\xi = 1.80(元)$.

11.1.4 大数定律和中心极限定理

1. 伯努利大数定律

设 μ_n 是 n 次伯努利试验中事件 A 出现的次数,而 p 是事件 A 在每次试验中出现的概率,则对任意 $\varepsilon > 0$,都有

$$\lim_{n \to \infty} P\left(\left|\frac{\mu_n}{n} - p\right| \geq \varepsilon\right) = 0$$

伯努利大数定律说明事件 A 在 n 次伯努利试验中出现的频率为 $\dfrac{\mu_n}{n}$,随着试验次数的增加,将逼近事件 A 发生的概率 p.

2. 切比雪夫大数定律

若 $\xi_1,\xi_2,\cdots,\xi_n$ 是独立同分布的随机变量,且 $E\xi_i=\mu,D\xi_i=\sigma^2$ $(i=1,2,\cdots,$

n),则对任意 $\varepsilon > 0$,都有

$$\lim_{n\to\infty} P\left(\left|\frac{1}{n}\sum_{i=1}^{n}\xi_i - \mu\right| \geqslant \varepsilon\right) = 0$$

3. 独立同分布的中心极限定理

若随机变量 $\xi_1, \xi_2, \cdots, \xi_n \cdots$ 相互独立,且 $E\xi_i = \mu$,$D\xi_i = \sigma^2$ ($i=1,2,\cdots,n$),则对任意实数 $x > 0$,都有

$$\lim_{n\to\infty} P\left[\frac{\sum_{i=1}^{n}(\xi_i - \mu)}{\sqrt{n}\sigma} \leqslant x\right] = \int_{-\infty}^{x}\frac{1}{\sqrt{2\pi}}\mathrm{e}^{-\frac{t^2}{2}}\mathrm{d}t$$

11.1.5 由正态分布导出的两个重要分布及相关结论

1. χ^2 分布

设随机变量 $X_1, X_2, \cdots, X_n$ 相互独立,且 $X_1, X_2, \cdots, X_n$ 服从标准正态分布 $N(0,1)$,则它们的平方和 $\sum_{i=1}^{n} X_i^2$ 服从自由度为 n 的 $\chi^2(n)$ 分布,其概率密度函数为

$$f(x) = \begin{cases} \dfrac{1}{2^{\frac{n}{2}}\Gamma\left(\dfrac{n}{2}\right)} x^{\frac{n}{2}-1} \mathrm{e}^{-\frac{x}{2}}, & x > 0 \\ 0, & x \leqslant 0 \end{cases}$$

设 $X_1, X_2, \cdots, X_n$ 是来自正态总体 $N(\mu, \sigma^2)$ 的样本,$\overline{X}$ 与 S^2 分别是样本均值和方差,则 $\dfrac{(n-1)S^2}{\sigma^2}$ 服从 $\chi^2(n-1)$ 分布.

2. t 分布

设随机变量 X 服从标准正态分布 $N(0,1)$,随机变量 Y 服从 $\chi^2(n)$ 分布,且 X 与 Y 独立,则 $\dfrac{X}{\sqrt{\dfrac{Y}{n}}}$ 服从自由度为 n 的 t 分布,记为 $t(n)$,其概率密度函数为

$$f(x) = \frac{\Gamma\left(\dfrac{n+1}{2}\right)}{\sqrt{n\pi}\,\Gamma\left(\dfrac{n}{2}\right)}\left(1 + \frac{x^2}{n}\right)^{-\frac{n+1}{2}}$$

设 $X_1, X_2, \cdots, X_n$ 是来自正态总体 $N(\mu, \sigma^2)$ 的样本,$\overline{X}$ 与 S^2 分别是样本均值和方差,则 $\dfrac{\sqrt{n}(\overline{X} - \mu)}{S}$ 服从 $t(n-1)$ 分布.

习　题　11.1

1. 电话号码由 8 个数字组成,每个数字可以是 $0,1,\cdots,9$ 中的任一个,求下列事件的概率:
   (1) 首位不为 0 的号码;
   (2) 没有重复数字的号码;
   (3) 全由奇数组成的号码;
   (4) 号码数字严格增加的号码.

2. 甲乙两射手同时射击一目标,已知甲命中率为 90%,乙命中为 80%,求:
   (1) 两人中只有一人击中目标的概率;
   (2) 两人中至少有一个击中目标的概率.

3. 一护士负责控制三台理疗机,假定在 1 小时内这 3 台理疗机不需要护士照管的概率分别为 0.9、0.8、0.7,求在 1 小时内最多有 1 台需照管的概率.

4. 一个盒子里装 5 个白球、4 个红球和 3 个黑球,另一个盒里装有 5 个白球、6 个红球和 7 个黑球,从每个盒子中各取出一个,它们颜色相同的概率是多少?

5. 某射手射中第一靶的概率为 $\dfrac{2}{3}$,若在第一次射击中射中了第一靶,他将有权对第二靶进行射击,设在两次射击中两靶均被击中的概率为 $\dfrac{1}{2}$,求此射手射中第二靶的概率.

6. 在 1,2,3 号盒中都各有 10 个球,1 号是 2 黑 8 白,2 号是 6 黑 4 白,3 号是 7 黑 3 白.另有一套,里面有 10 张卡片,5 红 3 黄 2 蓝.先任取一张卡片,视颜色在某盒中取出一球,红色取 1 号盒,黄色取 2 号盒,蓝色取 3 号盒.
   (1) 已知取出了黑球,最有可能是抽出了那种颜色的卡片?
   (2) 若取出了白球,又是什么结果?

7. 养鱼池中有母草鱼 20 条,人工饲养条件下,已经卵成熟的母草鱼有 80% 需要注射催产素才能排卵,不注射催产素这些母草鱼会因无法排卵而死亡;但因剂量掌握不当其中又有 50% 死亡;预计会有多少成熟母草鱼在产卵期死亡?

8. 设随机变量 ξ 的概率分布为
$$P(\xi=x)=\frac{A}{3^x}, \quad x=1,2,3,4$$
确定 A 的值,并写出 ξ 的分布函数.

9. 随机变量 ξ 的概率密度函数为
$$f(x)=\begin{cases} x, & 0\leqslant x<1 \\ 2-x, & 1<x\leqslant 2 \\ 0, & \text{其他} \end{cases}$$

求:(1) ξ 的分布函数 $F(x)$;(2) $P(\xi < 0.5)$.

10. 设 $\xi \sim N(3, 2^2)$,求:

(1) $P(2 < \xi < 5)$;(2) $P(-3 \leqslant \xi \leqslant 8)$.

11. 拔河比赛,双方各出 3 男 2 女,成单列对阵,从中心往两边的位置依次记为 1,2,3,4,5 号,以 ξ 表示两边相同位置上两选手同性别的对数,则 ξ 的分布列为:

ξ	1	3	5
P	0.3	0.6	0.1

求 ξ 的数学期值、方差和标准差.

12. 设随机变量 ξ 具有密度函数

$$f(x) = \begin{cases} A\cos^2 x, & |x| \leqslant \dfrac{\pi}{2}, \\ 0, & |x| \geqslant \dfrac{\pi}{2} \end{cases}$$

试求:(1) A 的值,(2) $E\xi$ 的值,(3) $D\xi$ 的值.

11.2 参 数 估 计

11.2.1 参数估计

1. 参数与统计量

参数是指用来描述总体特征的数值,通常是未知的.例如,某地区的男女比例;2014 年全国研究生入学考试录取比例等.作为总体特征的概括性度量,参数的种类有很多,我们经常用到的主要有总体平均值与总体标准差等.

统计量是指用来描述样本特征的数值,通常是已知的或可计算获得的.统计量根据样本数据计算得到,是样本的函数.常用的统计量有下面的样本平均值与样本标准差等.

2. 样本均值与样本方差

设 $X_1, X_2, \cdots, X_n$ 是来自总体 X 的一个样本,记

$$\overline{X} = \frac{1}{n}\sum_{i=1}^{n} X_i, \quad S^2 = \frac{1}{n-1}\sum_{i=1}^{n}(X_i - \overline{X})^2, \quad S = \sqrt{\frac{1}{n-1}\sum_{i=1}^{n}(X_i - \overline{X})^2}$$

并分别称为样本平均值、样本方差与样本标准差.

3. 参数估计

在实际问题中,往往有总体的分布类型大致知道,它的参数为未知,根据样本估计出总体的未知参数的问题称为参数估计.参数估计通常含有两种方法:一个是

点估计;另一个是区间估计.

11.2.2 点估计

点估计就是假设总体的分布函数的形式为已知,它的参数为未知,以样本统计量作为总体未知参数的估计量,通过样本观测值计算样本统计量的取值作为总体未知参数的估计值.例如,对总体平均数 μ,用样本平均数 $\overline{X}$ 来估计.点估计的常用方法有矩估计法、最大似然估计法.

1. 矩估计法

矩估计法就是用样本矩作为相应的总体矩的估计量.

(1) 总体 X 是一个随机变量,要估计它的 k 阶原点矩 $E(X^k)$,那么可用 k 阶样本原点矩 $\frac{1}{n}\sum_{i=1}^{n} X_i^k$ 作为它的估计量.

(2) 总体 X 是一个随机变量,要估计它的 k 阶中心矩 $E(X-E(X))^k$,那么可用 k 阶样本中心矩 $\frac{1}{n}\sum_{i=1}^{n}(X_i-\overline{X})^k$ 作为它的估计量.

例 11.2.1 设 $X \sim U[0,\theta]$,$\theta > 0$ 是未知参数,$x_1, x_2, \cdots, x_n$ 是 X 的简单随机样本,求 θ 的矩估计量.

解 由于 $X \sim U[0,\theta]$,所以 $EX = \frac{\theta}{2}$,$\theta = 2EX$,所以 θ 的矩估计量为

$$\hat{\theta} = 2 \times \frac{1}{n}\sum_{i=1}^{n} x_i = 2\overline{x}$$

例 11.2.2 设总体 X 服从参数为 λ 的指数分布,其中 $\lambda > 0$ 未知,$X_1, X_2, \cdots, X_n$ 是从该总体中抽取的一个样本,试求参数 λ 的矩估计量.

解 总体 X 的密度函数为

$$f(x) = \begin{cases} \lambda e^{-\lambda x}, & x > 0 \\ 0, & x \leqslant 0 \end{cases}$$

所以

$$EX = \int_{-\infty}^{+\infty} x f(x) \mathrm{d}x = \int_{0}^{+\infty} x \cdot \lambda e^{-\lambda x} \mathrm{d}x = \frac{1}{\lambda}$$

由 $\overline{X} = \frac{1}{\hat{\lambda}}$,得参数 λ 的矩估计量为 $\hat{\lambda} = \frac{1}{\overline{X}}$.

2. 最大似然估计法

设总体含有待估参数 θ,我们选择样本观测值 $(X_1 = x_1, X_2 = x_2, \cdots, X_n = x_n)$ 出现概率最大的那个 θ 作为 θ 的估计值(记为 $\hat{\theta}$),并称 $\hat{\theta}$ 为 θ 的最大似然估计.

(1) 若总体 X 属于离散型,其分布律 $P\{X=x\} = p(x;\theta)$,$\theta \in \Theta$ 的形式为已

知,θ 为待估参数,Θ 为 θ 的取值范围,设 $X_1,\cdots,X_n$ 是来自总体 X 的样本,则 $X_1,\cdots,X_n$ 的联合分布律是 $\prod_{i=1}^{n} p(x_i;\theta)$,又设 $x_1,\cdots,x_n$ 是 $X_1,\cdots,X_n$ 的一个样本值,于是 $X_1,\cdots,X_n$ 取 $x_1,\cdots,x_n$ 的概率是

$$L(\theta)=L(x_1,\cdots,x_n;\theta)=\prod_{i=1}^{n}p(x_i;\theta),\quad \theta\in\Theta,$$

它是 θ 的函数,$L(\theta)$ 称为样本的**似然函数**.挑选使 $L(\theta)$ 达到最大的 $\hat{\theta}$ 作为 θ 估计值,即求出了 θ 的极大似然估计值.

例 11.2.3 设 $X\sim B(1,p)$;$X_1,\cdots,X_n$ 是来自 X 的一个样本,试求参数 p 的极大似然估计值.

解 设 $x_1,\cdots,x_n$ 是一个样本值,X 的分布律是 $P\{X=x\}=p^x(1-p)^{1-x}$,$x=0,1$;故似然函数为

$$L(p)=\prod_{i=1}^{n}p^{x_i}(1-p)^{1-x_i}=p^{\sum_{i=1}^{n}x_i}(1-p)^{n-\sum_{i=1}^{n}x_i}$$

而

$$\ln L(p)=\left(\sum_{i=1}^{n}x_i\right)\ln p+\left(n-\sum_{i=1}^{n}x_i\right)\ln(1-p)$$

令 $\dfrac{d}{dp}\ln L(p)=0$,即

$$\frac{\sum_{i=1}^{n}x_i}{p}-\frac{n-\sum_{i=1}^{n}x_i}{1-p}=0$$

解得 p 的极大似然估计值为

$$\hat{p}=\frac{1}{n}\sum_{i=1}^{n}x_i=\overline{x}$$

(2) 若总体 X 属于连续型,其概率密度函数 $f(x;\theta),\theta\in\Theta$ 已知,θ 为待估参数,则 $X_1,\cdots,X_n$ 的联合密度函数为 $L(\theta)=L(x_1,\cdots,x_n;\theta)=\prod_{i=1}^{n}f(x_i;\theta)$.为使 $L(\theta)$ 最大,可归结为函数求极值的问题.一般地,$f(x;\theta)$ 关于 θ 可微,于是求解方程

$$\frac{dL(\theta)}{d\theta}=0 \quad \text{或} \quad \frac{d}{d\theta}\ln L(\theta)=0$$

可得参数 θ 的最大似然估计 $\hat{\theta}$.

例 11.2.4 设 $X\sim N(\mu,\sigma^2)$;μ 已知,σ^2 为未知参数,$x_1,\cdots,x_n$ 是来自 X 的一个样本值,求 σ^2 的极大似然估计值.

解 X 的概率密度为

$$f(x;\sigma^2)=\frac{1}{\sqrt{2\pi}\sigma}exp\left\{-\frac{1}{2\sigma^2}(x-\mu)^2\right\}$$

似然函数为

$$L(\sigma^2)=\prod_{i=1}^{n}\frac{1}{\sqrt{2\pi}\sigma}exp\left\{-\frac{1}{2\sigma^2}(x_i-\mu)^2\right\}=(2\pi\sigma^2)^{-\frac{n}{2}}exp\left\{-\frac{1}{2\sigma^2}\sum_{i=1}^{n}(x_i-\mu)^2\right\}$$

$$\ln L=-\frac{n}{2}\ln 2\pi-\frac{n}{2}\ln\sigma^2-\frac{1}{2\sigma^2}\sum_{i=1}^{n}(x_i-\mu^2)$$

$$\frac{d\ln L}{d\sigma^2}=-\frac{n}{2\sigma^2}+\frac{1}{2\sigma^4}\sum_{i=1}^{n}(x_i-\mu)^2$$

令 $\frac{d\ln L}{d\sigma^2}=0$,得似然方程

$$-\frac{n}{2\sigma^2}+\frac{1}{2\sigma^4}\sum_{i=1}^{n}(x_i-\mu)^2=0$$

解得 σ^2 的最大似然估计值为

$$\hat{\sigma}^2=\frac{1}{n}\sum_{i=1}^{n}(x_i-\mu)^2$$

点估计的优点在于它能够提供总体参数的具体估计值,作为行动决策的数量依据.点估计的不足之处在于点估计值不是对就是错,并不能提供任何误差信息.

估计总体参数,未必只能用一个统计量,也可以用其他统计量.例如,估计总体平均数,可以用样本平均数,也可以用样本中位数、众数等.

11.2.3 评价估计量的标准

人们总希望估计量能代表真实的参数,如何评价统计量的好坏,依据不同的要求,评价估计量的好坏可以有各种各样的标准,下面介绍三种常用的标准.

1. 无偏性

样本统计量的期望值(平均数)等于被估计的总体参数.用符号表示,如果 θ 是被估计的总体参数,$\hat{\theta}$ 是估计总体参数 θ 的样本统计量,当 $E\hat{\theta}=\theta$ 时,就称 $\hat{\theta}$ 是 θ 的无偏估计量.

样本平均值 $\overline{X}$ 作为总体 μ 的估计值有 $E\overline{X}=\mu$,它具有无偏性.同样地,样本方差 S^2 也是总体方差 σ^2 的无偏估计量.

2. 一致性

当样本的容量充分大时,样本统计量也充分靠近总体参数.用符号表示,对于无限总体,如果对任意 $\varepsilon>0$,都有 $\lim_{n\to\infty}P(|\hat{\theta}_n-\theta|\geqslant\varepsilon)=0$,就称 $\hat{\theta}$ 是 θ 的一致估计量.

由切比雪夫大数定律知样本平均值 $\overline{X}$ 为总体均值 μ 的一致估计量.

3. 有效性

作为优良的估计量的方差应该比其他估计量的方差小.用符号表示,当 $\hat{\theta}$ 为 θ 的无偏估计时,$\hat{\theta}$ 的方差 $E(\hat{\theta}-\theta)^2$ 越小,无偏估计越有效.

11.2.4 区间估计

区间估计则是根据样本估计量以一定的可靠程度推断总体参数所在的区间范围.

设总体 X 的分布函数 $F(x;\theta)$ 含有一个未知参数 θ,对于给定值 α ($0<\alpha<1$),若由样本 $X_1,X_2,\cdots,X_n$ 确定的两个统计量

$$\hat{\theta}_1=\hat{\theta}_1(X_1,X_2,\cdots,X_n) \quad \text{和} \quad \hat{\theta}_2=\hat{\theta}_2(X_1,X_2,\cdots,X_n)$$

满足 $P\{\hat{\theta}_1<\theta<\hat{\theta}_2\}=1-\alpha$,则称随机区间 $[\hat{\theta}_1,\hat{\theta}_2]$ 是 θ 的置信度为 $1-\alpha$ 的置信区间,$\hat{\theta}_1$ 和 $\hat{\theta}_2$ 分别为置信度为 $1-\alpha$ 的双侧置信区间的置信下限和置信上限,$1-\alpha$ 为置信度.

被估计的参数 θ 虽然未知,但它是一个常数,没有随机性,而区间 $[\hat{\theta}_1,\hat{\theta}_2]$ 是随机的.$P\{\hat{\theta}_1<\theta<\hat{\theta}_2\}=1-\alpha$ 的含义是:随机区间 $[\hat{\theta}_1,\hat{\theta}_2]$ 以 $1-\alpha$ 的概率包含参数 θ 的真值.而不能说参数 θ 以 $1-\alpha$ 的概率落入随机区间 $[\hat{\theta}_1,\hat{\theta}_2]$ 中.还可以描述为:若从同一总体中反复抽样多次(各次得到的样本容量相等),每个样本值确定一个区间 $[\hat{\theta}_1,\hat{\theta}_2]$,每个这样的区间或包含 θ 的真值或不包含 θ 的真值,按大数定理,当抽样次数充分大时,在这些区间中,包含 θ 真值的频率接近置信度 $1-\alpha$,即包含真值的约占 $100(1-\alpha)\%$,不包含 θ 真值的约占 $100\alpha\%$.

例 11.2.5 (大样本下标准差已知的总体均值的区间估计)某快餐店想要估计每位顾客午餐的平均花费金额,在为期三周的时间里选取了 49 名顾客组成了一个简单随机样本.假定总体标准差为 15,样本均值为 120 元,求总体均值 95% 的置信区间.

解 $n=49>30$(大样本),根据中心极限定理,大样本下的抽样分布近似服从正态分布.$\bar{x}=120,\sigma=15$,所以,

$$\frac{\bar{x}-\mu}{\frac{\sigma}{\sqrt{n}}} \sim N(0,1)$$

由

$$P\left\{\left|\frac{\bar{x}-\mu}{\frac{\sigma}{\sqrt{n}}}\right| \geqslant z_{\frac{\alpha}{2}}\right\}=0.05$$

得总体均值 μ 的置信区间为

$$\overline{x} \pm z_{\frac{\alpha}{2}} \frac{\sigma}{\sqrt{n}} = 120 \pm 1.96 \times \frac{15}{\sqrt{49}} = 120 \pm 4.20$$

即 $(115.8, 124.2)$.

注 11.2.1 例 11.2.5 的解题方法也适合正态总体均值的区间估计.因为总体服从正态分布,样本均值也服从正态分布.

例 11.2.6 (小样本下标准差未知的正态总体均值的区间估计) 从一个正态总体中随机抽取容量为 8 的样本,各样本值分别为 10,8,12,15,6,13,5,11.求总体均值 95% 的置信区间.

解 总体服从正态分布,样本容量 $n = 8 < 30$ (小样本),由 10.1.5 节知

$$\frac{\overline{x} - \mu}{\frac{s}{\sqrt{n}}} \sim t(7)$$

根据样本计算样本均值和样本标准差分别为

$$\overline{x} = \frac{\sum_{i=1}^{n} x_i}{n} = \frac{10 + 8 + \cdots + 11}{8} = 10, \quad s = \sqrt{\frac{\sum_{i=1}^{n}(x_i - \overline{x})^2}{n-1}} = 3.464$$

由

$$P\left(\left| \frac{\overline{x} - \mu}{\frac{s}{\sqrt{n}}} \right| \geqslant t_{\frac{\alpha}{2}} \right) = 0.05$$

得出总体均值 μ 的 95% 的置信区间为

$$\overline{x} \pm t_{\frac{\alpha}{2}} \frac{s}{\sqrt{n}} = 10 \pm 2.365 \times \frac{3.464}{\sqrt{8}} = 10 \pm 2.896$$

即 $(7.104, 12.896)$.

例 11.2.7 小样本下均值未知的正态总体方差的区间估计) 有一大批糖果,先从中随机抽取 16 袋,称得重量(g) 如下:506,508,499,503,504,510,497,512,514,505,493,496,506,502,509,496.设袋装糖果的重量服从正态分布,试求总体标准差 σ 的置信度为 0.95 的置信区间.

解 总体服从正态分布,样本容量 $n < 30$ 为小样本.由 10.1.5 节有

$$\frac{(n-1)s^2}{\sigma^2} \sim \chi^2(n-1)$$

计算得 $\overline{x} = 503.75, s = 6.2022$,由

$$P\left(\chi^2_{\frac{\alpha}{2}} < \frac{(n-1)s^2}{\sigma^2} < \chi^2_{1-\frac{\alpha}{2}} \right) = 0.95$$

得
$$\frac{(n-1)s^2}{\chi^2_{1-\frac{\alpha}{2}}} \leqslant \sigma^2 \leqslant \frac{(n-1)s^2}{\chi^2_{\frac{\alpha}{2}}}$$

即总体标准差 σ 的置信度为 0.95 的置信区间为 $(4.58, 9.60)$.

习 题 11.2

1. 设 $X_1, X_1, \cdots, X_n$ 是总体 X 的一个样本，$x_1, x_2, \cdots, x_n$ 为相应的样本值，总体 X 的概率密度函数为 $f(x) = \frac{x}{\theta^2} e^{-\frac{x}{\theta}}$ $(x>0, 0<\theta<+\infty)$. 求参数 θ 的极大似然估计值.

2. 设总体 X 服从指数分布，$f(x) = \begin{cases} \lambda e^{-\lambda x}, & x>0 \\ 0, & x \leqslant 0 \end{cases}$，$X_1, X_2, \cdots, X_n$ 为来自总体的简单随机样本.

(1) 求 λ 的矩估计量；

(2) 求 λ 的极大似然估计量.

3. 从某一总体中随机抽取一个容量为 100 的样本，其均值为 81，标准差为 12，求：

(1) 构造总体均值 95% 置信水平下的置信区间；

(2) 构造总体均值 99% 置信水平下的置信区间.

11.3 假设检验

11.3.1 假设检验

所谓假设检验就是在总体分布或参数未知的情况下，事先对总体参数或总体分布形式做一个假设，然后利用样本信息来判断原假设是否合理，即判断样本信息与原假设是否有显著差异，从而决定是否拒绝原假设. 推理的合理性就是小概率原理，即在一次实验中，概率很小的事件，实际上几乎是不可能发生的. 假设检验基本思想为：首先假设该事实成立，然后在该事实成立的前提下，计算由该事实和样本构造的统计量的取值，再根据该统计量的分布，判断已经观测到的样本信息出现的概率是否为小概率，以此来证明该事实是否成立.

假设检验分两类：参数检验和非参数检验. 我们只介绍参数检验.

11.3.2 参数假设检验

假设检验是基于样本资料来推断总体特征的,而这种推断是在一定概率置信度下进行的,而非严格的逻辑证明.因此,置信度大小的不同,有可能做出不同的判断.作为检验对象的假设称为待检假设,通常用 H_0 表示.用小概率原理进行检验的基本思想是:首先假设 H_0 是成立的;然后考虑在 H_0 条件下,根据已观测到的样本信息出现的概率,判断原假设 H_0 的真伪.如果这个概率很小,这就表明概率很小的事件发生了,拒绝原假设 H_0.否则,不能拒绝 H_0.

1. 大样本或正态总体均值的假设检验

例 11.3.1 一种罐装饮料采用自动生产线生产,每罐的容量是 255 mL,标准差为 5 mL,为检验每罐容量是否符合要求,质检人员在某天生产的饮料中随机抽取了 40 罐进行检验,测得每罐的平均容量为 255.8 mL,取显著性水平为 $\alpha=0.05$,检验该天生产的饮料容量是否符合标准要求.

解 (1) 假设 $H_0: \mu=255$;

(2) 建立检验统计量

$$z=\frac{\overline{x}-\mu}{\frac{\sigma}{\sqrt{n}}}=\frac{255.8-255}{\frac{5}{\sqrt{40}}}=1.01$$

(3) 计算临界值 $\quad z_{\frac{\alpha}{2}}=z_{0.025}=1.96$

(4) 做决策:因 $|z|<z_{\frac{\alpha}{2}}$,不能拒绝 H_0.

样本提供的证据表明:当天生产的饮料符合标准要求.

2. 小样本下正态总体均值的假设检验

例 11.3.2 一种服装配件的平均长度要求为 12 cm,高于或低于该标准均被认为是不合格的.服装生产企业在购进配件时,通常是经过招标,然后对中标的配件提供商提供的样本进行检验,以决定是否购进.先对一个配件提供商提供的 10 个零件进行了检验,假定该供货商生产的配件长度服从正态分布,在 0.05 的显著性水平下,检验该供货商提供的配件是否符合要求.10 个零件尺寸的长度(cm):
12.2,10.8,12.0,11.8,11.9,12.4,11.3,12.2,12.0,12.3.

解 (1) 假设 $H_0:\mu=12$;

(2) 建立检验统计量

$$t=\frac{\overline{x}-\mu}{\frac{s}{\sqrt{n}}}=\frac{11.89-12}{\frac{0.4932}{\sqrt{10}}}=-0.7035$$

(3) 计算临界值 $t_{\frac{\alpha}{2}} = t_{0.025} = 2.262$

(4) 做决策：因 $|t| < t_{\frac{\alpha}{2}}$，不能拒绝 H_0.

样本提供的证据表明：该供应商提供的零件符合要求.

3. 正态总体方差的假设检验

例 11.3.3 啤酒生产企业采用自动生产线装啤酒，每罐 640 mL，但由于受到某些不可控的因素的影响，每瓶的装填量会有差别，此时，不仅平均装填量很重要，装填量的方差也很重要，如果方差过大，要么生产企业不划算，要么消费者不划算，假定生产标准规定每瓶装填量的标准差不应超过也不应低于 4 mL，质检部门抽取 10 瓶啤酒进行检验，得到的样本标准差为 $s = 3.8$ mL，试以 0.10 的显著性水平检验装填量的标准差是否符合要求.

解 (1) 假设 $H_0 : \sigma = 4$；

(2) 建立检验统计量

$$\chi^2 = \frac{(n-1)s^2}{\sigma^2} = \frac{(10-1) \times 3.8^2}{4^2} = 8.1225$$

(3) 计算临界值

$$\chi^2_{\frac{\alpha}{2}} = \chi^2_{0.05} = 16.9190$$

(4) 做决策：因 $\chi^2 < \chi^2_{\frac{\alpha}{2}}$，不能拒绝 H_0.

样本提供的证据表明：装填量的标准差符合要求.

习 题 11.3

1. 某收割机正常工作时，切割每段金属的平均长度是 10.5 cm，标准差为 0.15 cm，现从一批产品中随机抽取 16 段进行测量，其结果如下：

   10.4, 10.1, 10.6, 10.4, 10.5, 10.3, 10.3, 10.2,

   10.9, 10.6, 10.8, 10.5, 10.7, 10.2, 10.7, 10.5.

假设切割的长度符合正态分布，且标准差没有变化，试问该机器是否正常？($\alpha = 0.05$).

2. 某种内服药有使病人血压增高的副作用，其增高值服从均值为 20 的正态分布.现研制一种新药，在 10 名服用新药的病人中测试血压增高的增高情况，所得数据如下：13,24,21,14,16,15,16,18,17,10. 问这组数据是否支持"新药副作用更小"的结论？($\alpha = 0.05$).

参考答案

第1章 函数、极限与连续

1.1 函数

1. (1) 否； (2) 否.

2. $1; \dfrac{1}{a^2}+1; 4t^2+1; \sin^2 2x+1; \sin 2(x^2+1)$.

3. (1) $(-\infty,1] \cup [3,+\infty)$； (2) $(-1,2]$； (3) $(-2,+\infty)$；
   (4) $\{x \mid 2k\pi < x < 2k\pi+\pi, k \in \mathbf{Z}\}$； (5) $[-1,0] \cup (0,3]$.

4. $(-\infty,4], f(-1)=1, f(2)=3$.

5. (1) 偶； (2) 奇； (3) 非奇非偶.

6. (1) $y=(3x-1)^2, x\in(-\infty,+\infty)$； (2) $y=\ln(1-x^2), x\in(-1,1)$； (3) 不能.

7. (1) $y=\sin^3 u, u=8x+5$； (2) $y=\tan u, u=\sqrt[3]{v}, v=x^2+5$；
   (3) $y=2^u, u=1-x^2$； (4) $y=\ln u, u=3-x$.

9. $A=2\pi r^2+\dfrac{2V}{r}, r\in(0,+\infty)$.

10. $V=\pi h\left(r^2-\dfrac{h^2}{4}\right), h\in(0,2r)$.

1.2 极限的概念

1. (1) $\dfrac{1}{n^2}, 0$； (2) $\dfrac{2}{n}, 0$； (3) $\dfrac{2n}{n+1}, 2$； (4) $1,1$； (5) $\dfrac{1}{2n+1}, 0$.

2. (1) 0， (2) 0， (3) 2， (4) 1， (5) 不存在.

1.3 极限的运算

1. (1) 21； (2) 5； (3) $\dfrac{1}{3}$； (4) $\dfrac{1}{2}$； (5) $\dfrac{3}{4}$； (6) 0； (7) $\dfrac{1}{2}$； (8) -2；
   (9) $\dfrac{2\sqrt{2}}{3}$； (10) $-\dfrac{1}{2}$； (11) 0； (12) 0.

2. $k=-3$.

3. $a=1, b=-1$.

4. (1) $\dfrac{4}{5}$； (2) $\dfrac{m}{n}$； (3) $\ln a$； (4) 1； (5) $\sqrt{2}$； (6) e^{-2}； (7) 1； (8) e^{-3}；

5. (9) e^3； (10) 1； (11) ∞； (12) e^{-1}.

1.4 无穷小与无穷大

1. (1) 无穷大； (2) 无穷大； (3) 无穷小； (4) 无穷小； (5) 无穷小； (6) 无穷小.

1.5 函数的连续性

1. 0.2，0.04.

2. 0.25.

3. $-2\sin^2\left(\dfrac{\pi}{48}\right)$.

4. -0.25.

5. -0.05.

8. $f(1+0)=f(1-0)=1\neq f(1)$，连续区间 $(0,1),(1,2)$.

9. (1) $x=0$,可去型； (2) $x=1$,可去型,$x=2$,无穷型； (3) $x=1$,跳跃型.

10. (1) $K=0$； (2) $K=2$.

第 2 章 导数与微分

2.1 导数概念

1. (1) $y'=2x+3$； (2) $y'=-\sin x$； (3) $y'=\dfrac{1}{2\sqrt{x}}$.

2. 不可导.

3. 切线 $y=-2x+3$；法线 $y=\dfrac{1}{2}x-3$.

5. $a=1,b=-3$.

2.2 函数的求导法则

1. (1) $x(2\ln x+1)$； (2) $2^x\cos x+(1+\sin x)2^x\ln 2$；

(3) $\dfrac{(e^x+2)(x^3+3x-2)-(e^x+2x)(3x^2+3)}{(x^3+3x-2)^2}$； (4) $12x^2+\sec^2 x-2e^x$.

2. (1) $\dfrac{2e^{2x}}{1+e^{4x}}$； (2) $2(x+1)\cos(x^2+2x-4)$； (3) $\dfrac{3\cos 3x+4e^{4x}}{2\sqrt{\sin 3x+e^{4x}}}$；

(4) $\sec x$； (5) $\dfrac{1}{\sqrt{1+x^2}}$； (6) $\dfrac{1}{x\ln x}$.

3. (1) $y'=-\dfrac{y}{x-2y\cos y^2}$； (2) $y'=\dfrac{x+y}{x-y}$.

4. (1) $x^x(\ln x+1)$； (2) $(1+\sin x)^{\tan x}\left[\sec^2 x\ln(1+\sin x)+\dfrac{\sin x}{1+\sin x}\right]$.

5. (1) $4e^{2x}$； (2) $-9\cos 3x$； (3) $e^{x^2}(4x^2+2)$； (4) $\sec x(\tan^2 x+\sec^2 x)$.

6. (1) $(-1)^n e^{-x}$; (2) $(-1)^{n-1}(n-1)!\, x^{-n}$; (3) $2^n \cos\left(2x + n\cdot\dfrac{\pi}{2}\right)$.

7. $\left.\dfrac{dy}{dx}\right|_{t=1} = \dfrac{3}{2}$; $\left.\dfrac{dx}{dy}\right|_{t=1} = \dfrac{2}{3}$；切线方程：$2y - 3x + 5 = 0$.

2.3 函数的微分

1. (1) $dy = (2\ln x + \ln^2 x)dx$; (2) $dy = (2x+3)\sec^2(x^2 + 3x - 2)dx$;

(3) $dy = (1+x^2)^{\ln x}\left[\dfrac{\ln(1+x^2)}{x} + \dfrac{2x\ln x}{1+x^2}\right]dx$; (4) $dy = \dfrac{x\,dx}{\sqrt{(x^2-1)(2-x^2)}}$.

2. (1) -0.03; (2) -0.05.

3. (1) $\dfrac{x^4}{4}$; (2) $\dfrac{\tan 2x}{2}$; (3) $\dfrac{\sin 2x}{2}$; (4) $\arctan x$.

5. 不能，因为 $y = \cos x$ 在 $x = 0$ 处的导数为 0.

6. (1) 0.03; (2) $\dfrac{\pi}{4} - 0.01$.

第 3 章　导数的应用

3.1 中值定理

1. $\xi = 2$.

2. $\xi = \sqrt[3]{\dfrac{15}{4}}$.

3. $\xi = \sqrt{\dfrac{5}{2}}$.

4. 有分别位于区 $(2,3), (3,4), (4,5)$ 三个区间的根.

3.2 洛必达法则

1. (1) $\dfrac{4}{9}$; (2) $\cos a$; (3) 2; (4) $\dfrac{1}{2}$; (5) 2; (6) 2; (7) $\dfrac{1}{2}$; (8) $+\infty$;

(9) 1; (10) 1; (11) $e^{-\frac{1}{6}}$; (12) 0.

3.3 函数的单调性、极值与最大最小值

1. (1) 在 $\left(-\infty, \dfrac{1}{2}\right)$ 内单调增，在 $\left(\dfrac{1}{2}, +\infty\right)$ 内单调减；

(2) 在 $(-\infty, -1) \cup (1, +\infty)$ 内单调减，在 $(-1, 1)$ 内单调增；

(3) 在 $\left(0, \dfrac{1}{2}\right]$ 内单调减，在 $\left[\dfrac{1}{2}, +\infty\right)$ 内单调增；

(4) 在 $[0, +\infty)$ 内单调增.

4. (1) 极大值 $f(-1) = \dfrac{5}{3}$，极小值 $f(3) = -9$；(2) 极大值 $f\left(\dfrac{3}{4}\right) = \dfrac{5}{4}$；(3) 极

小值 $f(0)=0$；(4) 极大值 $f(\pm 1)=1$，极小值 $f(0)=0$.

5. (1) 最大值 $y|_{x=4}=80$，最小值 $y|_{x=-1}=-5$；

   (2) 最大值 $y|_{x=\frac{5\pi}{4}}=-\sqrt{2}$，最小值 $y|_{x=\frac{\pi}{4}}=\sqrt{2}$；

   (3) 最大值 $y|_{x=2}=\ln 5$，最小值 $y|_{x=0}=0$；

   (4) 最大值 $y|_{x=\frac{3}{4}}=\dfrac{5}{4}$，最小值 $y|_{x=-5}=-5+\sqrt{6}$.

6. $S=\dfrac{a^2}{4}$.

7. $C(\sqrt{b})=2\sqrt{b}$.

8. $r=\sqrt[3]{\dfrac{V}{2\pi}}, h=2\sqrt[3]{\dfrac{V}{2\pi}}, d:h=1:1$.

9. 截取边长为 $\dfrac{a}{6}$ 的小正方形，容积最大.

10. $\dfrac{100+c}{2}$.

11. 当日产量为 50 t 时，平均成本最低，最低平均成本为 300 元/t.

12. 当房租为 350 元时，收入最大，最大收入为 10 890 元.

13. 10 批.

第 4 章 不定积分

4.1 不定积分的概念与性质

1. (1) $-2\cos x+3\sin x+C$； (2) $x-\ln x+C$； (3) $\dfrac{1}{\sqrt{6}}\arctan\sqrt{\dfrac{3}{2}}x+C$；

   (4) $-\dfrac{1}{x}+2\ln|x|+x+C$； (5) $2x-3\ln|x|-\dfrac{6}{x}+C$；

   (6) $a\ln|s|-\dfrac{2a^2}{s}-\dfrac{3a^3}{2s^2}+C$； (7) $4t+4t^{-\frac{1}{2}}-t^2+C$；

   (8) $3e^{x+5}+C$； (9) $\dfrac{4^x}{\ln 4}+2\cdot\dfrac{6^x}{\ln 6}+\dfrac{9^x}{\ln 9}+C$；

   (10) $-\dfrac{2}{\ln 3}\left(\dfrac{1}{3}\right)^x-\dfrac{1}{3\ln 2}\left(\dfrac{1}{2}\right)^x+C$； (11) $\dfrac{1}{2}e^{2x}-e^x+x+C$；

   (12) $\arcsin x+\ln(x+\sqrt{1+x^2})+C$； (13) $-\cot x-x+C$；

   (14) $\sin x+\cos x+C$； (15) $\dfrac{1}{2}\tan x+C$.

2. $-x^3+4x^2-5x+5$.

3. $2e^x+C$.

4. $x - \frac{1}{2}x^2 + C$.

4.2 换元积分法

1. (1) $\frac{1}{2}e^{2x} - e^x + x + C$; (2) $\frac{1}{22}(2x-3)^{11} + C$; (3) $-\frac{1}{5}\cos 5x - x\sin 5a + C$;

(4) $-\frac{1}{a}\cos(ax+b) + C$; (5) $\frac{\tan^5 t}{5} + C$; (6) $-2\cos\sqrt{x} + C$;

(7) $\ln|x^2 + 4x + 6| + C$; (8) $-\frac{\sqrt{(1+x^2)^3}}{3x^3} + \frac{\sqrt{1+x^2}}{x} + C$;

(9) $\frac{1}{16}\sin 8x + \frac{1}{2}x + C$; (10) $\sqrt{x^2 - 4} - 2\arccos\frac{2}{|x|} + C$;

(11) $\frac{(x+2)^{21}}{21} + \frac{(x+2)^{20}}{20} + C$; (12) $\frac{1}{10}\arcsin\frac{x^{10}}{\sqrt{2}} + C$;

(13) $\frac{1}{8}\ln\left|\frac{x^2-1}{x^2+1}\right| - \frac{1}{4}\arctan^2 x + C$; (14) $\frac{1}{2}(\ln\tan x)^2 + C$;

(15) $(\arctan\sqrt{x})^2 + C$; (16) $\frac{1}{4}\sin 2x - \frac{1}{24}\sin 12x + C$;

(17) $\frac{x}{\sqrt{1+x^2}} + C$; (18) $\ln\left|\frac{\sqrt{e^x+1}-1}{\sqrt{e^x+1}+1}\right| + C$;

(19) $2(\sqrt{x-1} - \arctan\sqrt{x-1}) + C$;

(20) $-2\sqrt{\frac{1+x}{x}} + 2\ln\left(\sqrt{\frac{1+x}{x}} + 1\right) + \ln|x| + C$; (21) $-\frac{1}{2}\ln^2\left(\frac{1+x}{x}\right) + C$;

(22) $a\arcsin\frac{x}{a} - \sqrt{a^2 - x^2} + C$; (23) $\ln\left|x + \frac{1}{2} + \sqrt{x^2 + x}\right| + C$;

(24) $\frac{1}{a^2}\frac{x}{\sqrt{a^2-x^2}} + C$; (25) $-\frac{\sqrt{(1+x^2)^3}}{3x^3} + \frac{\sqrt{1+x^2}}{x} + C$;

(26) $\sqrt{x^2-4} - 2\arccos\frac{2}{|x|} + C$; (27) $-2\sqrt{1-x^2} - \arcsin x + C$;

(28) $2\sqrt{x} - 4\sqrt[4]{x} + 4\ln(\sqrt[4]{x} + 1) + C$;

(29) $\frac{3}{2}\sqrt[3]{(1+x)^2} - 3\sqrt[3]{x+1} + 3\ln(1 + \sqrt[3]{1+x}) + C$;

(30) $\frac{1}{2}(\arcsin x + \ln|x + \sqrt{1-x^2}|) + C$; (31) $\frac{1}{4}\ln(1+x^4) + \frac{1}{4(1+x^4)} + C$;

(32) $\frac{1}{3}x^3 + \frac{1}{2}x^2 + x + 8\ln|x| - 4\ln|x+1| - 3\ln|x-1| + C$;

(33) $\ln|x+1| - \frac{1}{2}\ln(x^2 - x + 1) + \sqrt{3}\arctan\frac{2x-1}{\sqrt{3}} + C$.

2. $x + C$.

4.3 分部积分法

1. (1) $-\frac{e^{-2x}}{2}\left(x + \frac{1}{2}\right) + C$; (2) $\frac{1}{3}x^3\ln x - \frac{1}{9}x^3 + C$;

(3) $2x\sin\frac{x}{2} + 4\cos\frac{x}{2} + C$; (4) $\frac{1}{3}x^3\arctan x - \frac{1}{6}x^2 + \frac{1}{6}\ln(1+x^2) + C$;

(5) $x\ln^2 x - 2x\ln x + 2x + C$; (6) $x\arcsin x + \sqrt{1-x^2} + C$;

(7) $x\ln(1+x^2) - 2x + 2\arctan x + C$; (8) $\frac{e^{-x}}{2}(\sin x - \cos x) + C$;

(9) $-\frac{1}{x}(\ln^3 x + 3\ln^2 x + 6\ln x + 6) + C$; (10) $\frac{x}{2}(\cos\ln x + \sin\ln x) + C$;

(11) $-\frac{1}{2}\left(x^2 - \frac{3}{2}\right)\cos 2x + \frac{x}{2}\sin 2x + C$; (12) $e^x\left(1 - \frac{4}{x}\right) + C$;

(13) $\frac{e^{ax}}{a^2 + b^2}(b\sin bx + a\cos bx) + C$; (14) $(x+1)\arctan\sqrt{x} - \sqrt{x} + C$;

(15) $x\arctan x - \frac{1}{2}\ln(1+x^2) - \frac{1}{2}(\arctan x)^2 + C$;

(16) $-\frac{2}{15}(32 + 8x + 3x^2)\sqrt{2-x} + C$;

(17) $-\frac{1}{x}(\ln^2 x + 2\ln x + 2) + C$; (18) $\frac{2}{3}x^{\frac{3}{2}}\left(\ln^2 x - \frac{4}{3}\ln x + \frac{8}{9}\right) + C$;

(19) $-e^{-x}(x+1) + C$; (20) $-\frac{2x^2-1}{4}\cos 2x + \frac{x}{2}\sin 2x + C$;

(21) $x - \frac{1-x^2}{2}\ln\frac{1+x}{1-x} + C$; (22) $-\cos x \cdot \ln(\tan x) + \ln|\tan\frac{x}{2}| + C$;

(23) $\frac{1}{4}\tan^4 x - \frac{1}{2}\tan^2 x - \ln|\cos x| + C$; (24) $x - \frac{1}{\sqrt{2}}\arctan(\sqrt{2}\tan x) + C$.

2. $x\ln x\cos x + \sin x - (1 + \sin x)\ln x + C$.

第5章 定积分及其应用

5.1 定积分的概念与性质

3. (1) 0; (2) $\frac{1}{2}\pi R^2$; (3) $-\frac{3}{2}$.

5. (1) >; (2) >.

参考答案

5.2 牛顿－莱布尼茨公式

2. 不是.

3. 相同.

4. $\dfrac{\sqrt{2}}{2}$.

5. $\dfrac{2x}{\sqrt{1-x^4}} - \dfrac{1}{\sqrt{1-x^2}}$.

6. $x=0$ 为极小值点, $I(0)=0$.

5.3 定积分的积分法

2. (1) $\dfrac{63}{12}$; (2) $\dfrac{1}{2}$; (3) $\dfrac{1}{6}$; (4) $\dfrac{\pi}{2}$; (5) $\sqrt{3}-\dfrac{\pi}{3}$; (6) $7+\ln4$;

   (7) $\dfrac{22}{3}$; (8) $\dfrac{1}{2}(1-\ln2)$; (9) $\dfrac{\pi}{12}+\dfrac{\sqrt{3}}{2}-1$; (10) $\dfrac{1}{5}(e^\pi - 2)$;

   (11) $\dfrac{1}{2}+\dfrac{e}{2}(\sin1-\cos1)$; (12) 0.

3. 22.

5.4 广义积分

1. 错.

2. 不正确.

3. (1) π; (2) 发散; (3) 0.5; (4) π; (5) -1; (6) 发散.

5.5 定积分在几何上的应用

3. (1) 36; (2) $4\dfrac{1}{2}$; (3) $2\ln2 - 1$; (4) $\dfrac{3}{2}-\ln2$.

4. $\dfrac{3\pi}{10}, \dfrac{3\pi}{10}$.

5. $\dfrac{\pi}{2}$.

第 6 章 空间曲面与曲线

6.1 空间直角坐标系

1. zOx 面; z 轴.

2. 关于 xOy 面:$(3,-4,-5)$;关于 yOz 面:$(-3,-4,5)$;关于 zOx 面:$(3,4,5)$.

3. 关于 x 轴:$(1,4,-2)$;关于 y 轴:$(-1,-4,-2)$;关于 z 轴:$(-1,4,2)$.

4. 提示:$|AB|=|CA|$,$|AB|^2+|CA|^2=|BC|^2$.

5. $(0,0,10)$.

6.2 空间曲面与曲线

1. 球心：$(-2,-1,1)$，半径：$R=\sqrt{11}$.
2. (1) 母线平行于 x 轴的椭圆柱面；(2) 母线平行于 z 轴的圆柱面；(3) 母线平行于 y 轴的抛物面；(4) 两个平行平面；(5) z 轴.
3. $y-3z=0$.
4. $y+5=0$.
5. $3x^2+2z^2=16$.

6.3 常见的二次曲面

1. (1) 椭球面；(2) Oxy 平面下方的椭圆抛物面；(3) 单叶双曲面；(4) 双叶双曲面；(5) 圆锥面；(6) 双曲抛物面.

第7章 多元函数及其微分法

7.1 多元函数的极限与连续

1. $\dfrac{x^2-2xy-y^2}{x^2+y^2}$.
2. $(x+y)^{xy}+(xy)^{2x}$.
3. (1) $\{(x,y)\,|\,y^2>4(x-2)\}$；(2) $\{(x,y)\,|\,4\leqslant x^2+y^2\leqslant 9\}$.
4. (1) 0；(2) 0；(3) 2.
5. (1) $\{(x,y)\,|\,y=x^2, x\in\mathbf{R}\}$；
   (2) $\{(x,y)\,|\,x=m\pi, y=n\pi;\ m,n=0\pm 1,\pm 2,\cdots\}$.

7.2 偏导数

1. (1) $\dfrac{\partial z}{\partial x}=(x^2+y^2)^{-\frac{1}{2}}-x^2(x^2+y^2)^{-\frac{3}{2}}, \dfrac{\partial z}{\partial y}=-xy(x^2+y^2)^{-\frac{3}{2}}$；

   (2) $\dfrac{\partial z}{\partial x}=\dfrac{1}{y}e^{\frac{x}{y}}, \dfrac{\partial z}{\partial y}=-\dfrac{x}{y^2}e^{\frac{x}{y}}$；

   (3) $\dfrac{\partial u}{\partial x}=\dfrac{y}{z}x^{\frac{y}{z}-1}, \dfrac{\partial u}{\partial y}=\dfrac{1}{z}x^{\frac{y}{z}}\ln x,\ \dfrac{\partial u}{\partial z}=-\dfrac{y}{z^2}x^{\frac{y}{z}}\ln x$.

3. (1) $\dfrac{\partial^2 z}{\partial x^2}=6xy^2, \dfrac{\partial^2 z}{\partial x\partial y}=\dfrac{\partial^2 z}{\partial y\partial x}=6x^2y-9y^2-1, \dfrac{\partial^2 z}{\partial y^2}=2x^3-18xy$；

   (2) $\dfrac{\partial^2 z}{\partial x^2}=2a^2\cos 2(ax+by), \dfrac{\partial^2 z}{\partial x\partial y}=\dfrac{\partial^2 z}{\partial y\partial x}=2ab\cos 2(ax+by)$,

   $\dfrac{\partial^2 z}{\partial x^2}=2b^2\cos 2(ax+by)$.

7.3 全微分及其应用

1. (1) $\mathrm{d}z=2e^{x^2+y^2}(x\,\mathrm{d}x+y\,\mathrm{d}y)$；(2) $\mathrm{d}z=-\dfrac{x}{(x^2+y^2)^{\frac{3}{2}}}(y\,\mathrm{d}x-x\,\mathrm{d}y)$；

   (3) $\mathrm{d}u=\dfrac{3\,\mathrm{d}x-2\,\mathrm{d}y-\mathrm{d}z}{3x-2y+z}$.

2. (1) 0.25e；　(2) -0.2.

3. 2.95.

7.4　多元复合函数与隐函数的求导法则

1. $\dfrac{\partial z}{\partial x}=2xf_u+2yf_v, \dfrac{\partial z}{\partial y}=2yf_u+2xf_v$.

2. $\dfrac{dz}{dt}=-\dfrac{e^x(1+x)}{1+x^2 e^{2x}}$.

3. $\dfrac{dz}{dt}=\dfrac{2\sin t}{\cos^3 t}-\dfrac{1}{t^2\cos^2 t}$.

4. (1) $\dfrac{\partial u}{\partial x}=\dfrac{1}{y}f'_1, \dfrac{\partial u}{\partial y}=-\dfrac{x}{y^2}f'_1+\dfrac{1}{z}f'_2, \dfrac{\partial u}{\partial z}=-\dfrac{y}{z^2}f'_2$；

   (2) $\dfrac{\partial u}{\partial x}=f'_1+yf'_2+yzf'_3, \dfrac{\partial u}{\partial y}=xf'_2+xzf'_3, \dfrac{\partial u}{\partial z}=xyf'_3$.

5. $\dfrac{dy}{dx}=\dfrac{y^2-e^x}{\cos y-2xy}$.

6. $\dfrac{\partial z}{\partial x}=-1, \dfrac{\partial z}{\partial y}=-1$.

7.5　多元函数的极值

1. (1) 在$(0,0)$点取得极大值 0，在$\left(\dfrac{4}{3},\dfrac{4}{3}\right)$点取得极小值$-\dfrac{64}{27}$；

   (2) 在点$(2,-2)$处，极大值为 8；

   (3) 在点$\left(\dfrac{1}{2},-1\right)$处，极小值为$-\dfrac{e}{2}$.

2. 当$x=\dfrac{1}{2}$时，极大值为$\dfrac{1}{4}$.

3. 最大值为 2，最小值为-2.

4. 最短距离为$2\sqrt{9-4\sqrt{2}}$.

第8章　二重积分

8.2　二重积分的计算

1. (1) $\int_0^1 dx\int_0^{3x} f(x,y)dy=\int_0^3 dy\int_{\frac{y}{3}}^1 f(x,y)dx$；

   (2) $\int_0^1 dx\int_{x-1}^{1-x} f(x,y)dy=\int_{-1}^0 dy\int_0^{y+1} f(x,y)dx+\int_0^1 dy\int_0^{1-y} f(x,y)dx$；

   (3) $\int_{-\sqrt{2}}^{\sqrt{2}} dx\int_{x^2}^{4-x^2} f(x,y)dy=\int_0^2 dy\int_{-\sqrt{y}}^{\sqrt{y}} f(x,y)dx+\int_2^4 dy\int_{-\sqrt{4-y}}^{\sqrt{4-y}} f(x,y)dx$；

   (4) $\int_1^2 dx\int_{\frac{1}{x}}^x f(x,y)dy=\int_{\frac{1}{2}}^1 dy\int_{\frac{1}{y}}^2 f(x,y)dx+\int_1^2 dy\int_y^2 f(x,y)dx$.

2. (1) $\int_0^1 dx \int_{x^2}^x f(x,y) dy$;

(2) $\int_0^1 dy \int_{\sqrt{y}}^{3-2y} f(x,y) dx$;

(3) $\int_{-1}^0 dy \int_{-\sqrt{1-y^2}}^{\sqrt{1-y^2}} f(x,y) dx + \int_0^1 dy \int_{-\sqrt{1-y}}^{\sqrt{1-y}} f(x,y) dx$;

(4) $\int_0^1 dy \int_{2-y}^{1+\sqrt{1-y^2}} f(x,y) dx$.

3. (1) $\dfrac{\sin 1}{2}$; (2) π; (3) $\dfrac{45}{8}$; (4) $\dfrac{9}{4}$; (5) $\dfrac{20}{3}$; (6) $\dfrac{e-1}{2e}$.

4. (1) $\int_0^{2\pi} d\theta \int_0^a f(\rho\cos\theta, \rho\sin\theta) \rho d\rho$; (2) $\int_0^\pi d\theta \int_0^{2\sin\theta} f(\rho\cos\theta, \rho\sin\theta) \rho d\rho$;

(3) $\int_0^{2\pi} d\theta \int_a^b f(\rho\cos\theta, \rho\sin\theta) \rho d\rho$; (4) $\int_0^{\frac{\pi}{2}} d\theta \int_0^{(\sin\theta+\cos\theta)^{-1}} f(\rho\cos\theta, \rho\sin\theta) \rho d\rho$.

5. (1) $\dfrac{2a^3}{3}$; (2) $\dfrac{R^3}{3}\left(\pi - \dfrac{4}{3}\right)$; (3) $\pi\ln 2$; (4) $\dfrac{3\pi^2}{64}$.

6. $\dfrac{\sqrt{3}}{4} + \dfrac{\pi}{6}$.

7. $\dfrac{4}{3}$.

8.3 广义二重积分

1. $\dfrac{\pi}{2}$.

2. 3.

3. $-\dfrac{\pi}{2}$.

4. 2.

5. 当 $n \leqslant 1$ 时,发散到 $+\infty$;当 $n > 1$ 时,收敛到 $\dfrac{\pi}{n-1}$.

第 9 章 常微分方程及其应用

9.1 微分方程的基本概念

2. (1) 一阶; (2) 三阶; (3) 三阶.

3. $yy' + 2x = 0$.

9.2 一阶微分方程

2. (1) 线性齐次; (2) 线性非齐次; (3) 线性非齐次.

3. (1) $y = Ce^{x^2}$； (2) $\sqrt{1-y^2} - \dfrac{1}{3x} + C = 0$；

   (3) $y = (x+1)^2 \left[\dfrac{2}{3}(x+1)^{\frac{3}{2}} + C\right]$； (4) $y = (x+C)^{-x^2}$.

4. (1) $e^y = \dfrac{1}{2}(e^{2x}+1)$； (2) $y = \dfrac{1}{x}(\pi - 1 - \cos x)$.

5. (1) $\ln(T-20) = -\dfrac{t}{20}\ln 2 + \ln 80$； (2) $T = 40℃$； (3) $t = 60(\min)$.

6. $y = 2x^{-1}$.

9.3 可降阶的二阶微分方程

(1) $y = C_1 e^{-x} + C_2$；

(2) $y = C_1(x+1)e^{-x} + \dfrac{x^3}{3} - \dfrac{x^2}{2} + C_2$；

(3) $y = x - \ln\dfrac{e^{-2x}+1}{2} + 1$.

9.4 二阶线性微分方程

(1) $y = C_1 e^{5x} + C_2 e^{4x}$； (2) $y = (C_1 + C_2 x)e^{4x}$； (3) $y = C_1 e^{-\frac{4}{3}t} + C_2 e^{2t}$；

(4) $y = e^t\left(C_1 \cos\dfrac{t}{2} + C_2 \sin\dfrac{t}{2}\right)$； (5) $y = e^x\left(C_1 \cos x + C_2 \sin x + \dfrac{1}{2}x\sin x\right)$；

(6) $y = C_1 + C_2 e^{\frac{5x}{2}} + \dfrac{1}{3}x^3 - \dfrac{3}{5}x^2 + \dfrac{7}{25}x$.

第 10 章 数据的搜集与描述

10.4 数据的概括性度量

1. 全部工人的平均工龄为 8.2 年.

2. 学生的平均成绩是 76.62 分，标准差是 10.2 分.

3. (2) 这批糖果重量的极差是 21(g)，众数是 496(g) 和 506(g)，中位数是 503.5(g).

4. (1) 平均合格率为 96.35%； (2) 由于总合格率等于各工序合格率的连乘积，应采用几何平均的方法来计算平均合格率.

第 11 章 概率论与统计推断初步

11.1 概率论基础

1. (1) 0.9； (2) 0.018 144； (3) 0.003 906； (4) 4.5×10^{-7}.

2. (1) 0.26； (2) 0.98.

3. 0.902.

4. 0.324 1.

5. 0.75.

6. (1) 0.42； (2) 最可能抽出红色卡片.

7. 8(条).

8. $A = 2.025$；$F(x) = \begin{cases} 0, & x < 1 \\ 0.675, & 1 \leqslant x < 2 \\ 0.9, & 2 \leqslant x < 3 \\ 0.975, & 3 \leqslant x < 4 \\ 1, & x \geqslant 4 \end{cases}$

9. (1) $F(x) = \begin{cases} 0, & x \leqslant 0 \\ \dfrac{1}{2}x^2, & 0 < x \leqslant 1 \\ 2x - \dfrac{x^2}{2} - 1, & 1 < x \leqslant 2 \\ 1, & x > 2 \end{cases}$； (2) 0.125.

10. (1) 0.532 8； (2) 0.992 5.

11. $E\xi = 2.6, D\xi = 1.44, \sqrt{D\xi} = 1.2$.

12. (1) $A = \dfrac{2}{\pi}$； (2) $E\xi = 0$； (3) 0.322 5.

11.2 参数估计

1. 参数 θ 的极大似然估计值为 $\dfrac{\overline{X}}{2}$.

2. (1) λ 的矩估计量是 $\dfrac{1}{\overline{X}}$； (2) λ 的极大似然估计量是 $\dfrac{1}{\overline{X}}$.

3. (1) 总体均值 95% 置信水平下的置信区间为 (78.648, 83.352)；

(2) 总体均值 95% 置信水平下的置信区间为 (77.904, 84.096).

11.3 假设检验

1. 该机器正常工作.

2. 可以认为"新药副作用更小".

参考文献

陈光曙,徐新亚.2012.大学文科数学.第三版.上海:同济大学出版社.
Dale Varbeg,Edwin J.Purcell,Steven E.Rigdon.2002.Calculus. Eighth Edition. 北京:机械工业出版社.
Finney, Weir, Giordano.2003.Thomas' CALCULUS.Tenth Edition.北京:高等教育出版社.
贾俊平.2015.统计学.第六版.北京:中国人民大学出版社.
姜启源.2002.数学模型.第二版.北京:高等教育出版社.
金勇进.2010.统计学.北京:中国人民大学出版社.
李继根.2012.大学文科数学.上海:华东理工大学出版社.
刘金林.2013.高等数学.第四版.北京:机械工业出版社.
M 克莱因.1988.古今数学思想.朱学贤等译.上海:上海科技出版社.
盛骤,谢式千,潘承毅.2010.概率论与数理统计.北京:高等教育出版社.
同济大学应用数学系.2014.高等数学.第七版.北京:高等教育出版社.
吴传生.2009.经济数学 — 微积分.第二版.北京:高等教育出版社.
吴赣昌.2007.大学文科数学. 第一版.北京:中国人民大学出版社.
魏宏,毕志伟.2014.大学文科数学. 第二版.武汉:华中科技大学出版社.
徐浪,王青华.2001.描述统计学.成都:西南财经大学出版社.

附表一　泊松概率分布表

$$P(\xi = m) = \frac{\lambda^m}{m!} e^{-\lambda}$$

m\λ	0.1	0.2	0.3	0.4	0.5	0.6	0.7	0.8	0.9	1.0	1.5	2.0	2.5	3.0	3.5	4.0
0	0.904 837	0.818 731	0.740 818	0.676 320	0.606 531	0.548 812	0.496 585	0.449 329	0.406 570	0.367 879	0.223 130	0.135 335	0.082 085	0.049 787	0.030 197	0.018 316
1	0.090 484	0.163 746	0.222 245	0.268 128	0.303 265	0.329 287	0.347 610	0.359 463	0.365 913	0.367 879	0.334 695	0.270 671	0.205 212	0.149 361	0.105 691	0.073 263
2	0.004 524	0.016 375	0.033 337	0.053 626	0.075 816	0.098 786	0.121 663	0.143 785	0.164 661	0.183 940	0.251 021	0.270 671	0.256 516	0.224 042	0.184 959	0.146 525
3	0.000 151	0.001 092	0.003 334	0.007 150	0.012 636	0.019 757	0.028 388	0.038 343	0.049 298	0.061 313	0.125 510	0.180 447	0.213 763	0.224 042	0.215 785	0.195 367
4	0.000 004	0.000 055	0.000 250	0.000 715	0.001 580	0.002 964	0.004 968	0.007 669	0.011 115	0.015 328	0.047 067	0.090 224	0.133 602	0.168 031	0.188 812	0.195 367
5		0.000 002	0.000 015	0.000 057	0.000 158	0.000 356	0.000 696	0.001 227	0.002 001	0.003 066	0.014 120	0.036 089	0.066 801	0.100 819	0.132 169	0.156 293
6			0.000 001	0.000 004	0.000 013	0.000 036	0.000 081	0.000 164	0.000 300	0.000 511	0.003 530	0.012 030	0.027 834	0.050 409	0.077 098	0.104 196
7					0.000 001	0.000 003	0.000 008	0.000 019	0.000 039	0.000 073	0.000 756	0.003 437	0.009 941	0.021 604	0.038 549	0.059 540
8							0.000 001	0.000 002	0.000 004	0.000 009	0.000 142	0.000 859	0.003 106	0.008 102	0.016 865	0.029 770
9										0.000 001	0.000 024	0.000 191	0.000 863	0.002 701	0.006 559	0.013 231
10											0.000 004	0.000 038	0.000 216	0.000 810	0.002 296	0.005 292
11												0.000 007	0.000 049	0.000 221	0.000 730	0.001 925
12													0.000 010	0.000 055	0.000 213	0.000 642
13													0.000 002	0.000 013	0.000 057	0.000 197
14														0.000 003	0.000 014	0.000 056
15														0.000 001	0.000 003	0.000 015
16															0.000 001	0.000 004
17																0.000 001

附　表　　续表

λ\m	4.5	5.0	5.5	6.0	6.5	7.0	7.5	8.0	8.5	9.0	9.5	10.0
0	0.011 109	0.006 738	0.004 087	0.002 479	0.001 503	0.000 912	0.000 553	0.000 335	0.000 203	0.000 123	0.000 075	0.000 045
1	0.049 990	0.033 69 0	0.022 477	0.014 873	0.009 773	0.006 383	0.004 148	0.002 684	0.001 730	0.001 111	0.000 711	0.000 454
2	0.112 479	0.084 224	0.061 812	0.044 618	0.031 760	0.022 341	0.015 556	0.010 735	0.007 350	0.004 998	0.003 378	0.002 270
3	0.168 718	0.140 374	0.113 323	0.089 235	0.068 814	0.052 129	0.038 888	0.028 626	0.020 826	0.014 994	0.010 696	0.007 567
4	0.189 808	0.175 467	0.155 819	0.133 853	0.111 822	0.091 226	0.072 917	0.057 252	0.044 255	0.033 737	0.025 403	0.018 917
5	0.170 827	0.175 467	0.174 001	0.160 623	0.145 369	0.127 717	0.109 374	0.091 604	0.075 233	0.060 727	0.048 265	0.037 833
6	0.128 120	0.146 223	0.157 117	0.160 623	0.157 483	0.149 003	0.136 719	0.122 138	0.106 581	0.091 090	0.076 421	0.063 055
7	0.082 363	0.104 445	0.123 449	0.137 677	0.146 234	0.149 003	0.146 484	0.139 587	0.129 419	0.117 116	0.103 714	0.090 079
8	0.046 329	0.065 278	0.084 872	0.103 258	0.118 815	0.130 377	0.137 328	0.139 587	0.137 508	0.131 756	0.123 160	0.112 599
9	0.023 165	0.036 266	0.051 866	0.068 838	0.085 811	0.101 405	0.114 441	0.124 077	0.129 869	0.131 756	0.130 003	0.125 110
10	0.010 424	0.018 133	0.028 526	0.041 303	0.055 777	0.070 983	0.085 830	0.099 262	0.110 303	0.118 580	0.122 502	0.125 110
11	0.004 264	0.008 242	0.014 263	0.022 529	0.032 959	0.045 171	0.058 521	0.072 190	0.085 300	0.097 020	0.106 662	0.113 736
12	0.001 599	0.003 434	0.006 537	0.011 264	0.017 853	0.026 350	0.038 575	0.048 127	0.060 421	0.072 765	0.084 440	0.094 780
13	0.000 554	0.001 321	0.002 766	0.005 199	0.008 927	0.014 188	0.021 101	0.029 616	0.039 506	0.050 376	0.061 706	0.072 908
14	0.000 178	0.000 472	0.001 086	0.002 228	0.004 144	0.007 094	0.011 305	0.016 924	0.023 986	0.032 384	0.041 872	0.052 077
15	0.000 053	0.000 157	0.000 399	0.000 891	0.001 796	0.003 311	0.005 652	0.009 026	0.013 592	0.019 431	0.026 519	0.034 718
16	0.000 015	0.000 049	0.000 137	0.000 334	0.000 730	0.001 448	0.002 649	0.004 513	0.007 220	0.010 930	0.015 746	0.021 699
17	0.000 004	0.000 014	0.000 044	0.000 118	0.000 279	0.000 596	0.001 169	0.002 124	0.003 611	0.005 786	0.008 799	0.012 764
18	0.000 001	0.000 004	0.000 014	0.000 039	0.000 100	0.000 232	0.000 487	0.000 944	0.001 705	0.002 893	0.004 644	0.007 091
19		0.000 001	0.000 004	0.000 012	0.000 035	0.000 085	0.000 192	0.000 397	0.000 762	0.001 370	0.002 322	0.003 732
20			0.000 001	0.000 004	0.000 011	0.000 030	0.000 072	0.000 159	0.000 324	0.000 617	0.001 103	0.001 866
21				0.000 001	0.000 004	0.000 010	0.000 026	0.000 061	0.000 132	0.000 264	0.000 433	0.000 889
22					0.000 001	0.000 003	0.000 009	0.000 022	0.000 050	0.000 108	0.000 216	0.000 404
23						0.000 001	0.000 003	0.000 008	0.000 019	0.000 042	0.000 089	0.000 176
24							0.000 001	0.000 003	0.000 007	0.000 016	0.000 025	0.000 073
25								0.000 001	0.000 002	0.000 006	0.000 014	0.000 029
26									0.000 001	0.000 002	0.000 004	0.000 011
27										0.000 001	0.000 002	0.000 004
28											0.000 001	0.000 001
29												0.000 001

λ\m	20
5	0.000 1
6	0.000 2
7	0.000 5
8	0.001 3
9	0.002 9
10	0.005 8
11	0.010 6
12	0.017 6
13	0.027 1
14	0.038 2
15	0.051 7
16	0.064 6
17	0.076 0
18	0.081 4
19	0.088 8
20	0.088 8
21	0.084 6
22	0.076 7
23	0.066 9
24	0.055 7
25	0.044 6
26	0.034 3
27	0.025 4
28	0.018 2
29	0.012 5
30	0.008 3
31	0.005 4
32	0.003 4
33	0.002 0
34	0.001 2
35	0.000 7
36	0.000 4
37	0.000 1
38	0.000 1
39	0.000 1

λ\m	30
12	0.000 1
13	0.000 2
14	0.000 5
15	0.001 0
16	0.001 9
17	0.003 4
18	0.005 7
19	0.008 9
20	0.013 4
21	0.019 2
22	0.026 1
23	0.034 1
24	0.042 6
25	0.057 1
26	0.059 0
27	0.065 5
28	0.070 2
29	0.072 6
30	0.072 6
31	0.070 3
32	0.065 9
33	0.059 9
34	0.052 9
35	0.045 3
36	0.037 8
37	0.030 6
38	0.024 2
39	0.018 6
40	0.013 9
41	0.010 2
42	0.007 3
43	0.005 1
44	0.003 5
45	0.002 3
46	0.001 5
47	0.001 0
48	0.000 6

附表二　　标准正态分布密度函数值表

$$\varphi_0(u) = \frac{1}{\sqrt{2\pi}} e^{-\frac{u^2}{2}}$$

u	0.00	0.01	0.02	0.03	0.04	0.05	0.06	0.07	0.08	0.09
0.0	0.398 9	0.398 9	0.398 9	0.398 8	0.398 6	0.398 4	0.398 2	0.398 0	0.397 7	0.397 3
0.1	0.397 0	0.396 5	0.396 1	0.395 6	0.395 1	0.394 5	0.393 9	0.393 2	0.392 5	0.391 8
0.2	0.391 0	0.390 2	0.389 4	0.388 5	0.387 6	0.386 7	0.385 7	0.384 7	0.385 6	0.382 5
0.3	0.381 4	0.380 2	0.379 0	0.377 8	0.376 5	0.375 2	0.373 9	0.372 5	0.371 2	0.369 7
0.4	0.368 3	0.366 8	0.365 3	0.363 7	0.362 1	0.360 5	0.358 9	0.357 2	0.355 5	0.353 8
0.5	0.352 1	0.350 3	0.348 5	0.346 7	0.344 8	0.342 9	0.341 0	0.339 1	0.337 2	0.335 2
0.6	0.333 2	0.331 2	0.329 2	0.327 1	0.325 1	0.323 0	0.320 9	0.318 7	0.316 6	0.314 4
0.7	0.312 3	0.310 1	0.307 9	0.305 6	0.303 4	0.301 1	0.298 9	0.293 3	0.294 3	0.292 0
0.8	0.289 7	0.287 4	0.285 0	0.282 7	0.280 3	0.278 0	0.275 6	0.273 2	0.270 9	0.268 5
0.9	0.266 1	0.263 7	0.261 3	0.258 9	0.256 5	0.254 1	0.251 6	0.249 2	0.246 8	0.244 4
1.0	0.242 0	0.239 6	0.237 1	0.234 7	0.232 3	0.229 9	0.227 5	0.225 1	0.222 7	0.220 3
1.1	0.217 9	0.215 5	0.213 1	0.210 7	0.208 3	0.205 6	0.203 6	0.201 2	0.198 9	0.196 5
1.2	0.194 2	0.191 9	0.189 5	0.187 2	0.184 9	0.182 6	0.180 4	0.178 1	0.175 8	0.173 6
1.3	0.171 4	0.169 1	0.166 9	0.164 7	0.162 6	0.160 4	0.158 2	0.156 1	0.153 9	0.151 8
1.4	0.149 7	0.147 6	0.145 6	0.143 5	0.141 5	0.139 4	0.137 4	0.135 4	0.133 4	0.131 5
1.5	0.129 5	0.127 6	0.125 7	0.123 8	0.121 9	0.120 0	0.118 2	0.116 3	0.114 5	0.112 7
1.6	0.110 9	0.109 2	0.107 4	0.105 7	0.104 0	0.102 3	0.100 6	0.098 93	0.097 28	0.095 66
1.7	0.094 05	0.092 46	0.090 89	0.089 33	0.087 80	0.086 28	0.084 78	0.083 29	0.081 83	0.080 38
1.8	0.078 95	0.077 54	0.076 14	0.074 77	0.073 41	0.072 06	0.070 74	0.069 43	0.068 14	0.066 87
1.9	0.065 62	0.064 38	0.063 16	0.061 95	0.060 77	0.059 59	0.058 44	0.057 30	0.056 18	0.055 08
2.0	0.053 99	0.052 92	0.051 86	0.050 82	0.049 80	0.048 79	0.047 80	0.046 82	0.045 86	0.044 91
2.1	0.043 98	0.043 07	0.042 17	0.041 28	0.040 41	0.039 59	0.038 71	0.037 88	0.037 06	0.036 26
2.2	0.035 47	0.034 70	0.033 94	0.033 19	0.032 46	0.031 74	0.031 03	0.030 34	0.029 65	0.028 98
2.3	0.028 33	0.027 68	0.027 05	0.026 43	0.025 82	0.025 22	0.024 63	0.024 06	0.023 49	0.022 94
2.4	0.022 39	0.021 86	0.021 34	0.020 83	0.020 33	0.019 84	0.019 36	0.018 88	0.018 42	0.017 97
2.5	0.017 53	0.017 09	0.016 67	0.016 25	$0.0^2$15 85	0.015 45	0.015 06	0.014 68	0.014 31	0.013 94
2.6	0.013 58	0.013 23	0.012 87	0.012 56	$0.0^2$12 23	0.011 91	0.011 60	0.011 30	0.011 00	0.010 71
2.7	0.010 42	0.010 14	$0.0^2$98 71	$0.0^2$96 06	$0.0^2$93 47	$0.0^2$90 94	$0.0^2$88 46	$0.0^2$86 05	$0.0^2$83 70	$0.0^2$81 40
2.8	$0.0^2$79 15	$0.0^2$76 97	$0.0^2$74 83	$0.0^2$72 74	$0.0^2$70 71	$0.0^2$68 73	$0.0^2$66 79	$0.0^2$64 91	$0.0^2$63 07	$0.0^2$61 27
2.9	$0.0^2$59 53	$0.0^2$57 82	$0.0^2$56 16	$0.0^2$54 54	$0.0^2$52 96	$0.0^2$51 43	$0.0^2$49 93	$0.0^2$48 47	$0.0^2$47 05	$0.0^2$45 67
3.0	$0.0^2$44 32	$0.0^2$43 01	$0.0^2$41 73	$0.0^2$40 49	$0.0^2$39 28	$0.0^2$38 10	$0.0^2$36 95	$0.0^2$35 84	$0.0^2$34 75	$0.0^2$33 70
3.1	$0.0^2$32 67	$0.0^2$31 67	$0.0^2$30 70	$0.0^2$29 75	$0.0^2$28 84	$0.0^2$27 94	$0.0^2$27 07	$0.0^2$26 23	$0.0^2$25 41	$0.0^2$24 61
3.2	$0.0^2$23 84	$0.0^2$23 09	$0.0^2$22 36	$0.0^2$21 65	$0.0^2$20 96	$0.0^2$20 29	$0.0^2$19 64	$0.0^2$19 01	$0.0^2$18 40	$0.0^2$17 80
3.3	$0.0^2$17 23	$0.0^2$16 67	$0.0^2$16 12	$0.0^2$15 60	$0.0^2$15 08	$0.0^2$14 59	$0.0^2$14 11	$0.0^2$13 64	$0.0^2$13 19	$0.0^2$12 75
3.4	$0.0^2$12 32	$0.0^2$11 91	$0.0^2$11 51	$0.0^2$11 12	$0.0^2$10 75	$0.0^2$10 33	$0.0^2$10 03	$0.0^2$96 89	$0.0^2$93 58	$0.0^3$90 37
3.5	$0.0^3$87 27	$0.0^3$84 26	$0.0^3$81 35	$0.0^3$78 53	$0.0^3$75 81	$0.0^3$73 17	$0.0^3$70 61	$0.0^3$68 14	$0.0^3$65 75	$0.0^3$63 43
3.6	$0.0^3$61 19	$0.0^3$59 02	$0.0^3$56 93	$0.0^3$54 90	$0.0^3$52 94	$0.0^3$51 05	$0.0^3$49 21	$0.0^3$47 44	$0.0^3$45 73	$0.0^3$44 08
3.7	$0.0^3$42 48	$0.0^3$40 93	$0.0^3$39 44	$0.0^3$38 00	$0.0^3$36 61	$0.0^3$35 26	$0.0^3$33 96	$0.0^3$32 71	$0.0^3$31 49	$0.0^3$30 32
3.8	$0.0^3$29 19	$0.0^3$28 10	$0.0^3$27 05	$0.0^3$26 04	$0.0^3$25 06	$0.0^3$24 11	$0.0^3$23 20	$0.0^3$22 32	$0.0^3$21 47	$0.0^3$20 65
3.9	$0.0^3$19 87	$0.0^3$19 10	$0.0^3$18 37	$0.0^3$17 66	$0.0^3$16 93	$0.0^3$16 33	$0.0^3$15 69	$0.0^3$15 08	$0.0^3$14 49	$0.0^3$13 93
4.0	$0.0^3$13 33	$0.0^3$12 86	$0.0^3$12 35	$0.0^3$11 86	$0.0^3$11 40	$0.0^3$10 94	$0.0^3$10 51	$0.0^3$10 09	$0.0^4$96 87	$0.0^4$92 99
4.1	$0.0^4$89 26	$0.0^4$85 67	$0.0^4$82 22	$0.0^4$78 90	$0.0^4$75 70	$0.0^4$72 63	$0.0^4$69 67	$0.0^4$66 83	$0.0^4$64 10	$0.0^4$61 47
4.2	$0.0^4$58 94	$0.0^4$56 52	$0.0^4$54 18	$0.0^4$51 94	$0.0^4$49 79	$0.0^4$47 72	$0.0^4$45 73	$0.0^4$43 82	$0.0^4$41 99	$0.0^4$40 23
4.3	$0.0^4$38 54	$0.0^4$36 91	$0.0^4$35 35	$0.0^4$33 86	$0.0^4$32 42	$0.0^4$31 04	$0.0^4$29 72	$0.0^4$28 45	$0.0^4$27 23	$0.0^4$26 06
4.4	$0.0^4$24 94	$0.0^4$23 87	$0.0^4$22 84	$0.0^4$21 85	$0.0^4$20 90	$0.0^4$19 99	$0.0^4$19 12	$0.0^4$18 29	$0.0^4$17 49	$0.0^4$16 72
4.5	$0.0^4$15 93	$0.0^4$15 28	$0.0^4$14 61	$0.0^4$13 96	$0.0^4$13 34	$0.0^4$12 75	$0.0^4$12 18	$0.0^4$11 64	$0.0^4$11 12	$0.0^4$10 62
4.6	$0.0^4$10 14	$0.0^5$96 84	$0.0^5$92 48	$0.0^5$88 30	$0.0^5$84 30	$0.0^5$80 47	$0.0^5$76 81	$0.0^5$73 31	$0.0^5$69 96	$0.0^5$66 76
4.7	$0.0^5$63 70	$0.0^5$60 77	$0.0^5$57 97	$0.0^5$55 30	$0.0^5$52 74	$0.0^5$50 30	$0.0^5$47 96	$0.0^5$45 73	$0.0^5$43 60	$0.0^5$41 56
4.8	$0.0^5$39 61	$0.0^5$37 75	$0.0^5$35 93	$0.0^5$34 28	$0.0^5$32 67	$0.0^5$31 12	$0.0^5$29 65	$0.0^5$28 24	$0.0^5$26 90	$0.0^5$25 61
4.9	$0.0^5$24 39	$0.0^5$23 22	$0.0^5$22 11	$0.0^5$21 05	$0.0^5$20 03	$0.0^5$19 07	$0.0^5$18 14	$0.0^5$17 27	$0.0^5$16 43	$0.0^5$15 63

附表三 标准正态分布函数表

$$\Phi_0(u) = \frac{1}{\sqrt{2\pi}} \int_{-\infty}^{u} e^{-\frac{x^2}{2}} dx \quad (u \geq 0)$$

u	0.00	0.01	0.02	0.03	0.04	0.05	0.06	0.07	0.08	0.09
0.0	0.500 00	0.504 0	0.508 0	0.512 0	0.516 0	0.519 9	0.523 9	0.527 9	0.531 9	0.535 9
0.1	0.539 8	0.543 8	0.547 8	0.551 7	0.555 7	0.559 6	0.563 6	0.567 5	0.571 4	0.575 3
0.2	0.579 3	0.583 2	0.587 1	0.591 0	0.594 8	0.598 7	0.602 6	0.606 4	0.610 3	0.614 1
0.3	0.617 9	0.621 7	0.625 5	0.629 3	0.633 1	0.636 8	0.640 4	0.644 3	0.648 0	0.651 7
0.4	0.655 4	0.659 1	0.662 8	0.666 4	0.670 0	0.673 6	0.677 2	0.680 8	0.684 4	0.687 9
0.5	0.691 5	0.695 0	0.698 5	0.701 9	0.705 4	0.708 8	0.712 3	0.715 7	0.719 0	0.722 4
0.6	0.725 7	0.729 1	0.732 4	0.735 7	0.738 9	0.742 2	0.745 4	0.748 6	0.751 7	0.754 9
0.7	0.758 0	0.761 1	0.764 2	0.767 3	0.770 3	0.773 4	0.776 4	0.779 4	0.782 3	0.785 2
0.8	0.788 1	0.791 0	0.793 9	0.796 7	0.799 5	0.802 3	0.805 1	0.807 8	0.810 6	0.813 3
0.9	0.815 9	0.818 6	0.821 2	0.823 8	0.826 4	0.828 9	0.831 5	0.834 0	0.836 5	0.838 9
1.0	0.841 3	0.843 8	0.846 1	0.848 5	0.850 8	0.853 1	0.855 4	0.857 7	0.859 9	0.862 1
1.1	0.864 3	0.866 5	0.868 6	0.870 8	0.872 9	0.874 9	0.877 0	0.879 0	0.881 0	0.883 0
1.2	0.884 9	0.886 9	0.888 8	0.890 7	0.892 5	0.894 4	0.896 2	0.898 0	0.899 7	0.901 47
1.3	0.903 20	0.904 90	0.906 58	0.908 24	0.909 88	0.911 46	0.913 09	0.914 66	0.916 21	0.917 74
1.4	0.919 24	0.920 73	0.922 20	0.923 64	0.925 07	0.926 47	0.927 85	0.929 22	0.930 56	0.931 89
1.5	0.933 19	0.934 48	0.935 74	0.936 99	0.938 22	0.939 43	0.940 62	0.941 79	0.942 95	0.944 08
1.6	0.945 20	0.946 30	0.947 38	0.948 45	0.949 50	0.950 53	0.951 54	0.952 54	0.953 52	0.954 49
1.7	0.955 43	0.956 37	0.957 28	0.958 18	0.959 07	0.959 94	0.960 80	0.961 64	0.962 46	0.963 27
1.8	0.964 07	0.964 85	0.965 62	0.966 38	0.967 21	0.967 84	0.968 56	0.969 26	0.969 95	0.970 62
1.9	0.971 28	0.971 93	0.972 57	0.976 20	0.973 81	0.974 41	0.975 00	0.975 58	0.976 15	0.976 70
2.0	0.977 25	0.977 78	0.978 31	0.978 82	0.979 32	0.979 82	0.980 30	0.980 77	0.981 24	0.981 69
2.1	0.982 14	0.982 57	0.983 00	0.983 41	0.983 82	0.984 22	0.984 61	0.985 00	0.985 37	0.985 74
2.2	0.986 10	0.986 45	0.986 79	0.987 13	0.987 45	0.987 78	0.988 09	0.988 40	0.988 70	0.988 99
2.3	0.989 28	0.989 56	0.989 83	$0.9^2$00 97	$0.9^2$03 58	$0.9^2$06 13	$0.9^2$08 63	$0.9^2$11 06	$0.9^2$13 44	$0.9^2$15 76
2.4	$0.9^2$18 02	$0.9^2$20 24	$0.9^2$22 40	$0.9^2$24 51	$0.9^2$26 56	$0.9^2$28 57	$0.9^2$30 53	$0.9^2$32 44	$0.9^2$34 31	$0.9^2$36 13
2.5	$0.9^2$37 90	$0.9^2$39 63	$0.9^2$41 32	$0.9^2$42 97	$0.9^2$44 57	$0.9^2$46 14	$0.9^2$47 66	$0.9^2$49 15	$0.9^2$50 60	$0.9^2$52 01
2.6	$0.9^2$53 39	$0.9^2$54 73	$0.9^2$56 04	$0.9^2$57 31	$0.9^2$58 55	$0.9^2$59 75	$0.9^2$60 93	$0.9^2$62 07	$0.9^2$63 19	$0.9^2$64 27
2.7	$0.9^2$65 33	$0.9^2$66 36	$0.9^2$67 36	$0.9^2$68 33	$0.9^2$69 28	$0.9^2$70 20	$0.9^2$71 09	$0.9^2$71 97	$0.9^2$72 82	$0.9^2$73 65
2.8	$0.9^2$74 45	$0.9^2$75 23	$0.9^2$75 99	$0.9^2$76 73	$0.9^2$77 44	$0.9^2$78 14	$0.9^2$78 82	$0.9^2$79 48	$0.9^2$80 12	$0.9^2$80 74
2.9	$0.9^2$81 34	$0.9^2$81 93	$0.9^2$82 50	$0.9^2$83 05	$0.9^2$83 59	$0.9^2$84 11	$0.9^2$84 62	$0.9^2$58 11	$0.9^2$58 89	$0.9^2$86 05
3.0	$0.9^2$86 50	$0.9^2$86 94	$0.9^2$87 36	$0.9^2$87 77	$0.9^2$88 17	$0.9^2$88 56	$0.9^2$88 93	$0.9^2$89 30	$0.9^2$89 65	$0.9^2$89 99
3.1	$0.9^3$03 24	$0.9^3$06 46	$0.9^3$09 57	$0.9^3$12 60	$0.9^3$15 53	$0.9^3$18 36	$0.9^3$21 12	$0.9^3$23 78	$0.9^3$26 36	$0.9^3$28 86
3.2	$0.9^3$31 29	$0.9^3$33 63	$0.9^3$35 90	$0.9^3$38 10	$0.9^3$40 24	$0.9^3$42 30	$0.9^3$44 29	$0.9^3$46 23	$0.9^3$48 10	$0.9^3$49 11
3.3	$0.9^3$51 66	$0.9^3$53 35	$0.9^3$54 99	$0.9^3$56 58	$0.9^3$58 11	$0.9^3$59 59	$0.9^3$61 03	$0.9^3$62 42	$0.9^3$63 76	$0.9^3$65 05
3.4	$0.9^3$66 33	$0.9^3$67 52	$0.9^3$68 69	$0.9^3$69 82	$0.9^3$70 91	$0.9^3$71 97	$0.9^3$72 99	$0.9^3$73 98	$0.9^3$74 93	$0.9^3$75 85
3.5	$0.9^3$76 74	$0.9^3$77 59	$0.9^3$78 42	$0.9^3$79 22	$0.9^3$79 99	$0.9^3$80 74	$0.9^3$81 46	$0.9^3$82 15	$0.9^3$82 82	$0.9^3$83 47
3.6	$0.9^3$84 09	$0.9^3$84 69	$0.9^3$85 27	$0.9^3$85 83	$0.9^3$86 37	$0.9^3$86 89	$0.9^3$87 39	$0.9^3$87 87	$0.9^3$88 34	$0.9^3$88 79
3.7	$0.9^3$89 22	$0.9^3$89 64	$0.9^4$00 39	$0.9^4$04 26	$0.9^4$07 99	$0.9^4$11 58	$0.9^4$15 04	$0.9^4$18 38	$0.9^4$21 59	$0.9^4$24 68
3.8	$0.9^4$27 65	$0.9^4$30 52	$0.9^4$33 27	$0.9^4$35 93	$0.9^4$38 48	$0.9^4$40 94	$0.9^4$43 31	$0.9^4$45 58	$0.9^4$47 77	$0.9^4$49 88
3.9	$0.9^4$51 90	$0.9^4$53 85	$0.9^4$55 73	$0.9^4$57 53	$0.9^4$59 26	$0.9^4$60 92	$0.9^4$62 53	$0.9^4$64 06	$0.9^4$65 54	$0.9^4$66 96
4.0	$0.9^4$68 33	$0.9^4$69 64	$0.9^4$70 90	$0.9^4$72 11	$0.9^4$73 27	$0.9^4$74 39	$0.9^4$75 46	$0.9^4$76 49	$0.9^4$77 48	$0.9^4$78 43
4.1	$0.9^4$79 34	$0.9^4$80 22	$0.9^4$81 06	$0.9^4$81 86	$0.9^4$82 63	$0.9^4$83 38	$0.9^4$84 09	$0.9^4$84 77	$0.9^4$85 42	$0.9^4$86 05
4.2	$0.9^4$86 65	$0.9^4$87 23	$0.9^4$87 78	$0.9^4$88 32	$0.9^4$88 82	$0.9^4$89 31	$0.9^4$89 78	$0.9^5$02 26	$0.9^5$06 55	$0.9^5$10 66
4.3	$0.9^5$14 60	$0.9^5$18 37	$0.9^5$21 99	$0.9^5$25 45	$0.9^5$28 76	$0.9^5$31 93	$0.9^5$34 97	$0.9^5$37 88	$0.9^5$40 66	$0.9^5$43 32
4.4	$0.9^5$45 87	$0.9^5$48 31	$0.9^5$50 65	$0.9^5$52 88	$0.9^5$55 02	$0.9^5$57 06	$0.9^5$59 02	$0.9^5$60 89	$0.9^5$62 68	$0.9^5$64 39
4.5	$0.9^5$66 02	$0.9^5$67 59	$0.9^5$69 08	$0.9^5$70 51	$0.9^5$71 87	$0.9^5$73 18	$0.9^5$74 42	$0.9^5$75 61	$0.9^5$76 75	$0.9^5$77 84
4.6	$0.9^5$78 88	$0.9^5$79 87	$0.9^5$80 81	$0.9^5$81 72	$0.9^5$82 58	$0.9^5$83 40	$0.9^5$84 19	$0.9^5$84 94	$0.9^5$85 66	$0.9^5$86 34
4.7	$0.9^5$86 99	$0.9^5$87 61	$0.9^5$88 21	$0.9^5$88 77	$0.9^5$89 31	$0.9^5$89 83	$0.9^6$03 20	$0.9^6$07 89	$0.9^6$12 35	$0.9^6$16 61
4.8	$0.9^6$20 67	$0.9^6$24 53	$0.9^6$28 22	$0.9^6$31 73	$0.9^6$35 08	$0.9^6$38 27	$0.9^6$41 31	$0.9^6$44 20	$0.9^6$46 96	$0.9^6$49 58
4.9	$0.9^6$52 08	$0.9^6$54 46	$0.9^6$56 73	$0.9^6$58 89	$0.9^6$60 94	$0.9^6$62 89	$0.9^6$64 75	$0.9^6$66 52	$0.9^6$68 21	$0.9^6$69 81

附表四 t 分布双侧临界值表

$P(|t(n)|>t_\alpha)=\alpha$ n:自由度

α \ n	0.9	0.8	0.7	0.6	0.5	0.4	0.3	0.2	0.1	0.05	0.02	0.01	0.001
1	0.158	0.325	0.510	0.727	1.000	1.376	1.963	3.078	6.314	12.706	31.821	63.657	636.619
2	0.142	0.289	0.445	0.617	0.816	1.061	1.386	1.886	2.920	4.303	6.965	9.925	31.598
3	0.137	0.277	0.424	0.584	0.765	0.978	1.250	1.638	2.353	3.182	4.541	5.841	12.924
4	0.134	0.271	0.414	0.569	0.741	0.941	1.190	1.533	2.132	2.776	3.747	4.604	8.610
5	0.132	0.267	0.408	0.559	0.727	0.920	0.156	1.476	2.015	2.571	3.365	4.032	6.859
6	0.131	0.265	0.404	0.553	0.718	0.906	1.134	1.440	1.943	2.447	3.143	3.707	5.959
7	0.130	0.263	0.402	0.549	0.711	0.896	1.119	1.415	1.895	2.365	2.998	3.499	5.405
8	0.130	0.262	0.399	0.546	0.706	0.889	1.108	1.397	1.860	2.306	2.896	3.355	5.041
9	0.129	0.261	0.398	0.543	0.703	0.883	1.100	1.383	0.833	2.262	2.821	3.250	4.781
10	0.129	0.260	0.397	0.542	0.700	0.879	1.093	1.372	1.812	2.228	2.764	3.169	4.587
11	0.129	0.260	0.396	0.540	0.697	0.876	1.088	1.363	1.796	2.201	2.718	3.106	4.437
12	0.128	0.259	0.395	0.539	0.695	0.873	1.083	1.356	1.782	2.179	2.681	3.155	4.318
13	0.128	0.259	0.394	0.538	0.694	0.870	1.079	1.350	1.771	2.160	2.650	3.012	4.221
14	0.128	0.258	0.393	0.537	0.692	0.868	1.076	1.345	1.761	2.145	2.624	2.977	4.140
15	0.128	0.258	0.393	0.536	0.691	0.866	1.074	1.341	1.753	2.131	2.602	2.947	4.073
16	0.128	0.258	0.392	0.535	0.690	0.865	1.071	1.337	1.746	2.120	2.583	2.921	4.015
17	0.128	0.257	0.382	0.534	0.689	0.863	1.069	1.333	1.740	2.110	2.567	2.898	3.965
18	0.127	0.257	0.392	0.534	0.688	0.862	1.067	1.330	1.734	2.101	2.552	2.878	3.922
19	0.127	0.257	0.391	0.533	0.688	0.861	1.066	1.328	1.729	2.093	2.539	2.861	3.883
20	0.127	0.257	0.391	0.533	0.687	0.860	1.064	1.325	1.725	2.086	2.528	2.845	3.850
21	0.127	0.257	0.391	0.532	0.686	0.859	1.063	1.323	1.721	2.080	2.518	2.831	3.819
22	0.127	0.256	0.390	0.532	0.686	0.858	1.061	1.321	1.717	2.074	2.508	2.819	3.792
23	0.127	0.256	0.390	0.532	0.685	0.858	1.060	1.319	1.714	2.069	2.500	2.807	3.767
24	0.127	0.256	0.390	0.531	0.685	0.857	1.059	1.318	1.711	2.064	2.492	2.797	3.745
25	0.127	0.256	0.390	0.531	0.684	0.856	1.058	1.316	1.708	2.060	2.485	2.787	3.725
26	0.127	0.256	0.390	0.531	0.684	0.856	1.058	1.315	1.706	2.056	2.479	2.779	3.707
27	0.127	0.256	0.389	0.531	0.684	0.855	1.057	1.314	1.703	2.052	2.473	2.771	3.690
28	0.127	0.256	0.389	0.530	0.683	0.855	1.056	1.313	1.701	2.048	2.467	2.763	3.674
29	0.127	0.256	0.389	0.530	0.683	0.854	1.055	1.311	1.699	2.045	2.462	2.756	3.659
30	0.127	0.256	0.389	0.530	0.683	0.854	1.055	1.310	1.697	2.042	2.457	2.750	3.646
40	0.126	0.255	0.388	0.529	0.681	0.851	1.050	1.303	1.684	2.021	2.432	2.704	3.551
60	0.126	0.254	0.387	0.527	0.679	0.848	1.046	1.296	1.671	2.000	2.390	2.660	3.460
120	0.126	0.254	0.386	0.526	0.677	0.845	1.041	1.289	1.658	1.980	2.358	2.617	3.373
∞	0.126	0.253	0.385	0.524	0.674	0.842	1.036	1.282	1.645	1.960	2.326	2.576	3.291

附表五　χ^2 分布的上侧临界值 χ_α^2 表

$P(\chi^2(n) \geqslant \chi_\alpha^2) = \alpha$　　n：自由度

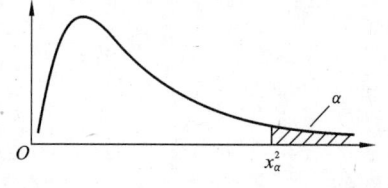

α \ n	0.995	0.99	0.98	0.975	0.95	0.90	0.10	0.05	0.025	0.02	0.01	0.005
1	0.0^4393	0.0^3157	0.0^3628	0.0^3982	0.0^2393	0.0158	2.71	3.84	5.02	5.41	6.63	7.88
2	0.0100	0.0201	0.0404	0.0506	0.103	0.211	4.61	5.99	7.38	7.82	9.21	10.6
3	0.0717	0.115	0.185	0.216	0.352	0.584	6.25	7.81	9.35	9.84	11.3	12.8
4	0.2070	0.297	0.429	0.484	0.711	1.06	7.78	9.49	11.1	11.7	12.3	14.9
5	0.4120	0.554	0.752	0.831	1.145	1.61	9.24	11.1	12.8	13.4	15.1	16.7
6	0.676	0.872	1.13	1.24	1.64	2.20	10.6	12.6	14.4	15.0	16.8	18.5
7	0.989	1.24	1.56	1.69	2.17	2.83	12.0	14.1	16.0	16.6	18.5	20.3
8	1.340	1.65	2.03	2.18	2.73	3.49	13.4	15.5	17.5	18.2	20.1	22.0
9	1.730	2.09	2.53	2.70	3.33	4.17	14.7	16.9	19.0	19.7	21.7	23.6
10	2.160	2.56	3.06	3.25	3.94	4.87	16.0	18.3	20.5	21.2	23.2	25.2
11	2.60	3.05	3.61	3.82	4.57	5.58	17.3	19.7	21.9	22.6	24.7	26.8
12	3.07	3.57	4.18	4.40	5.23	6.30	18.5	21.0	23.3	24.0	26.2	28.3
13	3.57	4.11	4.77	5.01	5.89	7.04	19.8	22.4	24.7	25.5	27.7	29.8
14	4.07	4.66	5.37	5.63	6.57	7.79	21.10	23.7	26.1	26.9	29.1	31.3
15	4.60	5.23	5.99	6.26	7.26	8.55	22.3	25.0	27.5	28.3	30.6	32.8
16	5.14	5.81	6.61	6.91	7.96	9.31	23.5	26.3	28.8	29.6	32.0	34.3
17	5.70	6.41	7.26	7.56	8.67	10.1	24.8	27.6	30.2	31.0	33.4	35.7
18	6.26	7.01	7.91	8.23	9.39	10.9	26.0	28.9	31.5	32.3	34.8	37.2
19	6.84	7.63	8.57	8.91	10.1	11.7	27.2	30.1	32.9	33.7	36.2	38.6
20	7.43	8.26	9.24	9.59	10.9	12.4	28.4	31.4	34.2	35.0	37.6	40.0
21	8.03	8.90	9.92	10.3	11.6	13.2	29.6	32.7	35.5	36.3	38.9	41.4
22	8.64	9.54	10.6	11.0	12.3	14.0	20.8	33.9	36.8	37.7	40.3	42.8
23	9.26	10.2	11.3	11.7	13.1	14.8	32.0	35.2	38.1	39.0	41.6	44.2
24	9.89	10.9	12.0	12.4	13.8	15.7	33.2	36.4	39.4	40.3	43.0	45.6
25	10.5	11.5	12.7	13.1	14.6	16.5	34.4	37.7	40.6	41.6	44.3	46.9
26	11.2	12.2	13.4	13.8	15.4	17.3	35.6	38.9	41.9	42.9	45.6	48.3
27	11.8	12.9	14.1	14.6	16.2	18.1	36.7	40.1	43.2	44.1	47.0	49.6
28	12.5	13.6	14.8	15.3	16.9	18.9	37.9	41.3	44.5	45.4	48.3	51.0
29	13.1	14.3	15.6	16.0	17.7	19.8	39.1	42.6	45.7	46.7	49.6	52.3
30	13.8	15.0	16.3	16.8	18.5	20.6	40.3	43.8	47.0	48.0	50.9	53.7